Soziale Ungleichheit im Kindergarten

Beate Beyer

Soziale Ungleichheit im Kindergarten

Orientierungs- und Handlungsmuster pädagogischer Fachkräfte

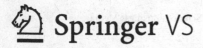

Springer VS

Beate Beyer
Leipzig, Deutschland

Dissertation Martin-Luther-Universität Halle-Wittenberg, 2012

ISBN 978-3-658-00659-4   ISBN 978-3-658-00660-0 (eBook)
DOI 10.1007/978-3-658-00660-0

Die Deutsche Nationalbibliothek verzeichnet diese Publikation in der Deutschen Nationalbibliografie; detaillierte bibliografische Daten sind im Internet über http://dnb.d-nb.de abrufbar.

Springer VS

Springer VS ist eine Marke von Springer DE.
Springer DE ist Teil der Fachverlagsgruppe Springer Science+Business Media.
www.springer-vs.de

Danksagung

An dieser Stelle möchte ich einigen Menschen meinen Dank aussprechen, die mich im Prozess dieser Doktorarbeit begleitet haben und ohne die diese Arbeit wohl niemals entstanden wäre.

Zunächst möchte ich Frau Prof. Dr. Ursula Rabe-Kleberg für ihre hilfreiche Unterstützung und Betreuung während des gesamten Forschungsprozesses danken, vor allem für das von Ihr entgegengebrachte Vertrauen und ihre stets konstruktiven Hinweise.

Herrn Prof. Dr. Heinz-Hermann Krüger danke ich nicht nur dafür, dass er mit seinen prägnanten Kommentaren oft den Nagel auf dem Kopf traf, sondern vor allem für seine aufmunternden und unterstützenden Worte.

Frau Prof. Dr. Hummrich und Frau Dr. Susann Busse danke ich für die vielen hilfreichen Anregungen, die bei mir oft neue Denkprozesse anregten.

Einen ganz besonderen Dank möchte ich dem gesamten Graduiertenkolleg „Bildung und soziale Ungleichheit" der Martin-Luther-Universität Halle-Wittenberg aussprechen, welches mich nicht nur fachlich, sondern auch menschlich bereicherte. Danke, Teresa, Julia, Jörg, Sandra, Ulli, Susanne, Edina, Daniela und natürlich auch an Aline.

Ein herzlicher Dank gilt auch der Hans-Böckler-Stiftung, die es mir ermöglichte, dass ich konzentriert über drei Jahre an der Dissertation arbeiten konnte.

Natürlich möchte ich mich auch bei meinen Interviewpartnerinnen ganz herzlich für ihre Kooperationsbereitschaft, ihre Geduld und Zeit bedanken.

Meine Familie und Freunde haben mich nicht nur während des gesamten Forschungsprozesses unterstützt, sondern auch einen großen Anteil daran, dass ich diese Arbeit überhaupt begonnen habe. Ohne die direkten, fachlich fundierten und manchmal auch recht kritischen Anmerkungen und Überarbeitungen von Juliane Wutke wäre diese Arbeit wahrscheinlich nicht zu einem guten Ende gekommen. Danke dafür!

Oktober, 2012   Beate Beyer

Inhalt

Verzeichnis der Tabellen

Verzeichnis der Abbildungen

1 Einleitung

Die derzeitig stattfindenden Reformen im frühkindlichen Bildungsbereich können aufgrund der damit einhergehenden Handlungs- und Erfolgserwartungen einerseits kritisch (vgl. Ostner 2007), andererseits jedoch auch als Chance betrachtet werden. Als positive Entwicklungen lassen sich nicht nur der gegenwärtige Ausbau des Betreuungssystems anführen, sondern auch die Tatsache, dass der Kindergarten[1] mittlerweile als ein Ort gezielter Förderung gilt, der im Fokus politischer Bildungsdebatten und zunehmend wissenschaftlicher Untersuchungen steht (vgl. bspw. Fthenakis 2009, Griebel 2009, Rauschenbach/Bormann 2010).

Obgleich die frühkindliche Betreuung, Bildung und Erziehung schon seit vielen Jahren Aufmerksamkeit gezollt wurde, kam es vor allem im Nachklang der PISA-Studie (vgl. Deutsches PISA-Konsortium 2001/ Baumert/Schümer 2006) zu einer Schärfung des Blickes auf die Notwendigkeit einer gezielten Förderung frühkindlicher Bildungsprozesse. Die entsprechende bildungspolitische Forderung ging vor allem aus einem der wesentlichen Ergebnisse hervor, dass Bildungserfolge in Deutschland im Vergleich zu anderen Ländern besonders stark von der familiären Herkunft abhängen (Deutsches PISA-Konsortium, 2001). Der Nutzen des Kindergartens würde – so ließe sich schlussfolgern – genau darin liegen, dass Kinder vor dem Eintritt ins Schulsystem einen annähernd gleichen Bildungsstand erlangen und damit familiären Herkunftseffekten von Anfang an entgegengewirkt werden könnte.[2] Grundsätzlich ist davon auszugehen, dass der familiäre Hintergrund bereits im Vorschulalter einen großen Einfluss auf die Entwicklungen und Bildungsprozesse der Kinder nimmt (vgl. bspw. Hock/Holz/Wüstendorfer 2000), wobei Eltern mit niedrigem Bildungsstand geringere Erwartungen an die Bildungsprozesse ihrer Kinder haben als andere Eltern (Rabe-Kleberg, 2005).

Die Relevanz frühkindlicher Bildung wurde nicht nur durch internationale Vergleichsstudien bekannt, sondern auch durch entwicklungspsychologische und

---

[1] In der vorliegenden Studie wird der Begriff ‚Kindergarten' synonym für alle Einrichtungen für Kinder zwischen dem 0.-6. Lebensjahr geführt, da er am gebräuchlichsten ist für die Bezeichnung der Kindertagesbetreuungsstätten.

[2] Der volkswirtschaftliche Nutzen von vorschulischen Betreuungsinstitutionen ist bereits Gegenstand zahlreicher Studien, bspw. Heckman et.al. 2006, Pfeiffer 2010, Bertelsmann-Stiftung 2008.

neurokognitive Erkenntnisse (vgl. bspw. Pauen/Elsner 2008, Weinert et.al. 2008, Weinert 2011), die immer wieder darauf hinweisen, dass Kinder bereits vor dem Eintritt ins Schulalter über vielerlei Kompetenzen verfügen, die eine frühe Bildung und Förderung nicht nur empfehlenswert, sondern auch notwendig machen.[3] Beispielsweise konnte empirisch gezeigt werden, dass Kinder ab dem Alter von 19 Monaten von Gruppenbetreuungen profitieren und die mentalen und sprachlichen Fähigkeiten sowie das pro-soziale Verhalten unter Gleichaltrigen gefördert werden (Ahnert, 2005). Nicht zuletzt wird auch in der Migrations- und Integrationspolitik die Forderung nach einer gezielten sprachlichen Förderung in Kindertagesstätten immer lauter (vgl. bspw. Daiber/Weiland 2008). Es herrscht weitestgehender Konsens, dass es sich unsere Gesellschaft nicht mehr leisten kann, das Potential eines Teils der Bevölkerung ungenutzt zu lassen.

Im Zuge dessen wird der Kindergarten mit dem Ruf nach einer ‚Bildung von Anfang an' (vgl. z.B. Bildung:elementar 2004) zunehmend als vorschulische Bildungsinstitution wahrgenommen, in der alle Kinder, unabhängig vom sozioökonomischen Status der Eltern, des ethnisch-kulturellen Hintergrundes oder anderer potentieller ungleichheitsrelevanter Bedingungen, einen gemeinsamen Alltag und damit vielfältige Erfahrungen teilen. Interessant ist hierbei, dass die Annahme von Chancengleichheit zugrunde gelegt und nicht mehr hinterfragt wird (vgl. bspw. Arbeitsgemeinschaft für Jugendliche 2003:13). So verkündete im Jahr 2005 die damalige Ministerin für Familie, Senioren, Frauen und Jugend, Renate Schmidt: *„Ein qualitativ und quantitativ hochwertiges Betreuungsangebot verbessert die Bildungschancen der Kinder. Es sichert ihnen einen soliden Start ins gesellschaftliche Leben, unabhängig von der sozialen Herkunft."* (Schmidt 2005:2)

Bildungspolitische Debatten drehen sich seitdem vor allem um die Frage nach einer Verbesserung des elementaren Bildungsbereichs. Vor diesem Hintergrund wurden zwischen den Jahren 2001 und 2006 flächendeckend Bildungsstandards eingeführt, die mit einer Neuausrichtung der pädagogischen Arbeit ein Mindestmaß an Qualität in Kindergärten garantieren sollten. In diesen Bildungsplänen[4] werden die Selbstentfaltungsprozesse der Kinder in den Mittelpunkt

---

[3] Dies führt oftmals zu der Forderung, dass in Kindergärten eine gezielte Lernförderung angeboten werden müsse: „Nie wieder wird so viel Sprache in so kurzer Zeit erlernt wie in der frühen Kindheit – gerade deshalb ist die gezielte Sprachförderung eine zentrale Aufgabe der Kindertagesstätten" (Götte 2011).

[4] Obgleich in den Bundesländern unterschiedliche Namen wie bspw. Bildungs- und Erziehungsplan, Orientierungsplan, Bildungsempfehlung etc. vorherrschen, wird aufgrund der häufigen Gebräuchlichkeit im Folgenden der Begriff „Bildungsplan" verwendet.

gestellt, wobei die Rolle der Erzieherin[5] vor allem durch Beobachtung und Unterstützung der Kinder in deren individuellen Bildungsprozessen gekennzeichnet wird. Die Anforderungen an die Professionalität von Erzieherinnen und Erzieherin steigen damit an. Ihnen soll nun gelingen, dass sich alle Kinder, insbesondere Kinder aus sozial benachteiligten Familien, hinsichtlich ihrer Interessen und Möglichkeiten frei entfalten können.

Dass dies bisher in Ansätzen schon gut gelingt, konnte in einigen quantitativen Studien belegt werden (SOEP- Studien, vgl. Büchel/Spieß/Wagner 1997, Becker/ Lauterbach 2007, in England: EPPE-Studie von Sylva et. al., 2004), allerdings sind die Effekte nur dann deutlich erkennbar, wenn gezielte Förderprogramme eingesetzt wurden. Darüber hinaus scheinen vor allem diejenigen Kinder vom Besuch des Kindergartens zu profitieren, deren Eltern zur Schicht der „Arbeiter" gehören (Becker/Lauterbach 2007). Im Vergleich dazu lassen sich die Bildungschancen von Kindern aus sozial benachteiligten Familien[6] durch den Besuch eines Kindergartens kaum erhöhen (ebd.).

Zusammenfassend lässt sich festhalten, dass es immer noch einen deutlichen Mangel an empirischen Untersuchungen gibt, welche die genauen Bedingungen und Faktoren für die Erhöhung von Chancengleichheit im Kindergarten in den Blick nehmen, und des weiteren, welche Rolle hierbei die Erzieherin mit ihren eigenen Werthaltungen und Normvorstellungen einnimmt. Welche Rolle spielen die inneren Werthaltungen, Vorurteile, Sympathien? Gibt es milieuspezifische Zusammenhänge? Möglicherweise würden sich in den Antworten dieser Fragen Anhaltspunkte dafür finden, warum Kinder aus unteren sozialen Schichten nachweislich wenig vom Besuch eines Kindergartens profitieren.

An dieser Stelle kommen makroanalytische Studien oft an ihre Grenzen. Zwar stellen sie statistisch relevante Zusammenhänge her, jedoch mangelt es ihnen an einer genauen Betrachtung der Prozesse, die soziale Ungleichheiten entstehen lassen. Um auch für die pädagogische Praxis Rückschlüsse zu ziehen, erscheint es jedoch notwendig, die Prozesse der alltäglichen Handlungen im Kindergarten näher zu beleuchten, die für die Herstellung von Chancengleichheit im Bildungssektor in Frage kommen. Hierzu gibt es im vorschulischen Bereich bislang keine empirischen Studien. Möglicherweise können in diesem Zusammenhang Bourdieu's Analysen Aufschluss (1983, 2006) geben, die vor allem in

---

[5] Aus Gründen der besseren Lesbarkeit sowie aufgrund der Stichprobenzusammensetzung der vorliegenden Studie wird nachfolgend die weibliche Form verwendet. Dies soll jedoch keine Wertung darstellen und schließt die männliche Form, also den Erzieher, mit ein.

[6] Also Kinder von Eltern, die an-oder ungelernter Tätigkeiten bzw. keiner Erwerbstätigkeit nachgehen (Becker/Lauterbach 2007) und damit von Armut bedroht sind.

der Schulkulturforschung[7] angewendet werden. Ein zentraler Gedanke ist der, dass Bildungserfolge vor allem auf elterliche Einstellungen als familiale Habitusformationen zurückzuführen sind, wobei Kinder aus privilegierten Elternhäusern aufgrund des vermittelten Geschmacks, der Unterstützungsleistungen und den familialen Verhaltensweisen in Bildungsinstitutionen bevorteilt sind (ebd.). Der Grund läge darin, dass Lehrer über einen ähnlichen Habitus verfügen wie Kinder aus privilegierten Elternhäusern. Am leichtesten seien die familiären Unterschiede anhand der vermittelten Sprache zu erkennen, die sich hauptsächlich im sprachlichen Ausdruck widerspiegelt. Obgleich man Bourdieus Analysen nicht einfach auf die Institution des Kindergartens übertragen kann[8], werfen sie dennoch die Frage auf, wie Erzieherinnen im Kindergarten mit Kindern aus unterschiedlichen sozialen Milieus umgehen. Ist bereits dort erkennbar, dass Erzieherinnen Kinder aufgrund von habituellen Vorlieben, Wertvorstellungen ungleich behandeln? Auch wenn die Beurteilungen von Leistungen im Unterschied zur Schule hier nicht im Vordergrund stehen, können die in soziale Praxen eingelagerten Wahrnehmungen von Differenzen, Fremdheit und Sympathie von Erzieherinnen einen entscheidenden Einfluss auf die Entwicklung der Kinder haben.

Mit dieser Beobachtungsstudie soll ein Blick in den Alltag, also in den Ort des Geschehens, gewagt werden. Um ein möglichst erkenntnisreiches und geschlossenes Bild des Untersuchungsgegenstandes zu erhalten, wurden teilnehmende Beobachtungen mit Videographie sowie themenzentrierte qualitative Interviews in drei verschiedenen Kindertagesstätten durchgeführt. Ziel ist hierbei, ein differenziertes Bild der Handlungs- und Einstellungsmuster von pädagogischen Fachkräften im Hinblick auf deren Umgang mit Diversität bei Kindern zu erlangen.

Die Arbeit gliedert sich wie folgt: Zu Beginn (Kap. 2) wird ein Überblick über die historischen Veränderungsprozesse des professionellen Handelns und Verständnisses von Erzieherinnen in Ost- und Westdeutschland geboten, wonach bildungspolitische Anforderungen an die heutige Rolle der Erzieherin folgen. Im Anschluss daran werden zentrale Erklärungsmodelle zu sozialen Ungleichheitstheorien präsentiert und empirische Befunde zum Thema Chancengleichheit im Kindergarten dargelegt. Die sich daraus ergebenden zentralen Forschungsdesiderate werden im 3. Kapitel aufgegriffen und als Fragestellungen dieser Studie ausformuliert. Vor diesem Hintergrund folgt der empirische Teil der Arbeit, welcher zunächst das methodische Vorgehen der Studie präsentiert (Kap.4) und

---

[7]   Vgl. bspw. Helsper 2009, Kramer/Helsper 2010.
[8]   Pierre Bourdieu bezog seine Analysen explizit auf das französische Schulsystem (Bourdieu 1983).

die zentralen Fallrekonstruktionen vorstellt (Kap.5). Hierbei wurde darauf Wert gelegt, die Balance zu halten zwischen der Gewährleistung der Rekonstruktion der Ergebnisse und der Bewältigung der Fülle an empirischem Material. In der Kontrastierung der Fälle (Kap.6) werden die Befunde im Lichte zentraler Gemeinsamkeiten und Unterschiede zwischen den Erzieherinnen herausgearbeitet. Nicht zuletzt werden die zentralen Ergebnisse diskutiert und theoretisch untermauert (Kap. 7). Mit einer Bilanzierung und einem professionstheoretischen Ausblick (Kap. 8) schließt diese Studie.

2 Thematische Eingrenzung und Stand der Forschung

Seit Mitte der 1990-er Jahre besteht in Deutschland ein Rechtsanspruch auf Kindergartenplätze für Kinder ab drei Jahren. Diese Einrichtungen früher Bildung unterstehen dem Kinder- und Jugendhilfegesetz[9]. Wie allgemein bekannt, sind alle Menschen vor dem Gesetz gleich – gleich im Sinne von gemeinsamen Chancen und Rechten, unabhängig des ökonomischen Status oder des Geschlechts etc. Dass hierzulande dennoch Ungleichheiten bestehen, die sich insbesondere im Bildungssystem beobachten lassen, steht leider außer Frage. So wurde in Deutschland im Vergleich zu anderen OECD-Staaten ein besonders enger positiver Zusammenhang zwischen der Sozialschichtzugehörigkeit der Herkunftsfamilie und des erreichten Lernstandes am Ende der Vollzeitschulpflicht nachgewiesen (vgl. Deutsches PISA-Konsortium 2001/ Baumert, Schümer, 2006). Wie einleitend bereits angedeutet, rückt der Kindergarten nun in das Zentrum der Aufmerksamkeit, wenn es darum geht, sozialen Ungleichheiten möglichst frühzeitig entgegenzuwirken bzw. zu minimieren. Im Mittelpunkt dessen steht die Erzieherin mit ihren Werten, ihrem pädagogischem Selbstverständnis und ihren Kompetenzen, Kindern gemäß ihrer unterschiedlichen Voraussetzungen und Interessen zu begegnen.

· Das folgende Kapitel (2.1) widmet sich diesen Zusammenhängen, indem in einem ersten Schritt die Bedeutung des Kindergartens mit der Rolle der Erzieherin im historischen Verlauf knapp betrachtet werden soll, wobei die Entwicklung der Kindergartenpädagogik zunächst in den alten und neuen Bundesländern separat vorangestellt wird.

Anschließend soll der Frage nachgegangen werden, welche Rolle der Kindergarten und die Erzieherin bei der Betrachtung sozialer Ungleichheiten spielen (Kap. 2.2). Hierbei werden zunächst überblicksartig zentrale Theorien zur Erklärung sozialer Ungleichheiten vorangestellt, bevor ausgewählte empirische Studien angeführt und diskutiert werden, die entweder für oder gegen einen kompensatorischen Effekt des Kindergartens auf soziale Ungleichheiten sprechen.

---

[9] Vgl. Kinder- und Jugendhilfegesetz § 13 SGB VIII

2.1 Die Rolle der Erzieherin in gesellschaftlichen und pädagogischen Wandlungsprozessen

Dass pädagogische Normen und Handlungspraxen immer historisch bedingten Wandlungsprozessen unterliegen, die eng mit dem vorherrschenden Bild des Kindes verbunden sind, ist wohl keine neue Erkenntnis. Um die Interpretationen der Fälle im Kap. 5 nachvollziehen zu können, kann es jedoch hilfreich sein, sich noch einmal diese Wandlungsprozesse, die mit einer veränderten Rolle der Erzieherin einhergehen, vor Augen zu führen. Da zum einen die Rolle der Erzieherin in der damaligen DDR eine völlig andere war als die der westdeutschen Erzieherin und zum anderen die Verteilung von Kindertageseinrichtungen teilweise noch immer in Ost- und Westdeutschland unterschiedlich verläuft[10], sollen im folgenden Abschnitt der Arbeit die kennzeichnenden Entwicklungslinien, gerade auch im Hinblick auf die daran angeknüpften Bildungsaufträge, knapp nachgezeichnet werden. Die Gegenüberstellung der Entwicklung in Ost und West erscheint auch aufgrund der spezifischen Fallauswahl der Erzieherinnen aus den neuen Bundesländern angemessen.

2.1.1 Die Stellung der Kindergärten und das professionelle Bild der Erzieherin im Wandel

2.1.1.1 Entwicklung in den neuen Bundesländern

Der folgende Abschnitt stellt die Entwicklung der Kindergärten und die Rolle der Erzieherin in der damaligen DDR von 1950 bis Anfang der 1990-er Jahre nach dem politischen Umbruch des Systems und der Wendezeit kurz dar. Hierbei werden jedoch nicht die historischen Prozesse, sondern die Aufgabe der Erzieherin im Laufe der Zeit in den Mittelpunkt gestellt[11].

---

[10] Vgl.: Deutsches Jugendinstitut/Dortmunder Arbeitsstelle Kinder- und Jugendhilfestatistik (Hrsg.) (2008): Zahlenspiegel 2007. Kindertagesbetreuung im Spiegel der Statistik. München, S. 33.

[11] Als weiterführende Literatur sei hier auf folgende Literatur hingewiesen: Hölthershinken/ Hoffmann/Prüfer (1997): Kindergartenn und Kindergärtnerin in der DDR sowie Fischer (1992): Das Bildungssystem der DDR – Entwicklung, Umbruch und Neugestaltung seit 1989. Darmstadt: Wissenschaftliche Buchgesellschaft.

Der Kindergarten gehörte bereits seit 1946 mit dem „Gesetz zur Demokratisierung der deutschen Schule" zum einheitlichen Bildungssystem der DDR (Gesetz 1970, zitiert nach Hölthershinken/Hoffmann/Prüfer 1997: 20) und bildete die erste Stufe des Bildungssystems. Von Anfang an unterlag die Institution des Kindergartens somit dem zentralen Kontrollorgan der Regierung, dem Ministerium für Volksbildung. So nahm der Kindergarten neben familien- und bildungspolitischen auch beschäftigungs- und ordnungspolitische Funktionen ein, um wirtschaftliche und vor allem ideologische Interessen umzusetzen (ebd.). Das nach außen propagierte Ziel war die Gleichberechtigung von Mann und Frau, wobei Frauen ihre Berufstätigkeit mit der Erziehung von Kindern vereinbaren sollten. Somit wurde das Ziel der Gleichberechtigung mit dem Ideal der erwerbstätigen Frau und Mutter verbunden. Die Inanspruchnahme außerhäuslicher Kinderbetreuung stieg im Laufe der Zeit immens an. Während 1950 noch 20,5 Prozent der Kinder einen Kindergarten besuchten, nutzten diesen 1989 ca. 95 Prozent. So war es ab 1976 durchaus verbreitet, Kinder bereits ab der 20. Woche in Kindertageseinrichtungen betreuen zu lassen (Nentwig-Gesemann 1999).

Die Ausbildung der Erzieherinnen erfolgte als Direktstudium in Pädagogischen Fachschulen, wobei die Erzieherinnen den Unterstufen-Lehrerinnen gleichgestellt waren. Im Jahre 1952 wurde ein verbindlicher Plan für die Arbeit in Kindergärten herausgegeben mit dem Titel: „Ziele und Aufgaben der vorschulischen Erziehung" (Hölthershinken/Hoffmann/Prüfer 1997: 72). Darin wurden vier verschiedene Bereiche ausformuliert: die körperliche Erziehung (Bsp. Hygiene, Abhärtung), die sittliche Erziehung (Bsp.: kollektives Verhalten, Charakter), die intellektuelle Erziehung (Bsp.: Natur, Sprache) sowie die ästhetische Erziehung (Bsp.: Musizieren, Schneiden). Die Erzieherin hatte dabei die Aufgabe, diese Bereiche in die pädagogische Arbeit zu integrieren (ebd.:74). Das allumfassende, übergeordnete, sozialistische Bildungs- und Erziehungsziel lautete dabei: die Herausbildung einer „allseitig und harmonisch entwickelten sozialistischen Persönlichkeit"[12]. Damit ging in Kindertagesstätten der Anspruch einher, die Formung dieser sozialistischen Persönlichkeit gewährleisten zu können. So wurden für den pädagogischen Alltag folgende Erziehungsziele in den Vordergrund gestellt: Selbstständigkeit, Zielgerichtetheit, Initiative, Gemeinschaftsgefühl bzw. Kollektivität (Launer, 1970). Nentwig-Gesemann (1999) entlarvt das Ziel der Selbstständigkeit als funktional, indem es auf die Erlangung bestimmter (zunächst körperbezogener) Fertigkeiten bezogen wird, wie bspw. die selbststän-

---

[12]   Vgl.: Gesetz über das einheitliche sozialistische Bildungssystem von 1965, zitiert nach Nentwig-Gesemann, 1999:15

dige Toilettenbenutzung. Ziel war demnach die „möglichst frühe Bewältigung von Aufgaben ohne die Hilfe von Erwachsenen" (ebd.: 60). Die Aktivitäten der Kinder wurden meist im Sinne der Interessen der Gemeinschaft von der Erzieherin gelenkt (ebd.).[13] Mit diesem Gemeinschaftsgefühl gingen weitere pädagogische Ziele wie Rücksichtnahme, Hilfsbereitschaft, Pflichtbewusstsein oder Disziplin einher (ebd.). Die Rolle der Erzieherin wird dabei als führend beschrieben. So solle sie die Kinder „leiten", „vermitteln", „schaffen", „organisieren" (Erziehungsprogramm, 1986, zitiert durch Nentwig-Gesemann, 1999). Neben diesem „stark lenkenden, auf Ursache-Wirkung bezogener Erziehungsstil" (ebd.: 37) arbeitete Nentwig-Gesemann (1999) in einer Dokumentenanalyse ebenso eine Altersnormierung sowie eine klare Festlegung von Erziehungszielen und Mitteln heraus. Die Normvorstellungen der Erwachsenen bzw. der Erzieherinnen galten dabei als Vergleichsmaßstab, was dazu führte, dass Kinder in ihren Entwicklungsschritten eher defizitär betrachtet wurden. Hierbei stand weniger die individuelle Entwicklung des Kindes, sondern vielmehr das Vermeiden der Abweichung von Normen im Vordergrund. So wurde den Erzieherinnen die Aufgabe zugeteilt, den Kindern normativ ‚richtiges Verhalten' beizubringen (ebd.:49). Selbst bei kindzentrierten Aktivitäten wie dem Spiel übernahm die Erzieherin eine tragende, lenkende Rolle (ebd.). Das Erziehungsprogramm diente darüber hinaus nicht nur als Arbeitsgrundlage, sondern auch als Bewertungsmaßstab für die Qualität der erzieherischen Arbeit (ebd.). Durch so genannte ‚Planungsbücher' und ‚14-Tage-Pläne', die dem Erziehungsprogramm entnommen wurden, konnten die Ziele und die dafür notwendigen alltäglichen Aktivitäten genauestens dokumentiert werden und dienten als Kontrollorgan für die Qualität der pädagogischen Arbeit (ebd.).

Die Bedeutung der Eltern wurde als ‚Erziehungspartnerschaft' etikettiert, wobei sich die Eltern den Normen und Zielen des Staates unterzuordnen hatten. So wurde das Recht der Eltern in Bezug auf die Erziehung ihrer Kinder wie folgt beschrieben: „Es ist das Recht und die vornehmste Pflicht der Eltern, ihre Kinder zu lebensfrohen, tüchtigen, und allseitig gebildeten Menschen, zu staatsbewussten Bürgern zu erziehen"[14]. Der Einbezug der Eltern gestaltete sich dementsprechend so, dass diese angeleitet wurden, ihr Kind ‚richtig', also nach gängigen Prinzipien im Einklang mit dem erzieherischen Vorgehen, zu erziehen. Statt einem Mitspracherecht hinsichtlich der Umsetzung pädagogischer Ideen wurden

---

[13] Dies zeigte sich auch in einer Interviewstudie von Höltershinken et. al. (1997), indem die Entscheidungsteilhabe von Kindern als stark eingeschränkt beschrieben wurde.

[14] Vgl.: Verfassung der Deutschen Demokratischen Republik von 1974, zitiert nach Nentwig-Gesemann, 1999.

Eltern praktische Hinweise erteilt unter dem Deckmantel eines möglichst einheitlichen erzieherischen und elterlichen Verhaltens (ebd.).

Zusammenfassend kann also die Rolle der Erzieherin als führend, lenkend und zielgerichtet beschrieben werden, wobei Kinder nicht nach deren eigenen Entwicklungsdynamik, sondern nach normierten Entwicklungsschritten erzogen wurden. Das Bild vom Kind kann dabei wie folgt beschrieben werden: das Kind wird als „weitgehend formbares Wesen betrachtet, dessen Defizite in einem vom Erwachsenen gesteuerten Lernprozess ausgeglichen wurden" (ebd.: 51).

Nach dem Zusammenbruch der DDR kam es zu einschneidenden Veränderungsprozessen (Musiol 1998:57), die zum einen strukturell – durch die Schließungen zahlreicher Einrichtungen – und zum anderen inhaltlich durch die Übernahme westdeutscher pädagogischer Standards gekennzeichnet waren. Anhand von Dokumentenanalysen[15] und zahlreichen Interviews konnte als Folge dessen eine Ambivalenz zwischen dem Festhalten an alt Bewährtem und gleichzeitigem Kritisieren der bisherigen pädagogischen Prinzipien bei den Erzieherinnen herausgearbeitet werden. So wurden 1990 in einem Bildungsprogramm des Ministeriums für Volksbildung zwar eine ideologiefreie Erziehung und eine stärkere Betonung der Individualität betont, der Erzieherin wurde dabei jedoch noch immer eine lenkende Funktion zugeschrieben (Hölthershinken/Hoffmann/Prüfer 1997: 117). In den Interviews mit pädagogischen Fachkräften konnten zum einen eine grundsätzlich positive Einstellung gegenüber Veränderungen in Richtung Selbstständigkeit im pädagogischen Prozess und Entscheidungsfreiheit, zum anderen jedoch auch Versuche, bestimmte Inhalte weiterhin beizubehalten, herausgearbeitet werden (Hölthershinken/Hoffmann/Prüfer 1997, Musiol 1998). Darüber hinaus wurde darauf hingewiesen, dass der politische Umbruch und seine Folgen für die Professionalisierungsprozesse von den Erzieherinnen als ein kritisches Lebensereignis empfunden wurde, das mit Orientierungslosigkeit und Unsicherheit hinsichtlich der neuen professionellen Rolle verbunden war (Nentwig-Gesemann 1999, Musiol 1998). So gab es auf der einen Seite Erzieherinnen, die die führende Rolle sowohl vor der Wende, als auch nachher befürworteten, während andere diese Rolle für sich ablehnen bzw. relativieren (ebd.).[16] Das Bewältigungsmuster, sich teilweise – bspw. in der Alltagsgestaltung – anzupas-

---

[15] Vgl. „Thesen zur Erneuerung der pädagogischen Arbeit im Kindergarten" (Ministerium für Volksbildung 1990, zitiert nach Höltershinken et. al. 1997).

[16] Anhand von Gruppendiskussionen arbeitete Nentwig-Gesemann (1999) heraus, dass hierbei das ländlich/städtische Milieu sowie der Leitungsstil der jeweiligen Einrichtungen eine entscheidende Rolle spielte.

sen, aber dennoch in gewohnten Handlungsmustern weiterzuarbeiten, wurde als das dominante Muster herausgearbeitet (Musiol 1998: 115).

Nun stellt sich die Frage, inwiefern auch heute noch diese inneren Ambivalenzen in den Handlungspraxen der Erzieherinnen zum Vorschein kommen. Hierzu ließ sich eine Studie von Blasius und Große (2010) finden, die insgesamt 120 Erzieherinnen sowohl in Bayern als auch in Sachsen zum Thema pädagogische Orientierungen befragte. Obgleich es sich hier um eine Fragebogenstudie handelte und somit sicherlich die Gefahr der sozialen Erwünschtheit in den Antworten der Erzieherinnen gegeben ist, wurden interessante Ergebnisse formuliert: So würden die Gemeinsamkeiten zwischen bayrischen und sächsischen Erzieherinnen in den meisten Dingen eindeutig überwiegen (Blasius/Große, 2010). Alle Erzieherinnen sehen die Förderung von Selbstständigkeit und Neugierde mittlerweile als wichtigstes Erziehungsziel an. Wurden Unterschiede in den Antworten der Erzieherinnen festgestellt, so konnten diese mit der Zeit der Ausbildung des Berufs in Zusammenhang gebracht werden. Erzieherinnen, die ihre Ausbildung vor der Wende absolvierten (in Ost und West), bewerteten das Ziel, den Kindern im Kindergarten ein angemessenes Sozialverhalten zu vermitteln, als wichtig. Während dem ca. 40 Prozent der bayrischen Erzieherinnen zustimmten, stimmten dem in Sachsen immerhin 82 Prozent der Erzieherinnen zu, was einen beträchtlichen Unterschied darstellt. Es ist demnach nicht auszuschließen, dass sowohl das Alter, als auch die unterschiedliche Sozialisation bedingt durch die damaligen politischen Indoktrinationen mit der Festlegung auf bestimmte Erziehungsinhalte noch immer Einflussgrößen auf das pädagogische Handeln darstellen.

2.1.1.2   Entwicklung in den alten Bundesländern

Im Kontrast zur großen Bedeutung institutioneller Betreuung in der damaligen DDR wurde in der Bundesrepublik nach 1945 die Rolle der Mutter und der Familie gestärkt. Der Kindergarten führte zunächst die Entwicklung der Weimarer Republik fort, indem er die Funktion der Fürsorge und Beaufsichtigung – gerade für Kinder aus unteren sozialen Schichten, in denen die Mütter zum Familieneinkommen ihren Beitrag leisten mussten – einnahm. Infolge dessen galt der Kindergarten in den 1950-er Jahren als sozialpädagogische Einrichtungen ohne eigenständigen Bildungsauftrag (Teschner, 2004:13). Dies dauerte bis Mitte der 1960-er Jahre an. Während die Versorgungsquote in der DDR im Jahre 1965 bei ca. 54 Prozent lag[17], hatten im gleichen Jahr in der BRD lediglich 33 Prozent der 3-6-Jährigen einen Kindergartenplatz: Hinzu kam die schlechte Bezahlung, das niedrig qualifizierte Personal (vgl. Deutscher Bildungsrat, 1970: 105), was das Ansehen der Erzieherinnen in der Gesellschaft sicher beeinflusste.

Im Hinblick auf das Bild vom Kind[18] kann für die 1950-er Jahre eine auf innere Reifung abzielende Pädagogik konstatiert werden, wobei die kognitive Förderung und Bildung weniger vordergründig waren (Teschner, 2004). Die Entwicklung des Kindes wurde aus dieser Sicht demnach von intern gesteuerten Reifungsprozessen determiniert. Dabei blieb die Rolle der Erzieherin darauf beschränkt, die Umwelt pädagogisch anregend so zu gestalten, dass sich die inneren Entwicklungsschritte auch entfalten konnten.

Mitte der 1960-er Jahre setzten Reformprozesse ein, die eine neue Kindergartenpraxis nach sich zogen. So kam der Deutsche Bildungsrat zu der Ansicht, dass die Kinder bislang zu wenig gefördert wurden und eine aktive Gestaltung der Lernprozesse erforderlich sei (Deutscher Bildungsrat, 1970, zitiert nach Teschner, 2004:14). Gleichzeitig setzten sich Bildungsforscher und Sozialpolitiker gegen bestehende Bildungsungleichheiten ein und forderten eine kompensatorische Erziehung von Kindern aus sozial benachteiligten Milieus (ebd.). Der Strukturplan für das Bildungswesen von 1970 beinhaltete demzufolge lerntheoretisch fundierte Reformvorschläge, die auf eine Abkehr von schichtabhängigen Begabungsvorstellungen und eine Hinwendung zu einer aktiven Förderung von Lernprozessen abzielten (ebd.).

In den daraus resultierenden vorschulischen Curricula wurden konkrete inhaltliche Veränderungen vorgeschlagen, bspw. ein zielorientiertes Arbeiten mit Materialien sowie die Durchführung von Sprach-, Wahrnehmungs- und Bewegungstrainings. Die Rolle der Erzieherin war dabei nicht nur auf das Training einzelner Funktionsbereiche und dem Vermitteln von Wissen, sondern auch auf die Herstellung von Chancengleichheit fokussiert. Als Gegenkonzept dazu entstanden aus der Studentenbewegung heraus antiautoritäre Kinderläden. Diese hatten das Ziel, eine gleichberechtigte Beziehung zwischen Erwachsenen und Kind herzustellen, die von Toleranz geprägt ist. Hierbei flossen ebenso psychoanalytische Ansätze ein, wobei die Aufgabe der Erzieherin sein sollte, den Kin-

---

[17] Vgl. Hölthershinken/Hoffmann/Prüfer 1997: 212. Im Jahr 1986/87 lag der Versorgungsgrad in der BRD bei 68 Prozent, und in der DDR bei 94 Prozent. Dementsprechend lag die Erwerbsquote bei den Frauen in der DDR bei 90 Prozent und in der BRD bei 40 Prozent (ebd.:223).

[18] Gemeint sind hier Normalitätsvorstellungen über die Entwicklung von Kindern und damit einhergehende Vorstellungen einer ‚gesunden' und ‚guten' Kindheit.

dern sowohl triebbasierte Tätigkeiten, als auch Freiraum und Selbstbestimmung zu ermöglichen (ebd.).

Schließlich wurde Anfang der 1970-er Jahre – im Zuge internationaler ‚Entschulungsdebatten' – der Situationsansatz ins Leben gerufen (ebd.: 21). Kennzeichnend war dabei die Betonung auf Autonomie und Kompetenz der Kinder, während interessengeleitete Aktivitäten im jeweiligen Lebensraum der Kinder einen besonderen Stellenwert erlangten. So wurde die Aufgabe der Erzieherin darin gesehen, Spielsituationen, die vom Kind aus initiiert wurden, spontan aufzugreifen, also die Interessen und Bedürfnisse der Kinder wahrzunehmen, ohne die Lebenssituationen außer acht zu lassen. Auf diese Weise sollten Kinder weder über- noch unterfordert werden (vgl. Teschner 2004).

Zusammenfassend kann die Rolle der Erzieherin in der BRD als grundlegend verschieden im Vergleich zu dieser in der DDR angesehen werden. Während die Aufgabe der Erzieherin in der DDR konstant darauf abzielte, die Kinder zu schulfähigen, tüchtigen Wesen zu erziehen, unterlag das Bild der Erzieherin in der BRD – durch die Vielzahl pädagogischer Ansätze – in viel stärkerem Ausmaß Wandlungsprozessen, die eine Reflektion der eigenen Rolle immer wieder erforderlich machten.

In den 1990-er Jahren kam es im Zuge neuer entwicklungspsychologischer Erkenntnisse sowie Veränderungsprozessen, die die Wiedervereinigung mit sich brachten, erneut zu Qualitätsdebatten, wodurch eine konzeptuelle Weiterentwicklung der Kindergartenpädagogik in Gang gebracht wurde. Als Weiterentwicklung des Situationsansatzes fokussierte man nunmehr nicht auf soziale Situationen, sondern stellte die Entwicklungsbedürfnisse jedes einzelnen Kindes in den Vordergrund. Dies implizierte eine Abkehr von einer gezielten Steuerung von Lernprozessen. Gleichzeitig wurde die Erwachsenenzentriertheit im Umgang mit Kindern zunehmend infrage gestellt, da diese meist darüber hinweg sieht, dass Kinder anders denken, fühlen und handeln als Erwachsene (Teschner 2004). Nunmehr stand die Persönlichkeit der Erzieherin im Vordergrund, womit erhöhte Anforderungen an ihre Fähigkeiten zur Offenheit und Selbstreflexion einhergingen (ebd.). Im Zuge dessen wurden erneut Qualitätsstandards gefordert, die sowohl international stand halten können, als auch die Qualität der pädagogischen Arbeit im Kindergarten in den Vordergrund stellen sollte. Hinzu kam, dass sich die Lebenslagen der Kinder zunehmend veränderten. So wurde der Kindergarten mehr und mehr zum Spiegelbild einer ‚multikulturellen' Gesellschaft, wobei die Erzieherin nun dafür Sorge tragen sollte, Kindern im Rahmen einer interkulturellen Pädagogik zum späteren Schulerfolg zu verhelfen (Daiber/Weiland 2008). Durch den Anspruch, nicht nur eine Bildungsinstitution zu sein, sondern auch für den Erwerb der deutschen Sprache, und damit eng verbunden, interkulturellem

Lernen, zuständig zu sein, geriet der Kindergarten zunehmend in den Blickpunkt gesellschaftspolitischer Debatten.

2.1.2 Die Rolle der Erzieherin im Spiegel aktueller bildungspolitischer Entwicklungen und Anforderungen

Aktualisiert wurden die Qualitätsdebatten in der elementaren Bildung durch die Ergebnisse der PISA- Studie (Deutsches PISA-Konsortium 2001), die einen regelrechten landesweiten Bildungsschock verursachte. So wurde nicht nur bekannt, dass die Leseleistungen der 15-Jährigen ungenügend entwickelt sind, sondern auch, dass der erreichte Lernstand – mehr als in anderen europäischen Ländern – am Ende der Vollzeitschulpflicht von der familiären Herkunft abhängt (Baumert/ Schümer 2006). Aus ihren Ergebnissen leiteten die Autoren die Forderung ab, die Leseförderung als „Gegenstand von vorschulischen Programmen" einzuführen (Deutsches PISA-Konsortium 2001: 134). Unmittelbar danach folgten die Empfehlungen des „Forum Bildung"[19], die wiederum eine Diskussion um die Verbesserung der elementaren Bildung in Deutschland entfachten.[20] Als Folgen dieser Diskussionen standen nicht nur die Würdigung des Kindergartens als Bildungsort, sondern auch eine Erfolgszentrierung, die die Forderung nach Qualitätskontrollen nach sich zog, im Vordergrund. So formulierte Fthenakis: „Die Überprüfung pädagogischer Qualität hat in regelmäßigen Abständen stattzufinden. Es sollten Standards definiert werden, deren Unterschreitung die Lizensierung in Frage stellt. Ferner sollte ein Anreizsystem zur Stärkung pädagogischer Qualität in den Tageseinrichtungen beitragen" (BMFSFJ 2003:100). So wurden Erzieherinnen angehalten, „die Sprachentwicklung der Kinder effektiver (zu) begleiten, die lernmethodische Kompetenz (zu) fördern, naturwissenschaftliche Kenntnisse (zu) vermitteln, und einiges mehr" (BMFSFJ 2003:159, Hervorhebung im Original). In einem appellierenden Tonfall wurde das bis dato bestehende Betreuungssystem als ungenügend bezeichnet.[21] Als zentrales Ziel

---

[19] Vgl. Arbeitsstab Forum Bildung (Hrsg.) (2001): Empfehlungen des Forum Bildung. Bonn: Geschäftsstelle der Bund-Länder-Kommission für Bildungsplanung und Forschungsförderung.

[20] So wurde die „Nationale Qualitätsinitiative im System der Tageseinrichtungen für Kinder" (NQI) vom Bundesministerium für Familie, Senioren, Frauen und Jugend ins Leben gerufen mit dem Ziel, Verfahren für die Qualitätssicherung zu entwickeln.

[21] Vgl. folgendes Zitat: „Das System der Tageseinrichtungen in Deutschland entspricht derzeit – trotz der Weiterentwicklungen der vergangenen Jahre – weder den Ansprüchen moderner Pädagogik noch den Anforderungen, die aus dem rasant verlaufenden gesellschaftlichen Wandel re-

wurde nun die optimale Förderung der Kinder von Geburt an postuliert. Das Gelingen oder Misslingen der bildungszentrierten Entwicklung der Kinder stand nunmehr im öffentlichen Diskurs. Als Gründe für die Notwendigkeit einer Einführung pädagogischer Standards und der Erhöhung der Betreuungsqualität wurden der Strukturwandel in Wirtschaft und Arbeitswelt, der demografische Wandel, die Zunahme von Kinderarmut, die Vereinbarkeit von Familie und Beruf, die Zunahme allein Erziehender sowie die zunehmende kulturelle Diversität genannt (BMFSFJ, 2003: 14-22). Flankiert wurde dies mit dem europaweiten Aufruf nach lebenslangem Lernen. Während Bildung zuvor eher individuumszentriert vermittelt wurde, geht es nun um das Entdecken und Fördern von kindzentierten Kompetenzen, die ein selbstständiges Lernen im sozialen Kontext ermöglichen. Es entwickelte sich also im Laufe der letzten Jahre – gesamtdeutsch - ein Bild vom Kind, das mit Kompetenzzuschreibungen verbunden ist (Blasius/Große 2010).

Um die Vermittlung von Basiskompetenzen zu gewährleisten, wurden im Jahr 2003 deutschlandweit Bildungs- bzw. Orientierungspläne formuliert, wobei diese von Bundesland zu Bundesland durchaus unterschiedliche Schwerpunkte haben. Allen gemeinsam sind die Ziele, das Selbstwertgefühl, die Selbstwirksamkeit und die Selbstregulation zu stärken. Bildung wird dabei als „Selbst-Tätigkeit des Kindes zur Aneignung der Welt (verstanden) und Erziehung als Tätigkeit des Erwachsenen mit dem Ziel, alle Kräfte des Kindes dafür anzuregen" (Laewen/Andres 2002: 41, Hervorhebung im Original).[22] Dies impliziert, dass Kinder nicht gebildet werden, sondern sich nur selbst bilden können (ebd.). Die Rolle der Erzieherin ist demnach, Wissen nicht zu vermitteln, sondern Bildungsprozesse nur anregen, indem Ideen und Vorschläge der Kinder aufgegriffen und weitergeführt werden. Zentral ist dabei das Bild vom Kind als Subjekt und nicht als Objekt im Bildungsprozess, wobei Kinder grundsätzlich als kompetente Ko-Konstrukteure ihrer eigenen Bildungsgeschichte betrachtet werden. Diese Zusammenhänge bauen auf den Ideen des Konstruktivismus auf (vgl. Reich 2005), wobei Wissen erst durch die interne Interpretation von Konzepten und Wirklichkeitskonstruktionen entsteht und somit selbst als konstruiert bezeichnet werden kann. Übertragen auf das Erzieherinnen-Kind-Verhältnis bedeutet dies,

---

sultieren. In dieser Einschätzung sind sich Fachleute, Politiker und die betroffenen Familien weitgehend einig" (BMFSFJ, 2003:13).

[22] Im sächsischen Bildungsplan wird die Bildung der Kinder als Selbstbildungsprozess in sozialen Kontexten verstanden (Sächsisches Staatsministerium für Soziales 2007: Der sächsische Bildungsplan – ein Leitfaden für Erzieher/-innen in Krippe, Kindergarten und Horten sowie für Kinderpflege. Weimar, Berlin: Verlag das Netz).

dass sich Kinder das Wissen über die Welt selbst konstruieren (Völkel 2002:159), wobei das soziale Umfeld, äußere und innere Bedingungen (wie genetische Voraussetzungen) sowie soziale Interaktionen einen Einfluss nehmen. Bedingt durch das ungleiche hierarchische Verhältnis zwischen den Erzieherinnen und Kinder wird eine Ko-Konstruktion, wie sie im ursprünglichen Sinn gemeint ist – nämlich das gemeinsame Erschaffen eines Bedeutungshorizontes auf einer Ebene – als erschwert angesehen (ebd.). Die Interaktion zwischen Gleichaltrigen wird als eigentliche Ko-Konstruktion betrachtet, da hier symmetrische und gleichberechtige Beziehungen vorliegen (Laewen/ Andres 2002). Kinder können demnach am besten gemeinsam ihre Erfahrungen mit sich und der Welt verarbeiten. Sie verarbeiten ganz individuell ihre Konzepte und Vorstellungen über Zusammenhänge und gestalten im Austausch mit anderen ihre Weltbilder. In der Ko-Konstruktion zwischen Erzieherin und Kindern rückt erneut die Beziehungsqualität in den Vordergrund: „Die Gestaltung von Beziehungen ist der Kern der professionellen, auf Ermöglichung von Bildung gerichteten Tätigkeit der Erzieherinnen." (bildung: *elementar* 2004, S. 19).

Die Umsetzung des Gelingens der Selbstbildungsprozesse hängt demnach immens von der Fähigkeit der Erzieherin ab, diese Rolle der Begleiterin, Unterstützerin und Expertin für die Interessen der Kinder, einzunehmen. Dabei ist entscheidend, wie sehr sie sich auf die Bedürfnisse der Kinder einstellen kann. Leider erscheint es zuweilen noch etwas unklar, wie genau Erzieherinnen in Interaktionen mit Kindern entwicklungsfördernde Bildungsprozesse anregen können (vgl. auch König 2007:4). Schließlich weiß man, was nicht mehr erwünscht ist, nämlich die Rolle der „Animateurin, Allwissenden, Bewerterin oder Richterin" (Mienert/ Vorholz 2007:9).

2.2 Chancenungleichheiten und Kindergarten – empirische Untersuchungen

Die gegenwärtige Qualitäts- und Bildungsdiskussionen kann man aufgrund der oftmals makrostrukturellen Debatten sowohl kritisch betrachten, als auch als Chance ansehen. Das Positive besteht darin, dass empirisch fundierte Forschungen im elementaren Bildungsbereich endlich als Notwendigkeit verstanden werden, um Potenziale und Probleme in Bildungsprozessen aufzudecken. Bislang hatte die empirische Bildungs- und Ungleichheitsforschung in Kindertagesstätten eher eine marginale Bedeutung im Vergleich zur Schulforschung eingenommen.

Im Zuge der Einordnung des Kindergartens als Teil des Bildungswesens rückt dieser jedoch zunehmend in den Fokus von Studien, so dass seit einigen

Jahren ein Zuwachs an Forschungsprojekten im elementaren Bildungsbereich zu verzeichnen ist.[23] Der Kindergarten gilt nunmehr nicht nur als relevant für die Bildungsprozesse aller Kinder, sondern wird auch als staatliche Investition in die potentiellen Leistungsträger von morgen angesehen.[24] Hierbei spielt die Förderung bestimmter ‚Randgruppen' sozialer Milieus eine Rolle, die besonders als Ungleichheitsträger gelten und im Laufe ihrer Schulkarriere ein erhöhtes Risiko aufweisen, zu so genannten „Bildungsverlierern" oder „Bildungsarmen" zu werden.[25] So konnte in empirischen Studien gezeigt werden, dass Bildungsarmut vor allem durch die soziale Herkunft „vererbt" wird, also von Eltern weitergegeben wird, die über einen niedrigen Bildungsstatus verfügen (z.B. Deutsches PISA-Konsortium 2001). Daraus kann sich die Gefahr ergeben, dass die finanziellen Möglichkeiten eingeschränkt sind und sie weniger Engagement in die Bildung ihrer Kinder investieren als Eltern höherer Bildungsniveaus (vgl. Iben, 2001). Vor allem Kinder allein erziehender Mütter unterliegen dieser Gefahr, denn sie wachsen tendenziell häufiger in niedrigen Wohlstandsverhältnissen auf und leben vergleichsweise oft und lang in ökonomisch prekären Lebenslagen (Eggen & Rupp, 2006). Daneben gilt der Migrationshintergrund der Eltern als statistisch relevanter Erklärungsfaktor für schulische Leistungsrückstände. Als einer der Gründe zählt die geringere Lesekompetenz der Jugendlichen mit Migrationshintergrund in Sekundarschulen im Vergleich zu Gleichaltrigen (Stanat, 2006). Darüber hinaus rückt die Bedeutung des sozialen Geschlechts wieder in den wissenschaftlichen Fokus, wobei Jungen im Schulsystem seit einigen Jahren als benachteiligt gelten. So erhalten Jungen bspw. seltener eine Gymnasialempfehlung, auch wenn sie die gleichen Leistungen wie Mädchen erbringen (vgl. Leh-

---

[23]   Bereits ein Blick in die Literatur-Recherchekataloge zeigt, dass das öffentliche Interesse und damit die Forschung zum Thema Kindergarten in den letzten Jahren immens zugenommen haben. Während in den Jahren 1995-2000 lediglich sechs Einträge zum Thema „Kindergarten und Bildung" zu finden waren, so konnten dazu in den Jahren 2005-2010 insg. 31 Veröffentlichungen gefunden werden (Vgl. Katalog der Deutschen Nationalbibliothek, Datum der Recherche: 11.09.2010).

[24]   So wird der Kindergartenbesuch als betriebswirtschaftlicher Nutzen für Staaten eingeräumt. Hierzu liegen bereits einige Studien vor (bspw. Wagner/Spiess/Kreyenfeld 2001). Als Folge dessen werden Überlegungen angestellt, wie speziell Familien und Kinder, die als sozial schwach eingestuft werden, so gefördert werden sollten, dass ‚negative, familiär bedingte Effekte' institutionell kompensiert werden können (vgl. auch Betz/Diller/Rauschenbach 2010, die sich kritisch damit auseinandersetzen).

[25]   In Anlehnung an die Autoren Anger/ Plünneke/ Seyda (2006) wird der Begriff der Bildungsarmut nachfolgend auf Personen bezogen, die weder über einen Sekundarstufe II- Abschluss an einer allgemein bildenden Schule oder einer beruflichen Schule, noch über einen Abschluss der Berufsbildung, verfügen.

mann/Peek 1997). Mittlerweile wird davon ausgegangen, dass es sich um kumulative Aufschichtung von Risikofaktoren handelt. So gelten Jungen aus Migrationsfamilien, die aus bildungsfernen Schichten kommen, als besonders benachteiligt (Quenzel/ Hurrelmann 2010).

Empirische, zumeist quantitative, Studien zu Bildungsungleichheiten in Deutschland geben zwar aktuelle Bestandsaufnahmen über die Ausprägungen einzelner Facetten sozialer Ungleichheiten wieder, gehen meist jedoch nicht so weit, dass sie sich den Ursachen widmen. Im Folgenden soll deshalb ein Überblick über mögliche Erklärungsansätze gegeben werden[26]. Es soll also – etwas vereinfacht – der Frage nachgegangen werden, ,warum der Apfel nicht weit vom Stamm fällt'.

2.2.1 Erklärungsmodelle sozialer Ungleichheiten

Soziale Ungleichheitsforscher gehen bspw. seit der Frage nach, wie die im Vergleich zu anderen Ländern hohe soziale Selektivität des deutschen Bildungssystems zu erklären ist und woran Kinder im Laufe einer Bildungslaufbahn scheitern.[27] Hierbei haben sich grundsätzlich zwei Erklärungsansätze durchgesetzt, die sich diesen Problemfeldern aus unterschiedlichen Blickwinkeln heraus nähern. Zum einen gibt es die Humankapitaltheorie, die Entscheidungen anhand Kosten-Nutzen-Kalküle untersucht. Zum anderen bietet der auf Pierre Bourdieu zurückgehende konflikttheoretische Ansatz Erklärungen zum Einfluss milieuspezifischer kulturellen Praxen.

Bevor diese Ansätze vorgestellt werden, erscheint es jedoch notwendig, einige Begrifflichkeiten zu erläutern, die dem Verständnis der Arbeit weiterhin dienlich sind. Nach Kreckel (2004) bestehen <u>soziale Ungleichheiten</u> überall da,

> „[…] wo Möglichkeiten des Zugangs zu allgemein verfügbaren und erstrebenswerten sozialen Gütern und/oder zu sozialen Positionen, die mit ungleichen Macht- und/oder Interaktionsmöglichkeiten ausgestattet sind, dauerhafte Einschränkungen erfahren und dadurch Lebenschancen […] beeinträchtigt oder begünstigt werden" (ebd.: 17).

---

[26] In diesem Rahmen können jedoch nur einige Erklärungsansätze herausgegriffen und grob skizziert werden.

[27] Neben Selektionsprozessen bei Bildungsübergängen werden Bildungsungleichheiten auch innerhalb einer Bildungsinstitution, zwischen Schulformen und Schulen, sowie außerhalb von Bildungsinstitutionen untersucht (vgl. Maaz 2010: 28).

Der Begriff der sozialen Milieus ist entgegen der vertikalen Einteilung der Gesellschaft in Klassentheorien eng an die Lebensführung und Lebensstile sozialer Gruppen geknüpft. So bezeichnet Hradil (1987) Milieus als Gruppen von Menschen, die äußere Lebensbedingungen und Haltungen aufweisen, aus denen sich gemeinsame Lebensstile herausbilden. Die Milieuforschung, die durch Michael Vester ins Leben gerufen wurde, beschäftigt sich mit der Lebenspraxis verschiedener Milieus und versucht, diese in einer „Landkarte der sozialen Milieus" (vgl. Vester 2001) empirisch abzutragen. Dabei prägte Vester den Begriff der „pluralisierten Klassengesellschaft", wobei er den verschiedenen hierarchischen Positionen des sozialen Raums Rechnung trägt.[28]

Als sozial benachteiligt gelten Haushalte mit Kindern, deren Äquivalenzeinkommen unterhalb der Armutsgefährdungsgrenze liegt, in denen kein Elternteil erwerbsfähig ist und/oder in denen kein Elternteil einen Abschluss der Sekundarstufe II oder eine abgeschlossene Berufsausbildung hat (Hock/Brülle 2010: 162). So seien mind. 28 Prozent aller Kinder in Deutschland von mind. einem dieser Kriterien betroffen (ebd.).

Schließlich bezeichnen Vester et al. den Begriff Prekariat als „Form neuer Ungleichheit" im Sinne einer dauerhaften Schieflage von Berufspositionen und Soziallagen (Vester et al. 2001). Studien zufolge gehören seit den 1990-er Jahren ca. 25 Prozent der Bevölkerung dieser Risikogruppe an, die durch instabile Standards im Einkommen, der Wohnweise, in der Familiensituation usw. gekennzeichnet ist (ebd.).

Ökonomische, rationale Erklärungsmodelle
Nach Stocké (2010) lassen sich drei verschiedene Formen von Theorien rationaler Bildungsentscheidungen unterscheiden: die Humankapitaltheorie, die Theorie des geplanten Verhaltens und die Rational-Choice-Theorie. Nachfolgend werden diese drei Formen, aufgrund der ähnlichen Kernaussagen, zusammengefasst dargelegt.[29] Im Zentrum ökonomischer Erklärungsmodelle stehen die Entscheidungen der Eltern an verschiedenen Übergängen in der Bildungskarriere, die für spätere Bildungsungleichheiten verantwortlich gemacht werden. Damit eng verbunden ist die Frage nach dem Nutzen und den Kosten von Bildungsinvestitionen (vgl. Becker, 1993, Erikson & Jonsson, 1996, Breen & Goldthorpe, 1997).

---

[28] Obwohl die Modelle methodisch aus lebensweltlichen Einstellungen der Probanden gespeist werden, so zeigt sich dennoch eine deutliche Klassen- bzw. Schichtstruktur. Drei Milieus gehören demnach der Ober- du oberen Mittelschicht, drei der mittleren und unteren Mittelschicht und drei der Unterschicht (Arbeiterschicht) zugeordnet werden (von Oertzen 2010).

[29] Einen differenzierten Überblick bietet hier Stocké (2010).

Die Kosten betreffen dabei vor allem Geld, Zeit und Mühe, wobei Becker noch einmal zwischen direkten Kosten wie z.B. Fahrtkosten, Schulmaterial, Nachhilfeunterricht und indirekten Kosten[30] unterscheidet. Letztendlich werden rationale Gleichungen aufgestellt, die anzeigen, welche Investitionen in das Humankapital erstrebenswert sind, also sich lohnen, um das Lebenseinkommen unter Berücksichtigung der Kosten zu erhöhen oder zumindest beizubehalten. Soziale Ungleichheiten entstünden dann, wenn unterschiedliche Kostenbelastungen mit unterschiedlichen schulischer Erfolgswahrscheinlichkeiten einhergehen. Sozial benachteiligte Familien würden demnach weniger in Bildung investieren, weil durch ihr geringes Einkommen die Kosten höherer Bildung zu hoch wären. Daneben sei bei diesen Familien ebenso das Risiko bei Bildungsinvestitionen erhöht, da die Wahrscheinlichkeit von schulischem Erfolg als geringer eingeschätzt wird.[31]

Ein Modell, welches nicht nur unmittelbare Entscheidungsprozesse, sondern auch herkunftsbedingte Einflüsse einzubeziehen beabsichtigt, stammt von Boudon (1974). Dabei wird unterschieden in primäre (schulische Leistung)[32] und sekundäre (elterliche Bildungsentscheidung)[33] Effekte der sozialen Herkunft und es wird davon ausgegangen, dass sich diese gegenseitig bedingen. Auch hier konzentrieren sich Forscher oftmals auf die Übergangsentscheidungen von Sek I zu Sek II. Aktuelle Studien zeigen, dass neben direkten Auswirkungen der sozialen Herkunft, vor allem die Schülerleistungen sowie das Lehrerurteil zur Schuleignung entscheidend sind (Baumert/Maaz 2010)[34], wobei in einem erweiterten Erwartungs-Wert-Modell der familiäre Hintergrund hinter die Bedeutung des Umfelds und der normativen Zuschreibung des Besuchs eines höheren Schultyps

---

[30] Dies bezieht sich auf den durch die Entscheidung der Schulbildung entgangene Lohn (Becker 1993).

[31] Kritisch anzumerken wäre bei dieser Betrachtungsweise, dass Bildungsungleichheiten nur teilweise erklärt werden, da es sich letztendlich auf Entscheidungskalküle bezieht und institutionell bedingte Ungleichheiten ausblendet. Des weiteren bieten diese Ansätze kaum eine Erklärung, wie es zu so genannten „Bildungsaufsteigern" kommen kann, also Kinder aus unteren sozialen Schichten, die trotz ihrer misslichen sozialen und ökonomischen Lage in Universitäten gelangen und somit formal gleiche Voraussetzungen haben wie andere Kinder. Die Bedeutung von Peers und so genannten ‚signifikanten Anderen' wird hierbei bspw. nicht erfasst.

[32] Bspw. durch intensive häusliche Förderung in Abhängigkeit der vorhandenen familialen Ressourcen.

[33] Bspw. wenn trotz gleicher Leistung Eltern niedrigerer sozialer Schichten geringere Schulformen für ihre Kinder auswählen als andere Eltern, die aus höheren Schichten stammen.

[34] So konnten durch die Leistungs- und Eignungsurteile der Lehrer und die Schülerleistungen immerhin 72 Prozent der Varianz bei Übergangsentscheidungen erklärt werden, während die soziale Herkunft eine Varianzaufklärung von 28 Prozent erlangte.

tritt (Jonkmann et.al. 2010).[35] Daneben wird die Relevanz der monetären Kosten
als gering eingeschätzt (ebd.). Doch auch hierbei geraten Bildungsforscher immer wieder an ihre Grenzen und weisen auf noch fehlende Erklärungen für das
Zusammenwirken von Entscheidungsmechanismen mit einer vagen Prognose
hin: „Je nach situativen Bedingungen greifen unterschiedliche Entscheidungslo-
giken" (Baumert/Maaz 2010: 174).

Die subtile Wirkung sozialer Normen und Werten in unterschiedlichen, he-
terogenen, gesellschaftlichen Systemen und Milieus kann nur bedingt durch
rationale Modelle und Theorien erklärt werden. An dieser Stelle setzen milieuspezifische Ansätze an, die auf familiale Verhaltens- und Einstellungsmuster im
Zusammenspiel mit Bildungschancen fokussieren.

Milieuspezifische Erklärungsmodelle
Milieuspezifische Erklärungsmodelle beziehen sich meist auf Bourdieu (1983,
2006, Bourdieu/Passeron 1971), der in seinen Analysen zu sozialen Ungleichheiten Klassen- und Lebensstilkonzepte vereint. So stellt er einen Bezug her zwischen unterschiedlich hierarchisch gelagerten sozialen Positionen im Raum und
habituell verankerten Lebensstilen (Bourdieu 1983). Der durch ihn populär gewordene Begriff des *Habitus* wird dabei für die Kennzeichnung von kollektiven
Wahrnehmungs-, Denk- und Handlungsschemata verwendet. So zeichnen sich
Angehörige der ‚herrschenden Klasse', die ein hohes kulturelles Kapital[36] aufweisen können, durch eine gewisse Ungezwungenheit und Vertrautheit im Umgang mit Kultur und Bildung aus, die durch die familiäre Erziehung erworben
wurde. Genau um diese Verwobenheit zwischen alltäglich praktizierten Handlungspraktiken und Bildungschancen drehen sich Bourdieu`s Analysen zum
Schulsystem. So stellte er fest, dass sich die im Elternhaus erworbenen Verhal-

---

[35] Die Autorin ist jedoch der Ansicht, dass nicht der familiäre Hintergrund in seiner Bedeutung
zurücktritt, so wie dies von Jonkmann et. al. (2010) formuliert wurde, sondern dass der familiäre
Hintergrund, der auch als „familiales Milieu" bezeichnet werden könnte, bisher in empirischen,
quantitativen Studien meist zu eng gefasst wurde (meist lediglich anhand Bildungsabschlüsse
und/oder Berufsstatus). Bislang wurde das milieuspezifische Passungsverhältnis zwischen Schul-
form und familialem Milieu eher selten in den Blick genommen (vgl. bspw. Helsper et. al. 2009).
[36] Als zentrale Aspekte Bourdieu`s Theorie gelten das ökonomische, das kulturelle und das soziale
Kapital. Das ökonomische Kapital bezieht sich auf Eigentum und Vermögen, ist demnach direkt
in Geld umwandelbar. Das kulturelle Kapital lässt sich noch einmal in das inkorporierte Kulturkapital (Bildung, Wissen) und das objektiviertes Kulturkapital (kulturelle Güter wie Bücher,
Gemälde, Instrumente) unterteilen. Schließlich werden Bildungsabschlüsse als institutionalisier-
tes Kulturkapital verstanden. Diese lassen sich – im Falle institutionell anerkannter Titel oder
Abschlüsse – in ökonomisches Kapital umwandeln. Unter sozialem Kapital versteht Bourdieu
ein Netzwerk von Beziehungen, die als Ressourcen fungieren (ebd.).

tens- und Einstellungsmuster im Laufe des Lebens gegenüber reinen Bildungstiteln durchsetzen (Bourdieu/Passeron 1971). Hierbei vermitteln Eltern ihren Kindern auf eher indirekten Wegen (also nicht zwingend intendiert) ein bestimmtes kulturelles Kapital und ein System tief verinnerlichter Werte, die wiederum einen Einfluss auf die Einstellung schulischen Institutionen und kulturellen Gütern nehmen (Bourdieu 2006). Demnach spielt nicht das Einkommen an sich, sondern die Bildungsorientierung der Eltern eine tragende Rolle.[37] Dabei profitieren die aus privilegierten Verhältnissen stammenden Kinder von den familial vermittelten Gewohnheiten, antrainierten Verhaltensweisen, und der direkten außerschulischen Unterstützungsleistungen (bspw. durch Hausaufgabenkontrolle) (Bourdieu 2006). In täglichen Lehrer-Schüler-Interaktionen äußert sich dies – nach Bourdieu – unmittelbar an der familiär vermittelten Sprache (bspw. durch Artikulation, Sprachwortschatz). Diese seien von allen kulturellen Hindernissen die gravierendsten für Kinder aus bildungsfernen Milieus (ebd.). Vor allem in den ersten Schuljahren würden die Einschätzungen der Leistungen der Lehrer hauptsächlich auf der Beherrschung der Sprache basieren, wobei Bourdieu davon ausgeht, dass dieser Einfluss auch während der gesamten Bildungslaufbahn bestehen bleibt (ebd.).

Der Anteil der Ungleichheit, der nun von der Institution Schule ausgeht, wäre der, dass Lehrer mit der Begründung von Begabungsunterschieden (die anhand sprachlichen Fähigkeiten wahrnehmbar sind) vor allem nach gesellschaftlich verankerten Werten und Fähigkeiten selektieren. Schule diene dabei vor allem in einer Art „heimlichen Lehrplan" dazu, die in der Gesellschaft vorherrschenden Regeln und Normen weiterzuvermitteln. So zeigt sich immer wieder in Studien, dass Lehrer nicht nur das Wissen ihrer Schüler, sondern auch das Verhalten in Form von Benehmen, Mitarbeit, Stil usw. bewerten.[38] Bourdieu nennt dies eine „mystifizierende" Funktion der Schule (ebd.): Einerseits führt

---

[37] Auch aktuelle Forschungen bestätigen den familiären Einfluss auf das Vermitteln relevanter kultureller Ressourcen wie schulisches Vorwissen (Lareau 2003/ Buchmann, 2007). Obgleich der Bildungshintergrund der Eltern nicht direkt mit der Anpassung an schulische Erwartungen und Leistungen einhergeht, so wird davon ausgegangen, dass dieser durch die Bildungsnähe indirekt einfließt.

[38] So konnte bspw. in einer Studie von Schumacher (2002: 261 f.) gezeigt werden, dass sich nur 15 Prozent der befragten Grundschullehrern bei der Bewertung ausschließlich an den kognitiven Fähigkeiten und am Wissen der Schüler/innen orientierten, und 73 Prozent zusätzlich auch gute Umgangsformen und ein positives Sozialverhalten einfließen ließen.

diese Begabungsideologie[39] dazu, dass sich ‚die Privilegierten' in ihrem Dasein gerechtfertigt fühlen, andererseits führt sie dazu, dass sich die Familien benachteiligter Schichten ihrem Schicksal hingeben und eine ungleiche Behandlung selbst auf Begabungsdefizite zurückführen.[40] Somit bevorteilen Lehrer die Kinder, die bereits durch ihre Herkunft bevorteilt sind, also das kulturelle Kapital in sich tragen, welches implizit gefordert wird. Die Abbildung auf der folgenden Seite verdeutlicht zusammenfassend die erläuterten Aspekte.

Wie in der Abbildung 1 zu erkennen ist, führen die Auswirkungen beider Perspektiven – der Familie und der Schule – im Zusammenspiel dazu, dass Kinder aus bildungsfernen, sozial benachteiligten Milieus erneut zu ‚Schulentfremdeten' werden und infolge dessen die Schule mit geringeren Abschlüssen verlassen als andere Schüler (was wiederum einen Einfluss hat auf die Ausprägung ihres späteren kulturellen, sozialen und ökonomischen Kapitals).

Nach Bourdieu hat die Schule als einzige Institution die Chance, durch gezielte methodische Unterweisung, allen Kindern und vor allem denjenigen, die unter einem Mangel an kulturellen Praktiken leiden, gleiche Lernvoraussetzungen zu bieten. Die wahre Ungleichheit bestünde nach Bourdieu also darin, dass Lehrer alle Kinder gleich behandeln und fördern und herkunftsbedingte Unterschiede nicht berücksichtigt (ebd.). So geht er davon aus, dass die Schule eher dazu führt, bestehende Strukturen aufrecht zu halten und soziale Ungleichheiten zu manifestieren.[41]

---

[39] Der Begriff geht auf Bourdieu (Bourdieu/Passeron 1971, S. 31f) zurück und kennzeichnet die Mystifizierung von Leistung und Fähigkeiten als persönlichkeits- oder begabungsabhängig, wobei milieuabhängige Einflüsse ausgeklammert werden.

[40] Aus dieser Perspektive heraus stellt sich die Frage, inwiefern Rational-Choice-basierte Studien, die den Entscheidungswunsch der Eltern einbeziehen und zumeist konforme Einstellungen zwischen Lehrermeinung und Elternwille feststellen, nicht grundsätzlich durch die Macht der Lehrerurteile, die besonders von Eltern aus unteren sozialen Schichte tendenziell eher anerkannt wird, verzerrt sind.

[41] Zitat Bourdieu (1971): „Wenn Kultur und Bildung, die zu lehren, zu bewahren und durch die pädagogische Autorität und den Lehrvorgang zu legitimieren die objektive Funktion des Bildungswesens ist, sich tendenziell auf eine Einstellung zu Kultur und Bildung reduzieren [lässt, d. A.], welche als Monopol der oberen Klassen soziale Unterscheidungsfunktion besitzt, ist der pädagogische Konservatismus, der in seiner Extremform kein anderes Ziel des Bildungswesens kennt als das identischer Selbsterhaltung, der beste Verbündete des sozialen und politischen Konservatismus: denn er trägt unter dem Vorwand, die Interessen einer besonderen Berufsschicht und die autonomen Ziele einer besonderen Institution zu verfechten, in seinen direkten und indirekten Auswirkungen zur Erhaltung der Sozialordnung bei." (Bourdieu/Passeron 1971, S. 213f.)

Einfluss der Familie, des Umfelds   Einfluss der Schule

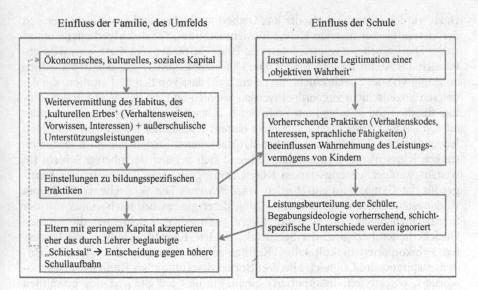

Abbildung 1:   Vereinfachtes Modell zur Erklärung dauerhafter Bildungsungleichheiten in Anlehnung an Pierre Bourdieu (2006,
Bourdieu/Passeron 1971) [42]

Bourdieu`s theoretische Arbeiten finden noch immer in erziehungswissenschaft-
lichen Forschungen eine breite Anwendung. Dies kann vor allem damit zusammenhängen, dass seine Analysen geeignet scheinen, das Zusammenspiel zwischen kulturellen Praxen in Bildungsinstitutionen und familiärem Umfeld zu
untersuchen.

So konnte in quantitativen Studien bspw. gezeigt werden, dass die Chancen,
eine Gymnasialempfehlung zu bekommen, nicht nur Leistungs- sondern auch
Sozialschichtabhängig sind (Arnold et.al. 2007, Bos et.al 2004, Ditton 2005,
Merkens/Wessel 2002). In einer Längsschnittuntersuchung gingen bspw. Merkens und Wessel (2002) den Fragestellungen nach, welchen Einfluss die Kapitalsorten und die soziale Schicht auf die Übergangsentscheidung einnehmen.

---

[42]   Die Abbildung ist eine eigene vereinfachte Darstellung der zentralen theoretischen Annahmen
von Pierre Bourdieu (2006). Die Pfeile in der Abbildung sollen Einflüsse darstellen, wobei natürlich auch gegenseitige Wechselwirkungen möglich sind.

Dazu wurden Eltern und Kinder aus Ostberlin, Cottbus und Frankfurt/Oder von der vierten bis zur neunten Klasse hinsichtlich ihres Schulwahlverhaltens untersucht. Die Ergebnisse zeigten folgendes Bild: Ca. 60 Prozent der Eltern wünschten sich das Abitur für ihre Kinder. Die Umsetzung dieses Ziels war dabei jedoch abhängig von der Sozialschicht. So zeigte sich, dass von den 55 Familien, die der unteren Sozialschicht zugeordnet werden konnten und die den Wunsch des Abiturs für ihr Kind angaben, am Ende der 6. Klasse nur 30 Familien ihre Kinder tatsächlich im Gymnasium angemeldet hatten. Trotz hoher Leistungen besuchten letztendlich nur 37,3 Prozent der Schüler der unteren Sozialschicht (in leistungsstarken Klassen) das Gymnasium, während sich Schüler der oberen Schicht (in weitaus weniger leistungsstarken Klassen) mit geringeren Testleistungen häufiger für das Gymnasium entschieden (44,2 Prozent). Die Wünsche nach höheren Bildungsabschlüssen und die Umsetzung derer gingen demnach einher mit der Sozialschichtzugehörigkeit, wobei Eltern aus niedrigen Schichten die größten Unsicherheiten bezüglich der Schulwahl zeigten. Eltern mit hohem objektivierten + inkorporiertem kulturellen Kapital zeigten hingegen die höchsten Bildungsaspirationen. Obgleich alle drei Sorten des kulturellen Kapitals (institutionalisiert, objektiviert, inkorporiert) einen Einfluss auf die Art des gewählten Schultyps nahmen, so zeigte sich, dass das institutionalisierte kulturelle Kapital der Eltern im Vergleich zu den anderen beiden Kapitalsorten entscheidend für den Schulabschlusswunsch der Eltern ist (b=.32, p<.000). Darüber hinaus konnte gezeigt werden, dass sich der starke Zusammenhang zwischen Bildungsaspirationen der Eltern und Schulleistungen der Kinder (vgl. Ditton 2005) auch in den neuen Bundesländern feststellen lässt. Somit kann diese Studie als ein Beleg für Bourdieu`s Annahmen angesehen werden, dass Eltern ihr kulturelles Kapital an Kinder weitergeben und dazu beitragen, dass soziale Ungleichheiten „vererbt" werden.

Auch in qualitativen Studien wird das Potential der Analysen Bourdieu`s wieder erneut in den Vordergrund gerückt (bspw. Helsper/Kramer 2010), wobei der Habitusbegriff im Mittelpunkt steht und Zusammenhänge zwischen familialen und schulischen Milieubezügen hergestellt werden (Kramer/Busse 1999, Krais/ Gebauer 2002, Helsper 2009a, Helsper/Kramer/Hummrich/Busse 2009, Busse 2009).

Findet man für den Schulbereich vielfältige theoretische Abschlussmöglichkeiten, so steht die Ungleichheitsforschung im elementaren Bildungsbereich noch am Anfang. Im folgenden Abschnitt werden einige empirische Befunde vorgestellt, die entweder für oder gegen einen Beitrag des Kindergartens zur Herstellung von Chancengleichheit sprechen.

2.2.2 Der Kindergarten als Ort der Überwindung von Chancenungleichheit?

Wie bereits dargelegt, wird der Kindergarten mittlerweile als Bildungsinstitution wahrgenommen, die das Ziel hat, alle Kinder von Anfang an in ihren Bildungsprozessen zu unterstützen und ihnen dabei gleiche Chancen zu gewähren. Die dahinterstehende Argumentation bezieht sich zum einen darauf, dass der Kindergarten die Mehrzahl der Kinder (aus unterschiedlichen familiären/ethnischen Hintergründen) über einen längeren Zeitraum bis zum Einschulungsalter erreicht und deshalb zur Vermittlung von (vor)schulischen Fertigkeiten dienen kann. Zum anderen scheint davon ausgegangen zu werden, dass durch die fehlende Leistungsbeurteilung der Lehrer auch institutionelle Chancenungleichheiten minimiert und herkunftsbedingte negative Effekte ausgeglichen werden. Demzufolge werden dem Kindergarten gegenüber anderen Bildungsinstitutionen erhöhte Chancen zugeschrieben: „Der Kindergarten kann zur Förderung benachteiligter, von Armut betroffener Kinder vor allem hinsichtlich der Vorbereitung auf die Schule ein kompensatorisches Angebot zur Verfügung stellen." (Metzler 2005: 69).

Dass der Kindergarten tatsächlich positive Einflüsse auf die Entwicklung aller Kinder nehmen kann, geht aus verschiedenen empirischen Studien hervor. Beispielsweise deuten die Befunde zur entwicklungspsychologischen Bedeutung außerfamiliärer Kinderbetreuung darauf hin, dass vor allem Kinder ab dem Alter von 19 Monaten von Gruppenbetreuungen profitieren (Ahnert, 2005). Vorteile der Kindergartenbetreuung gegenüber der häuslich-familiären Betreuung liegen in der Förderung mentaler und sprachlicher Fähigkeiten sowie des pro-sozialen Verhaltens unter Gleichaltrigen. Nach Ahnert (2005) verfügen Kinder darüber hinaus über multiple Bindungsmuster, die auf Interaktionen mit Eltern und KinderErzieherinnen angepasst sind – somit wird durch das Interaktionsverhalten der Erzieher das Bindungsverhalten des Kindes mitbestimmt, wobei sich eine stabile positive, emotionale Zuwendung und Unterstützung der Pädagogen förderlich auswirkt. Rossbach (2005) interpretiert Untersuchungen zur nichtmütterlichen Betreuung sogar so weit, dass eine gute Qualität der außerhäuslichen Betreuung die negativen Effekte einer wenig feinfühligen Mutter kompensieren kann. Des Weiteren konnten positive Effekte der vorschulischen Betreuung auf den kognitiv-leistungsbezogenen Bereich festgestellt werden. Somit scheint der Kindergarten als öffentliche Institution die kindliche Entwicklung und sogar den späteren Schulerfolg positiv zu beeinflussen (vgl. auch Bos 2005/ Rossbach 2005).

Doch wie genau Erzieherinnen die unterschiedlichen Voraussetzungen bei Kindern unter Berücksichtigung unterschiedlicher Lebenslagen und Interessen im alltäglichen Kontakt meistern, geht aus diesen Studien nicht hervor. So ist aus der Kindheits- und Armutsforschung, die speziell auf Vorschulkinder fokussierte (Hock/ Holz/ Wüstendörfer 2000), bekannt, dass Kinder im Vorschulalter in völlig verschiedenen Lebenslagen leben und Armut bereits in diesem Alter sowohl immaterielle[43] als auch materielle[44] Auswirkungen auf die Entwicklung der Kinder hat.[45]

In diesem Zusammenhang stellt sich nun die Frage, inwiefern Erzieherinnen im Kindergarten besonders Kinder fördern (können), die weniger familiäre Ressourcen als andere Kinder haben. Im Hinblick auf die kompensatorische Einwirkung des Kindergartens gibt es bereits einige empirische Hinweise: So konnte in einer Studie von Becker & Lauterbach (2007), die sich auf Längsschnittdaten des Sozioökonomischen Panels stützt, folgendes gezeigt werden: Vorschulische Betreuung führt besonders bei „Arbeiterkindern" zu deutlich verbesserten Bildungschancen. Ihre Chance, das Gymnasium zu besuchen, ist 4,9 Mal höher, wenn sie vor der Einschulung im Kindergarten waren. Kinder „an- und ungelernter Arbeiter"[46] haben demgegenüber deutlich geringere Chancen, in Abhängigkeit des Besuchs des Kindergartens anschließend an höheren Schulformen zu partizipieren (1,6 Mal bessere Chancen). Die Autoren kommen zur Schlussfolgerung, dass „die vorschulische Kinderbetreuung sich (noch?) als zu wenig hilfreich [erweist], die Bildungschancen von Kindern un- und angelernter Arbeiter, die aufgrund ihrer Klassenlage besondere Nachteile beim Bildungserwerb zu vergegenwärtigen haben, zu verbessern" (Becker/Lauterbach 2007: 149, Hervorhebung im Original). Eine mögliche Erklärung über die Unterschiede im Nutzen des Kindergartens in Abhängigkeit der sozialen Schicht blieb jedoch aus.

Internationale Studien geben Hinweise darauf, dass der Kindergarten besonders dann eine kompensatorische Funktion für Kinder aus bildungsfernen Schichten einnehmen kann, wenn gezielte Förderprogramme eingesetzt wurden (vgl. Ramey et.al. 2000, NICHD 2002, 2005, Reynolds/Temple 1998). So konnte mit dem EPPE-Programm (Sylva et. al., 2003), einer Längsschnittstudie aus England zur Erklärung des Leistungsvermögens von Kindern, folgendes geschlussfolgert werden: Sozial benachteiligte Kinder profitieren signifikant von qualitativ hochwertigen Kindergärten und von spezifischen Förderprogrammen,

---

[43]   Bsp. Einschränkung sozialer Kontakte, gesundheitliche Probleme, Verhaltensauffälligkeiten
[44]   Bsp.: Mangel an familiären Aktivitäten, schlechte Kleiderausstattung, beengte Wohnverhältnisse
[45]   Darüber hinaus stellten die Autoren jedoch auch fest, dass ca. ein Viertel der als arm klassifizierten Kinder (23,6 Prozent) keinerlei Beeinträchtigungen im Alltag erleben.
[46]   Die Klassifikation entstammt von der Publikation, nicht von der Autorin selbst. Die Gruppe der „An- und ungelernten Arbeiter" kann mit geringqualifizierten Personen verglichen werden, also der Gruppe der Bildungsarmen.

vor allem wenn dort Kinder aus verschiedenen sozialen Hintergründen zusammentrafen. Als qualitativ hochwertig bezeichneten die Autoren die Kindergärten, in denen Erzieherinnen eine emotional warme Beziehung zu den Kindern aufweisen, ein hoch qualifiziertes Leitungspersonal, sowie ein großer Anteil gut qualifizierter Erzieherinnen zu finden war. Daneben erwies sich die Interaktionsform des *„sustained shared thinking"* (Sylva et al. 2003, Siraj-Blatchford et al. 2002) als besonders vorteilhaft, um Lernprozesse der Kinder anzuregen. Die Rolle der Erzieherin ist dabei, gemeinsam mit den Kindern Ideen und Gedanken zu entwickeln und weiterzudenken, wobei wiederum neue Lernprozesse angeregt werden (ebd., zitiert nach König 2007).[47] Darüber hinaus wurde die Verknüpfung von strukturierten und spielorientierten Phasen im Kindergarten als besonders förderlich angesehen. Diese Wechsel zwischen kind- und erwachsenenzentrierten Aktivitäten kamen zumeist in qualitativ hochwertigen Kindergärten vor (Siraj-Blatchford et al. 2002). So zeigten bspw. Kinder aus so benannten qualitativ hochwertigen Kindergärten beim Eintritt in die Grundschule mehr Selbstständigkeit, ein geringeres antisoziales Verhalten sowie bessere Schulleistungen im 5. Schuljahr. Die Ausprägung der Schulleistungen ist somit abhängig von der Qualität des Kindergartens. Kinder, die einen Kindergarten mit geringer pädagogischer Qualität besuchten, konnten dementsprechend keine signifikant besseren Leistungen aufweisen im Vergleich zu der Gruppe von Kindern, die keinen Kindergarten besuchten. Die wichtigsten familiären Einflussfaktoren auf die Schulleistungen waren die Anregungs- und Lernmöglichkeiten in den ersten Jahren sowie das Bildungsniveau der Mutter. Demnach sei die Bildungsorientierung, die elterliche Unterstützung und vor allem familiäre Aktivitäten entscheidender als deren sozioökonomischer Status („What parents do is more important than who parents are"). Die Ergebnisse formulierten die Autoren dahingehend, dass sich eine Investition in die Qualität der Kindergärten langfristig lohnt, besonders für benachteiligte Kinder.[48]

Zusammenfassend kann also festgehalten werden, dass der Besuch des Kindergartens für die Entwicklung aller Kinder von Vorteil sein kann und insbesondere für Kinder aus bildungsfernen Schichten einen kompensatorischen Einfluss einnehmen kann, wenn bestimmte Bedingungen erfüllt werden, bspw. eine ge-

---

[47]   „An episode in which two or more individuals „work together" in an intellectual way to solve a problem, clarify a concept, evaluate activities, extend a narrative etc. Both parties must contribute to the thinking and it must develop and extend" (Siraj-Blatchford et al. 2002, zitiert nach König 2007:8).

[48]   Ähnliche Ergebnisse ließen sich auch in amerikanischen Studien feststellen (vgl. NICHD 2002, 2005/ Reynolds/Temple 1998).

zielte Förderung von schulnahen Kompetenzen. In Deutschland lassen sich kaum aussagekräftige Erklärungen dazu finden, welches Verhalten und welche Maßnahmen der Erzieherin förderlich sind für benachteiligte Kinder.[49] Potentielle Vorteile des Kindergartenbesuchs – so lässt sich aus qualitativen Fallbeschreibungen schließen (Hock/ Holz/ Wüstendörfer 2000: 138) liegen in der Entlastungsgelegenheit für die Eltern und in der Möglichkeit, Defizite und Auffälligkeiten aufzudecken. Richter (2006) schlägt eine erzieherische Haltung vor, in der das Kind ermutigt wird, Gefühle auszudrücken, soziale Beziehungen aufzubauen, erreichbare Ziele zu setzen, positiv und konstruktiv zu denken sowie indem vorschnelle Hilfeleistungen vermieden werden. Das Gemeinsame an diesen Schlussfolgerungen an die pädagogische Praxis im Kindergarten ist, dass sie eher allgemein formuliert sind und potentiell auftretende Probleme in der alltäglichen Handlungspraxis ausgeklammert werden. Hier sind noch weitere Studien vonnöten, die systematisch, bestenfalls in einer Längsschnittperspektive förderliche und weniger förderliche Handlungsstrategien von Erzieherinnen untersuchen. Überträgt man die internationalen Befunde auf die Bedingungen hierzulande, was sicher nur begrenzt möglich ist, dann stellen das Ausbildungsniveau der pädagogischen Fachkräfte, die Art der emotionalen Beziehung zwischen Erzieherinnen und Kindern, sowie spezielle Förderprogramme für Kinder aus bestimmten familiären Milieus wichtige Einflussgrößen dar. Andere Studien geben Hinweise darauf, dass der Einfluss der Familie insgesamt als größer zu bewerten ist als der Einfluss der Institution des Kindergartens. So konnte mit der Längsschnittstudie BIKS 3-8 (von Maurice et. al. 2007), die die Bildungs- und Entwicklungsprozesse von Kindern im Vor- und Grundschulalter untersucht, folgendes geschlussfolgert werden: nicht die finanziellen Ressourcen, sondern die familiäre Anregungsqualität (Spielmaterial, inhaltliche Anregungsprozesse, Vielfalt der Anregung) sind entscheidend. Welche Rolle die Erzieherin in gelingenden und weniger gelingenden Bildungsprozessen einnimmt, gerade bei Kindern aus sozial benachteiligten Schichten, bleibt also weiterhin unklar.

---

[49]   Mit einem eher institutionell orientierten Blick konnten hingegen deutliche Zusammenhänge zwischen der Qualität des Kindergartens und der Entwicklung der Kinder gefunden werden (vgl. Tietze 1998, Fthenakis/Textor 1997).

2.2.3   Der Kindergarten als Ort der Benachteiligung?

Im Hinblick auf die Untersuchung institutionell bedingter Ungleichheiten in der elementaren Bildung lassen sich so gut wie keine empirischen Studien finden[50]. Auch die Haltungen und Erwartungen des pädagogischen Fachpersonals liegen bisher im Dunkeln. Aus diesem Grunde kann an dieser Stelle nur eine Annäherung an das Thema anhand verschiedener Perspektiven gewährleistet werden.

Der erste Schritt, in dem institutionell bedingte Bildungsungleichheiten vermutlich zur Geltung kommen, ist wohl der Zugang zum Kindergarten. Dabei stellt sich die Frage, inwiefern bereits in der Nutzung früher Bildungsinstitutionen Schranken für manche Familien und somit auch für Kinder bestehen. Trotz des relativ hohen Anteils von 80 bis 90 Prozent der Kinder, die vor der Schule den Kindergarten besuchen, entscheiden sich dennoch viele Familien dagegen. Aus einer Studie von Fuchs und Peucker (2006) geht hervor, dass ein mangelndes Platzangebot, eine hohe Anzahl von Geschwistern, ein niedriger oder gar kein Bildungsabschluss, eine fehlende Erwerbstätigkeit der Mutter sowie der Migrationshintergrund der Familie über die Inanspruchnahme eines Kindergartenplatzes entscheiden. Daneben zeichnen sich auch deutliche Ost-West-Unterschiede ab: während bspw. rund 54 Prozent der Leipziger Kinder im zweiten Lebensjahr den Kindergarten besuchen, nutzen diesen nur 7 Prozent in München im gleichen Alter (Heinrich, Koletzko, 2005).

Als Anhaltspunkt für selektive Wahrnehmungen und Verhalten von Erziehungspersonen kann die Studie von Lehmann und Peek (1997) im Grundschulbereich Aufschluss geben. Ein beunruhigendes Ergebnis war dabei, dass Grundschullehrer ein schichtspezifisches Selektionsverhalten bei Schulformempfehlungen unabhängig der Leistungen der Kinder zeigten. Das heißt, trotz gleicher Schulleistungen wurden die Kinder aus Familien mit höheren Bildungsniveaus bevorzugt. Des Weiteren geben Studien der Schulforschung Hinweise darauf, dass Lehrkräfte an Schulen gegenüber Kindern und Eltern aus sozial benachteiligten Milieus mehr Distanz vermitteln im Vergleich zu anderen Kindern (Büchner/Koch 2001, Busse/Helsper 2007).

Möglicherweise sind ähnliche Verhaltensmuster auch bei Erzieherinnen zu erkennen. Anhand von zahlreichen Interviews konnte Rabe-Kleberg (2005, 2010) feststellen, dass Erzieherinnen problembehaftetes Verhalten von Kindern vorschnell auf mangelhafte Erziehungskompetenzen der Eltern zurückführen.

---

[50]   Eine Ausnahme stellt hier die Studie von Dippelhofer-Stiem (2002), die Interaktionen zwischen Erzieherin und Kind untersuchte

Ähnliches zeigte sich in einer Untersuchung von Strätz (1997), wobei Erzieherinnen die Frage gestellt wurde, welche Inhalte in der Zusammenarbeit mit Eltern für sie besonders wichtig sind. Während über die Hälfte der Befragten Gespräche zu Erziehungsfragen als überaus wichtig konstatierten, gaben weniger als 20 Prozent die Organisation gegenseitiger Hilfe und das Gewährleisten von Gelegenheiten des Kennenlernens unter den Eltern an.

In einer umfassenden Studie des Deutschen Jugendinstituts (DJI) wurden Leiter und Leiterinnen zu der Zusammenarbeit mit Eltern befragt. Dabei gaben 28,7 Prozent der LeiterInnen an, mit bestimmten Eltern keine regelmäßigen Gespräche durchzuführen. Als Gründe für die mangelhaften Kontakte gaben 71 Prozent der LeiterInnen Desinteresse, 47 Prozent Sprachprobleme, 20 Prozent psychische Belastungen der Eltern und 12 Prozent der LeiterInnen führten dies auf die vorhandene Armut in der Familie zurück (Peucker et.al. 2010: 185). Die Autoren gehen davon aus, dass die Gründe nicht in rein sprachlichen Kommunikationsproblemen zu finden sind, sondern auch in Auseinandersetzungsproblemen und Missverständnissen. Hierbei handele es sich um gewisse Zuschreibungen der pädagogischen Fachkräfte gegenüber bestimmten Eltern (ebd.:187). Die Studie weist darauf hin, dass Unterschiede zwischen Eltern nicht nur wahrgenommen, sondern dass diese Zuschreibungen handlungsrelevant werden. Vor diesem Hintergrund erscheint die Frage relevant, inwiefern auch in der Arbeit mit Kindern Mechanismen von Zuschreibungen wirksam werden, die einen Einfluss auf das professionelle Handeln einnehmen.

Nach diesen empirischen Ergebnissen gerät die häufig als Tatsache etikettierte Chancengleichheit im Kindergarten etwas ins Wanken. Möglicherweise stellt der Kindergarten keine vollkommen ‚neutrale Instanz' gegenüber ungleichheitsgenerierenden Mechanismen dar. In diesem Zusammenhang stellt sich die Frage, was wir über den Umgang von Erzieherinnen im direkten Kontakt zu Kindern wissen. So scheint es kaum Studien zum Interaktionsverhalten von Erzieherinnen zu geben, was den Umgang mit Differenz angeht. Es gibt jedoch Hinweise darauf, dass die Interaktionen zwischen Erzieherinnen und Kindern im Allgemeinen nur selten von wechselseitiger Kommunikation gekennzeichnet sind und somit eine individuelle Förderung der Kinder im Kindergarten noch immer nicht selbstverständlich ist. Beispielsweise konnten Tietze et.al. (1998) feststellen, dass der größte Anteil im freien Spiel für die Vermittlung von Informationen verwendet wird (24%). Nach König (2007) deckt sich dies mit internationalen Befunden, in der die Erzieherin-Kind-Interaktion weniger durch wechselseitige ko-konstruktive Gedankenaustausche gekennzeichnet ist, sonder vielmehr durch direkte Anweisungen und Informationen (vgl. Göncü & Weber 2000).

Resümierend kann Folgendes festgehalten werden: Während die Ungleich-heitsforschung in der Schule bereits vielfach empirisch erforscht wurde, so scheint der Kindergarten mit den Mechanismen der Reproduktion sozialer Un-gleichheiten noch immer eine Art „black box" darzustellen. Hier gibt es einen großen Bedarf an Studien, die das Thema der sozialen Ungleichheiten aus einem mikroanalytischen Blickwinkel beleuchten, um der Frage nachzugehen, welche Interaktionskultur im Kindergarten zur Verschärfung von Chancenungleichhei-ten führen kann, oder, welche Interaktionen Chancengleichheit eher fördern.

3 Zielsetzung und Intention

Wie aus dem Kap. 2 hervorgeht, haben wir es einerseits mit Studien zu tun, die dem bildungspolitischen Appell zugute kommen, indem der Kindergarten Strukturen und Potentiale aufweist, die als förderlich für die Erhöhung späterer Bildungschancen gelten. Andererseits weisen andere Studien darauf hin, dass weniger der Kindergarten, sondern vielmehr die Familie für spätere Schulleistungen und die Entwicklung der Kinder entscheidend ist[51]. Darüber hinaus wurden ‚empirische Tendenzen' formuliert, dass das pädagogische Fachpersonal in Kindergärten ein gewisses Distinktionsverhalten gegenüber Kindern und Eltern bestimmter prekärer Milieus aufweist.[52]

Wesentlich ist, dass wir bisher nicht wissen, ist, welche Funktion die Erzieherin bzw. der Erzieher als Handelnde hierbei einnimmt und wie sich Unterschiede im Ertrag des Kindergartenbesuchs erklären lassen. Somit rücken die Fragen, welche Rolle die innere Werthaltungen, Vorurteile und Sympathie spielen, in den Vordergrund. Möglicherweise lassen sich in den Antworten dieser Fragen Anhaltspunkte dafür finden, warum Kinder aus unteren sozialen Schichten nachweislich weniger vom Besuch eines Kindergartens profitieren als andere Kinder (vgl. Becker/ Lauterbach 2007).

Führt man sich nun noch einmal Bourdieus Analysen vor Augen, wobei die Schule als ein Ort der Aufrechterhaltung sozialer Disparitäten angesehen wird, an welchem zum einen bestimmte Verhaltenskodexe dazu führen, dass Kinder aus privilegierten Elternhäusern von vornherein gegenüber anderen Kindern bevorteilt werden und zum anderen unterschiedliche familiäre Hintergründe der Kinder ausgeblendet werden, dann stellt sich die Frage, inwiefern diese Zusammenhänge auch auf den Kindergarten übertragbar sind. So kann Bourdieus The-

---

[51] In einer Dissertation konnte bspw. gezeigt werden, dass der Einfluss vorschulischer Einrichtungen auf spätere Schulleistungen selbst bei Kindern mit Migrationshintergrund eher gering ist (Aulinger 2009)

[52] Parallel dazu werden in Studien häufig Kinder mit bestimmten Hintergrundvariablen (bildungsfernes familiäres Milieu, Migrationshintergrund) einseitig aus einer problembelasteten Perspektive dargestellt, was den Blick auf Potentiale von einem selbstverständlichen Umgang mit Heterogenität im Kindergarten und in der Gesellschaft verstellt.

se, dass das Ignorieren von Differenzen in der Schule zu einer Verstärkung von sozialen Ungleichheiten führen kann, möglicherweise auch für den Kindergarten als Bildungsort gelten. Folgt man dieser Argumentation, dann scheint der professionelle Umgang mit Gleichheit/ Verschiedenheit und der Einbezug der jeweiligen Entwicklungskontexte der Kinder bei Erzieherinnen eine Schlüsselrolle in der Herstellung oder Aufrechterhaltung von Chancengleichheit im Kindergarten einzunehmen.

Für die hier vorliegende Studie erscheint demnach die Frage zentral, wie Erzieherinnen mit Unterschieden zwischen Kindern umgehen. Erste Anhaltspunkte lassen sich hierzu in einer Studie von Rosken (2009) finden, die mithilfe von Interviews mit Erzieherinnen problematische Ausprägungen in den Bereichen „Respekt und Wertschätzung der Verschiedenheit und Gemeinsamkeit", „Reflexion eigener Werte und Haltungen", „Aushandeln von Gemeinsamkeiten" sowie „Vermeidung von Stereotypisierungen" herausarbeiten konnte (ebd.: 269).[53] Dies würde einen professionellen, wertfreien Umgang mit Differenzen von Erzieherinnen im frühen Kindesalter eher infrage stellen.

Wie Erzieherinnen mit Kindern im Hinblick auf unterschiedliche Interessen, Entwicklungsvoraussetzungen im pädagogischen Alltag umzugehen pflegen und welche ungleichheitsrelevanten sozialen Praxen dabei wirksam werden, stellt eine Forschungslücke dar. Mit dieser Beobachtungsstudie soll diesen praxisrelevanten Fragen nachgegangen werden. Das Besondere daran ist der praxeologische Forschungsansatz mit dem Fokus auf alltägliche Interaktionsstrukturen. Mithilfe einer Triangulation von Video- und Interviewdaten können so Rückschlüsse über den Erzieherinnenspezifische Einstellungs- und Handlungspraxen gezogen werden. Dabei soll auf eine normative Sichtweise von Bildung und Erziehung weitgehend verzichtet und stattdessen anhand vergleichender Analysen die Alltagspraktiken in Kindergärten näher beleuchtet werden.

Um die Beobachtungs- und Interviewdaten nicht von vornherein auf bisher gängige Ungleichheitsfaktoren zu lenken (bspw. familiäre Hintergrund der Kinder), wurde die Studie aus einem intersektionalen Blickwinkel konzipiert. Die Intersektionalitätsforschung gilt als ein recht neues Forschungsgebiet in der Ungleichheitsforschung (vgl. Winker/Degele 2009). Im Mittelpunkt dieses Ansatzes steht die Auffassung, dass die Betrachtung einzelner Kategorien sozialer Ungleichheiten die Realität oftmals nicht ausreichend widerspiegelt, sondern dass vielmehr von Wechselwirkungen zwischen verschiedenen Kategorien (bspw.

---

[53] Einschränkend sei jedoch erwähnt, dass es sich hierbei nicht um die Rekonstruktion der Handlungspraxis, sondern um biografisch erlangte Kompetenzen handelt, die durch Interviews generiert wurden.

Alter, Geschlecht, Klasse) auszugehen ist (ebd.).[54] Darüber hinaus liegt der Vorteil in einer solchen Betrachtungsweise darin, dass sowohl hierarchische Machtverhältnisse, als auch subjektive Zuschreibungen in das Zentrum der Analysen gestellt werden können. Differenzen werden hierbei nicht als natürlich angesehen, sondern aus einer sozialkonstruktivistischen Perspektive heraus als ein Produkt von interaktionalen Aushandlungsprozessen betrachtet.

Für die vorliegende Studie ist weniger von Interesse, potentiell beobachtbare Differenzierungskategorien lediglich deskriptiv nebeneinanderzustellen[55], vielmehr soll die Relevanz der beobachteten Differenzkategorien im Hinblick auf das Thema Chancengleichheit oder –ungleichheit selbst in den Fokus der Studie gestellt werden. Dies soll anhand der Wechselwirkungen zwischen den Handlungspraxen und sprachlich vermittelten Differenzierungskategorien gewährleistet werden.

Mit dem Ziel, die soziale Praxis in Kindergärten anhand von Einstellungs- und Handlungsmustern von Erzieherinnen zu untersuchen, die Einblicke in den alltäglichen Umgang mit Differenz bei Kindern zulassen, ergeben sich nun folgende Forschungsfragen:

Wie gehen Erzieherinnen in Kindertagesstätten mit Differenzen[56], also mit der Wahrnehmung von Gleichheit/Verschiedenheit zwischen Kindern um? Welche ungleichheitsspezifischen Dimensionen spielen hierbei eine Rolle? Diese Fragen sollen anhand von videografierten Alltagssituationen beantwortet werden. Hierbei werden keine vorab festgelegten Differenzkategorien eingesetzt, vielmehr ist das Herausfiltern potentiell relevanter Differenzierungslinien selbst Gegenstand der Forschung. Möglicherweise spielen im Kindergarten andere Kriterien eine Rolle als in der Schulforschung, bspw. körperliche Faktoren (äußeres Erscheinungsbild, Körpergeruch).

---

[54] So verstehen die Autorinnen unter Intersektionalität: „kontextspezifische, gegenstandsbezogene und an soziale Praxen ansetzende Wechselwirkungen ungleichheitsgenerierender sozialer Strukturen [...], symbolischer Repräsentationen und Identitätskonstruktionen (Winkler/Degele 2009:15).

[55] Bspw. indem beschrieben wird, dass die Erzieherin mit Kind A mit Migrationshintergrund X anders interagiert als mit Kind B mit Migrationshintergrund Y.

[56] Als Differenzen werden wahrnehmbare sprachlich explizierbare Differenzierungen zwischen Individuen verstanden. Diese werden jedoch nicht automatisch mit ungleichheitsrelevanten Kategorien gleichgesetzt, sondern mit den individuellen Zuschreibungen in ihrer relationalen Positionierung in Interaktionsprozessen in Bezug gesetzt.

In welchem Zusammenhang stehen die individuellen Werthaltungen der Erzieherinnen zum Thema Diversität und Chancengleichheit mit alltäglichen Handlungsmustern? Welche Handlungs- und Orientierungsmuster lassen sich dazu bei
Erzieherinnen finden? Dazu sollen die Interviewergebnisse Aufschluss geben.

Welche Rolle spielt dabei die Institution des Kindergartens mit den Orientierungen der Leiterin bzw. des Leiters? Die Funktion der Leiterin bzw. des Leiters wird als bedeutsam für die Vermittlung einer institutionell verankerten gemeinsamen Handlungspraxis angesehen. Aus diesem Grund wurden Interviews
mit den Leiterinnen der Kindergärten hinzugezogen.

Wie aus den Fragestellungen hervorgeht, haben wir es mit einer Mehrebenenanalyse zu tun, die unterschiedliche Methoden ineinanderfließen lässt (vgl.
auch Kap.4). Bestenfalls münden die Verknüpfungen dieser Fragen in eine Typologie des Umgangs mit Differenz im Kindergarten.

4 Methodisches Vorgehen

> „Es soll versucht werden, auf methodische Weise,
> mittels der objektivsten Techniken, die am besten verborgenen,
> weil am wenigsten bewussten Werte zum Vorschein zu bringen,
> die die Akteure in ihrer Praxis verwenden."
> (Bourdieu, 2006)

Diese Studie wurde als eine qualitative sozialwissenschaftliche Forschungsarbeit konzipiert mit dem Ziel, die Realität sozialer Praxis in Kindergärten im Sinne der Forschungsfragen zu erschließen. An dieser Stelle sollte jedoch darauf aufmerksam gemacht werden, dass es sich hierbei um keine objektive Messung handeln kann, sondern vielmehr um ein subjektives Deuten mithilfe objektiver Methoden. Das Eindringen in eine soziale Praxis bedeutet auch immer einen Eingriff bzw. eine Veränderung des Gegenstands. Wie sich noch zeigen wird, trifft die These: *„Man kann nicht nicht kommunizieren"* von Paul Watzlawick[57] insbesondere auf die soziale Praxis im Kindergarten zu (siehe Kap. 4.4).

Wie aus den Fragestellungen hervorgeht, sollen Rückschlüsse über das komplexe Geflecht zwischen institutionellen Rahmenbedingungen, sozialen Praktiken und Orientierungen von Erzieherinnen gezogen werden können, die auf Muster des Umgangs mit Differenz/Gleichheit bei Interaktionen mit Kindern schließen lassen. Dieses Vorhaben macht ein Methodensetting erforderlich, welches Beobachtungs- und Interviewdaten erfassen und schließlich miteinander verknüpfen kann. Dieses Kapitel dient dazu, die dabei erforderlichen methodischen Schritte nachvollziehen zu können.

Nach einer Auseinandersetzung mit der gewählten methodologischen Forschungsperspektive (Kap. 4.1) werden das Forschungsdesign sowie die Sampleauswahl dieser Studie erläutert (Kap. 4.2). Anschließend werden die Auswertungsschritte noch einmal zusammengefasst (Kap. 4.3), wonach einige Anmerkungen zu der Gradwanderung zwischen der Fremdheit des Forschers und der Teilnahme am Gruppengeschehen im Kindergarten, folgen (Kap. 4.4).

---

[57] Watzlawick/ Beavin/ Jackson (1969): Menschliche Kommunikation- Formen, Störungen, Paradoxien. Bern: Huber.

4.1 Wahl der Forschungsperspektive

Aus mehreren Gründen fiel die Wahl auf qualitative Forschungsmethoden. Diese zeichnen sich nicht nur durch eine hohe Flexibilität hinsichtlich der Gegenstandsadäquatheit und Subjektbezogenheit aus, sondern ermöglichen durch die Betonung auf die Interpretation der Forschungsdaten auch eine hohe Erkenntnisdichte[58]. Darüber hinaus ist eine Beobachtung und Datengewinnung im natürlichen Umfeld der zu Untersuchenden möglich. Ein weiterer, nicht von der Hand zu weisender Grund ist, dass bisher keinerlei umfassende, aussagekräftige Untersuchungen zu diesem Thema im elementaren Bildungsbereich vorliegen, die ein spezifisches Hypothesengerüst erlauben.

Innerhalb der qualitativen Forschung gibt es unterschiedliche Forschungsperspektiven. So unterscheiden Flick, von Kardoff und Steinke (2007) drei Hauptlinien: 1. symbolischer Interaktionismus und Phänomenologie, 2. ethnomethodologische Ansätze und Konstruktivismus sowie 3. strukturalistische Positionen. Im symbolischen Interaktionismus, der sowohl durch die Chicagoer Schule, als auch durch Alfred Schütz (1932), geprägt wurde, steht die Sichtweise des Subjekts als Einzelfall im Vordergrund. Somit ist das Forschungsziel eine Rekonstruktion des subjektiv gemeinten Sinns individuellen Handelns. Das Medium der Sprache mit einer Differenzierung von subjektiven Motiven rückt dabei in das Zentrum der Analyse. Häufig wird dieser Ansatz in der Biographieforschung verwendet, wobei das narrative Interview am häufigsten eingesetzt wird. Das Erzählen von alltäglichen Erfahrungen ermöglicht beispielsweise ein Hervorbringen von „Prozessstrukturen des Lebenslaufes" (Schütze 1981, 1983). Nicht nur durch die Dichte der Fallbeschreibungen, sondern auch durch das Herauskristallisieren von institutionellen Bedingungen für den Lebenslauf gilt das narrative Interview für die rekonstruktive Sozialforschung insgesamt als relevant. Für die vorliegende Untersuchung erscheint dieser subjektzentrierte Ansatz vor allem aus zwei Gründen als nicht adäquat: Zum einen impliziert die Fragestellung, dass nicht die Analyse von Einzelfällen im Mittelpunkt steht, sondern die milieutypischen Handlungs- und Einstellungsmuster unterschiedlicher Fälle. Zum anderen wird nicht davon ausgegangen, dass Handlungsmotive verbal ver-

---

[58] „Für qualitative Forschung ist typisch, dass der untersuchte Gegenstand und die an ihn herangetragene Fragestellung den Bezugspunkt für die Auswahl und Bewertung von Methoden darstellen und nicht – wie dies etwa in der Psychologie mit ihrer Festlegung auf das Experiment noch weitgehend der Fall ist - das[s] aus der Forschung ausgeschlossen bleibt, was mit bestimmten Methoden nicht untersucht werden kann" (Flick, 2007, S.22).

mittelt werden. Vielmehr müssen sie diese anhand im Zuge einer vergleichenden, umfassenden Analyse erst erschlossen werden.

Strukturalistische und psychoanalytische Positionen zielen schließlich auf die Entdeckung von handlungs- und bedeutungsgenerierenden Tiefenstrukturen ab und gehen von unbewussten psychischen Denkstrukturen aus. Die objektive Hermeneutik, die aus der hermeneutischen Tradition von Jürgen Habermas von Oevermann et. al. (1979) entwickelt wurde (Bohnsack, 2007:69), gilt als die gängigste Methodik dieser Forschungsperspektive. Als objektiv gilt hierbei nicht die Methode als solche, sondern das analytische, rekonstruktive Erkennen objektiver Strukturen im Material. Die methodische Herangehensweise unterliegt dabei den Prinzipien der „gedankenexperimentellen Kontextvariation" sowie der „sequenzanalytischen Verfahrensweise" (ebd: 73). Mithilfe der „gedankenexperimentellen Kontextvariation" werden Äußerungen anhand von potentiell denkbaren Kontextentwürfen analysiert und kontrastierend gegenübergestellt. Anhand einer sequenzanalytischen Interpretation werden so lange mögliche „Lesarten"[59] zusammengetragen, bis der Fall als erschlossen gilt. Dies wird anhand von gedankenexperimentellen Gegenentwürfen, auch „Gegenhorizonte" genannt, ermöglicht (ebd.: 74).[60]

Im Unterschied zu den beiden eben vorgestellten Verfahren setzt die Wissenssoziologie nicht nur eine gewisse Fremdheit des Interpreten voraus, sondern betont die spezifische ‚Standortgebundenheit' des Forschers. So betont Bohnsack, dass die in der objektiven Hermeneutik herangtragenen Lesarten „auf jenen in die interpretativen Kompetenzen des Forschers eingelassenen Normalitätsvorstellungen" basiert (ebd.:85). Darüber hinaus stehen in der Ethnomethodologie, in dessen Tradition sich auch die Kultur- und Wissenssoziologie nach Mannheim entwickelte, die Routinen des Alltags, also die Beschreibung der Prozesse der Herstellung sozialer Situationen, Milieus und damit sozialer Ordnung mehr im Vordergrund. Da der Fokus dieser Arbeit auf der Entdeckung milieu- oder professionsspezifischer Werthaltungen und Handlungen liegt, bezieht sie sich auf die ethnomethodologische Sichtweise der Kultur- und Wissenssoziologie nach Mannheim.

Karl Mannheim entwickelte die „dokumentarische Methode der Interpretation", in der erstmals von einer ‚Seinsverbundenheit' oder ‚Seinsgebundenheit'

---

[59]   Unter einer Lesart versteht Oevermann folgendes: „Wir betrachten die Verbindung zwischen Äußerung und einer die Äußerung pragmatisch erfüllenden Kontextbedingung als eine Lesart" (Oevermann et.al. 1979: 415).

[60]   Für ein umfassenderes Verständnis der objektiven Hermeneutik sei an dieser Stelle auf weiterführende Literatur verwiesen: Oevermann et.al. 1979, Wohlrab-Sahr 2003, Garz/Kraimer 1994.

die Rede ist (Corsten 2010: 44), und verbindet diese mit der Beschreibung eines ‚konjunktiven Erfahrungsraumes'. Das Wort konjunktiv bezeichnet Mannheim als „Verbundenheit der Personen, die gemeinsam etwas erkannt haben, wobei Erkennen einen ganz alltäglichen Vorgang meinen kann" (ebd.: 46). Der Begriff ist bei Mannheim somit eng verbunden mit dem der ‚Lebenspraxis', wobei das Erkennen spezifischer Lebenssituationen und Wahrnehmungen im Zentrum des Forschungsinteresses steht (ebd.).

Die dokumentarische Methode, die von Bohnsack (2001) methodisch ausdifferenziert wurde, baut auf den erkenntnistheoretischen Analysen Mannheims auf. Sie wurde ursprünglich zur Auswertung von Gruppendiskussionen konzipiert (z.B. Bohnsack, 2003), erfreut sich jedoch einer wachsenden Anwendung in der Interpretation von Bildern (z.B. Bohnsack, 2003), Videos (z.B. Wagner-Willi, 2005) und schließlich auch von Interviews (vgl. Nohl, 2006). Im Vordergrund steht hierbei die Rekonstruktion des impliziten Wissens, welches von Mannheim als *atheoretisches* Wissen bezeichnet wurde (Mannheim, 1964). Ausdrücke des Handelns oder Sprechens werden dabei nicht als bewusste Intentionen des Handelnden oder des Sprechers verstanden, sondern – wie auch Bourdieu sagt – vielmehr als „eine Funktion der Denk-, Wahrnehmungs- und Handlungsmuster, die der Künstler seiner Zugehörigkeit zu einer bestimmten Gesellschaft oder Klasse verdankt" (Bourdieu, 1970: 154). Aus diesen handlungsleitenden Denkmustern lässt sich schließlich der Habitus bzw. der Orientierungsrahmen eines Individuums oder einer Gruppe rekonstruieren. Das kollektive Erfahrungswissen einer Gruppe bezeichnet Bohnsack mit Bezug auf Mannheim als *„konjunktiven Erfahrungsraum"* (Mannheim, 1980, Bohnsack, 2009). Die Mitglieder eines solchen Erfahrungsraumes teilen nicht nur gemeinsame Handlungsroutinen, sondern auch gesellschaftlich verankerte Rollenerwartungen. Überträgt man dies auf den Kindergarten, so kann man die Institution des Kindergartens durchaus als *konjunktiven Erfahrungsraum* betiteln, in welchem sowohl LeiterInnen, als auch Erzieherinnen über ihre Aufgabenbereiche und Berufsrollen Auskunft geben könnten. Das auf diese Weise generierte Wissen wird von Mannheim und nachfolgend von Bohnsack als *„kommunikativ-generalisiertes Wissen"* bezeichnet (Mannheim, 1980, Bohnsack, 2001). Dagegen wird das *konjunktive Erfahrungswissen* (Bohnsack, 2009) nur innerhalb von Gruppen geteilt, die eine gemeinsame Alltagspraxis aufweisen, welche sich von anderen Gruppen trotz der Verwendung ähnlicher Begrifflichkeiten deutlich abhebt. So kann es bspw. dazu kommen, dass der Begriff der Selbstbildung in einem Kindergarten bedeutet, dass Kinder einen bestimmten Raum unter Begleitung eines Erwachsenen zu einer festgelegten Tageszeit benutzen, um Experimente zu machen, während die Mitglieder eines anderen Kindergartens Selbstbildung als alltägliche Handlung begreifen, die mit einem spontanen Entdecken neuer Zusammenhänge einhergeht. Auch die Frage, was ‚normal' ist, kann – in Abhängigkeit unterschiedlicher konjunktiver Erfahrungsräume – zu völlig verschiedenen Denkmustern führen. Die Analyse dieser habituell verankerten Denkmuster stellt das Ziel der dokumentarischen Methode dar.

Im Zentrum steht demnach eine Beobachterperspektive, die nicht den Inhalt von verbal geäußerten, subjektiven Handlungsmotiven schlicht wiedergibt („intentionaler Ausdruckssinn", Mannheim, 1964), sondern die geschilderte Erfahrung als Dokument ihrer selbst auffasst.[61] Somit werden die Prozesse der Herstellung des gemeinsamen, milieuspezifischen Wissens in den Vordergrund stellt. Es wird ausdrücklich nicht davon ausgegangen, dass Akteuren ihre latenten Alltagstheorien und ihr handlungsleitendes Wissen vollständig bewusst sind, sondern vielmehr gilt es, diese als Sozialwissenschaftler zu entdecken (Bohnsack, 2007).

Als einfaches Beispiel kann hier der routinierte Autofahrer angeführt werden. Wie man sich leicht vorstellen kann, führt der erfahrene Kraftfahrer auf nur kürzestem Wege intuitiv viele Handlungsschritte aus, jedoch würde es ihm sicherlich schwer fallen, diese im Einzelnen zu verbalisieren. Dieses routinierte Wissen wird von Mannheim als *atheoretisch* bezeichnet (Mannheim, 1964). Es bezieht sich also auf nicht intendierte, durch Routine oder Prägung entstandene Handlungsstrukturen des Alltags. Diese Handlungsgewohnheiten basieren auf einer „sozialen Praxis", in welcher es üblich ist, so und nicht anders zu handeln. Wenn wir an das Beispiel des Autofahrers denken und annehmen, dass dieser sich normalerweise auf deutschen Straßen fortbewegt, so wird es für ihn umso schwerer, seine Gewohnheiten im Linksverkehr während eines Aufenthaltes in England umzustellen. Dies leistet er vor allem, weil er sich nun die sozialen Regeln des Straßenverkehrs bewusst macht.

Der Forscher versteht sich selbst nicht als wissender als die Akteure selbst, sondern er sieht sich selbst dazu berufen, das implizit vorhandene Wissen der Akteure zur begrifflich-theoretischen Explikation zu bringen (Bohnsack, 2007). Soziologisch relevant wird dieses implizite Wissen, wenn es eng mit Handlungspraxen verbunden ist, die sich vom expliziten, als reflexiv vorhandenen Wissen der Akteure unterscheidet. So kam es bspw. in den Interviews mit den Erzieherinnen vor, dass sie mehrfach erklärten, wie wichtig ihnen die Anregung der

---

[61] Dazu Mannheim: „Nichts wird im eigentlich gemeinten Sinn (d.h. mittels intentionaler Interpretation) oder in seinem objektiven Leistungscharakter belassen, sondern alles dient als Beleg für eine von mir vorgenommene Synopsis, die, wenn sie den engeren Kreis des ethisch Relevanten verlässt, nicht nur seinen ethischen Charakter, sondern seinen gesamtgeistigen „Habitus" ins Auge zu fassen imstande ist" (Mannheim, 1964, S. 108f).

Selbstentfaltungsprozesse der Kinder ist, ohne aktiv einzuwirken. An anderen Stellen des Interviews wurde jedoch deutlich, welch starke Vorannahmen über „normale Kinder" ihre Arbeit möglicherweise in bestimmte Richtungen lenkt. Diese z.T. starken Kontraste konnten ebenso in den Videoszenen herausgearbeitet werden. Es ist jedoch nicht das Anliegen eines Wissenschaftlers, zu analysieren, ob eine Person falsche Angaben macht, oder zu behaupten, dass sich die Akteure täuschen. Vielmehr sollen mit einer Rekonstruktion der impliziten Wissens- und Handlungsstrukturen alltägliche Handlungspraxen möglichst genau erfasst werden. Dies ist mit der Erhebung impliziter Wissensgehalte leichter möglich als durch die Analyse expliziter Behauptungen.

Die dokumentarische Methode: Komparative Analyse und Typenbildung
Um den dokumentarischen Sachverhalt des zu erschließenden Sachverhalts zu rekonstruieren, führte Bohnsack (2001) die komparative Sequenzanalyse an. Diese kennzeichnet eine konsequent vergleichende Auswertungsmethodik. Durch ein systematisches Suchen vergleichbarer, ähnlicher Äußerungen („Anschlussäußerungen') in verschiedenen Passagen bzw. Erzählabschnitten wird ein übergreifender Orientierungsrahmen gefunden. Diese Orientierungsrahmen werden durch die Rekonstruktion positiver und negativer Gegenhorizonte, in denen Thematiken anhand positiver oder negativer Abgrenzung abgehandelt werden, erschlossen. So ist es letztendlich möglich, trotz unterschiedlicher Ausgangsfälle sowohl gleiche Themen (kollektive Orientierungen), als auch inhaltlich voneinander abweichende Orientierungsrahmen zu finden.

Das mit Mannheim als Standortgebundenheit benannte Problem der subjektiven Auswahl und Deutungsweise des Forschers kann mit der dokumentarische Methode zwar nicht völlig ignoriert, jedoch abgeschwächt werden. Durch die im Forschungsprozess durchgängige Suche nach empirisch fundierten Vergleichsfällen und der daraus zu entwickelnden Typik basieren die Forschungserkenntnisse kaum auf persönliche Voreingenommenheiten und Neigungen des Forschers.

Das Ziel der dokumentarischen Methode ist die Bildung von Typen. Hierbei ist es entscheidend, inwiefern sich die einzelnen Orientierungsrahmen auch in anderen, entfernten Fällen finden lassen. Nach Bohnsack (2001) spricht man im Sinne von Mannheim von einer „sinngenetischen Typenbildung", wenn Muster des handlungspraktischen Herstellungsprozesses ergründet werden. Dabei werden zentrale Themen fallintern und fallübergreifend spezifiziert und abstrahiert. Dies setze eine genaue Beobachtung einer Handlungspraxis voraus. Darauf aufbauend wird die „soziogenetische Typenbildung" vorgenommen, wobei die spezifischen Erfahrungshintergründe der Akteure zurande gezogen werden. Bestenfalls entstehen dann unterschiedliche, sich überlagernde Typiken deutlich.

Die methodische Verfahrensweise der dokumentarischen Methode kann wie folgt zusammengefasst werden:

- Auswahl der zu interpretierenden Passagen nach dem Kriterium der Relevanz: es werden Passagen mit besonders hoher interaktiver und metaphorischer Dichte ausgewählt

- Formulierende Interpretation: Wiedergeben und zusammenfassen des thematischen Sachverhalts mit eigenen Worten (WAS wird gesagt?)

- Reflektierende Interpretation: Rekonstruktion der Art und Weise des dargestellten Themas (WIE wird was gesagt?)

- Typenbildung: sinngenetische und soziogenetische.

In der vorliegenden Arbeit werden im Sinne einer sinngenetischen Typenbildung die Orientierungs- und Handlungsmuster der Erzieherinnen so rekonstruiert, dass sie vom Einzelfall abstrahiert werden können. Auf eine soziogenetische Typenbildung wurde aus Gründen der geringen Fallzahl jedoch verzichtet.[62] Anhand der exemplarischen Fallrekonstruktion sowie des kontrastierenden Analyse ist es also möglich, Vorformen möglicher Typen herauszuarbeiten, die handlungsleitende individuelle Orientierungen im Umgang mit Kindern aus unterschiedlichen sozialen Milieus widerspiegeln. Obgleich die dokumentarische Methode ein konsequentes Vergleichen aller Fälle in den einzelnen Auswertungsschritten vorsieht, wurde aufgrund der Fülle der Video- und Interviewdaten zunächst innerhalb eines Falls interpretiert und anschließend – im Zuge der Auswertungen der weiteren Fälle – vergleichend analysiert. Auch Bohnsack beschreibt in einem Kapitel „Exemplarische Interpretation von Familienfotos und Methodentriangulation" (Bohnsack, 2009, Kap. 4.3), wie die Zusammenführung von Bildanalysen mit den Homologien zum Orientierungsrahmen aus Tischgesprächen zu einer verdichtenden Darstellung der familialen Orientierungsrahmen in Abgrenzung anderer Familien führt.

---

[62] Hierbei wären sicher zusätzliche Erhebungen in Modellkindergärten mit besonders sensibilisierten Erzieherinnen und/oder eine Erweiterung der Fallauswahl in dörflichen Kindergärten sowie in Kindergärten in den alten Bundesländern vonnöten gewesen.

4.2 Forschungsdesign und Sampleauswahl

Nachfolgend wird das Forschungsdesign dieser Studie vorgestellt. Wie bereits eingangs erwähnt, liegt der empirische Fokus auf einer Kombination von Interview- und Beobachtungsdaten. Dabei sollen die Interviewdaten Rückschlüsse zu den individuellen Orientierungen der Erzieherinnen zulassen, während die Beobachtungsdaten auf Handlungspraktiken hinweisen sollen, die auf der Ebene der Interaktion angesiedelt sind. Diese systematische Trennung der Analyseebenen wird in der qualitativen Forschung zunehmend gefordert (Helsper/Hummrich/Kramer 2010). Während frühere qualitative Studien noch eine Verknüpfung unterschiedlicher Ebenen vorgenommen haben[63], beschäftigten sich nachfolgende qualitative Studien, so die Autoren, hauptsächlich mit der Analyse einer Ebene, beispielsweise mithilfe von Interviews. Nun sei im Zuge der Triangulationsstudien (vgl. Flick, 1994) ein neuer Trend der Verknüpfung unterschiedlicher Systemebenen zu beobachten. So werden die Einflüsse verschiedener sozialer Kontexte auf das individuelle Handeln bzw. der individuellen Einstellung systematisch erhoben und analysiert (vgl. Helsper/Kramer/Hummrich/Busse 2009)[64]. Wie in der Abbildung 2 zu erkennen ist, werden diese Kontexte als Ebenen des Individuums, der Interaktion, der Institution und der Gesellschaft, also der nächst größeren Systeme, miteinander in Bezug gesetzt.

Nach Hummrich (2010) ist der Begriff der Mehrebenenanalyse eng mit dem der Triangulation (vgl. Flick 2005) verknüpft. Als Triangulation wird in der Sozialforschung das Ineinanderfließen unterschiedlicher Erhebungsmethoden und -perspektiven bezeichnet. So können beispielsweise quantitative mit qualitativen Daten trianguliert oder auch innerhalb der qualitativen Forschung verschiedene Erhebungsmethoden eingesetzt werden. In der Mehrebenenanalyse werden jedoch über das Verknüpfen diverser Methoden oder Datensorten hinaus die strukturell unterschiedlich gelagerten so genannten Aggregierungs- und Sinnebenen miteinander in Bezug gesetzt (Helsper/ Hummrich/ Kramer 2010). Entscheidend ist für Hummrich (2010) das Explizieren der jeweiligen Systemebene beim Interpretieren, um Missverständnissen bezüglich der Aussagekraft der Ergebnisse vorzubeugen.

---

[63] Vgl. Jahoda/ Lazarsfeld/ Zeisel (1975): Die Arbeitslosen von Marienthal. Ein soziographischer Versuch über die Wirkungen langandauernder Arbeitslosigkeit. Mit einem Anhang: zur Geschichte der Soziographie. Frankfurt.

[64] Im quantitativen Forschungsbereich wird die Mehrebenenanalyse vor allem dafür verwendet, Effekte umlagernder sozialer Systeme auf den jeweiligen Forschungsgegenstand zu berechnen.

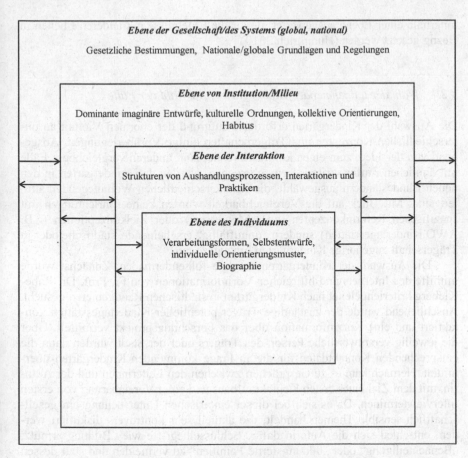

Abbildung 2: Aggregierungsebenen (Hummrich 2010, in Anlehnung an Helsper/Kramer/Hummrich/Busse 2009)

In der vorliegenden Studie werden auf der Ebene der Institution die Kontextinformation des Kindergartens einbezogen, die sich aus den Interviews mit den Leitungskräften und der Erfassung der vorhandenen Rahmenbedingungen (Lage des Kindergartens, Profil) schließen ließen. Auf der Ebene der Interaktion werden Video-Szenen aus dem Kindergartenalltag ausgewählt und auf der Ebene des Individuums Interviews vorgenommen. Die Ebene der Gesellschaft kann leider aus forschungspragmatischen Gründen in dieser Studie nicht einbezogen werden. In der Logik der qualitativen Mehrebenenanalyse wird nun das Material zunächst innerhalb einer Ebene ausgewertet, bevor die Ergebnisse mit anderen Ebenen in Bezug gesetzt werden (Hummrich 2010)[65].

4.2.1 Wahl der teilnehmenden Kindergärten, Auswahl der Fälle

Die Auswahl der Kindergärten erforderte aufgrund der enormen Vielfalt an unterschiedlichen Konzepten und Trägerschaften einige Vorüberlegungen. Ausgehend von der Idee, zum einen kontrastierende, zum anderen vergleichbare Fälle mit ähnlichen Einflusskriterien einzubeziehen, wurden drei Kindergärten in den neuen Bundesländern ausgewählt, die in unterschiedlichen Wohngegenden situiert sind. Mit Blick auf die Vergleichbarkeit wurden keine Einrichtungen mit spezifischen Reformkonzepten (z.B. Montessori) oder Zielkonzeptionen (z.B. AWO Kindertagesstätten), sondern „unauffällig" erscheinende, städtische oder in Trägerschaft zugehörige Kindergärten hinzugezogen.

Die Auswahl der Kindergärten erfolgte folgendermaßen: Zunächst wurde mithilfe des Internets und hilfreicher Vorinformationen von Fr. Prof. Dr. Rabe-Kleberg kriteriengeleitet nach Kindergärten in städtischen Randgebieten gesucht. Anschließend wurde der zuständige Träger potentieller Kindertagesstätten kontaktiert und eine Kurzinformation über das Forschungsprojekt vermittelt. Über die jeweilig verantwortliche Person des Trägers oder der Stadt wurden dann die entsprechenden Kontaktdaten für die in Frage kommenden Kindergärten übermittelt. Hernach kam es zu Gesprächen zwischen den Leiterinnen und der Autorin, mit dem Ziel eines ersten Kontaktaufbaus und einer Vereinbarung von ersten Interviewterminen. Da es sich bei dieser empirischen Untersuchung um gesellschaftlich sensible Themen handelt, die aktuell sehr kontrovers diskutiert werden, entschied sich die Autorin dafür, Schlüsselbegriffe wie „Bildungsarmut", „Benachteiligung" oder „bildungsferne Familien" zu vermeiden und statt dessen im Sinne einer positiven Betrachtungsweise von derzeitig vorhandenen Möglichkeiten und Gegebenheiten im Alltagsleben des Kindergartens und vom Umgang mit Differenzen zwischen Kindern zu sprechen. Der Zugang zu den erwünschten Kindergärten gestaltete sich rückblickend im Ganzen überraschend unkompliziert und unbürokratisch und der erste Eindruck der Kindertagesstätten mit ihren Leiterinnen war meist ein sehr positiver.

---

[65]   Im Rahmen einer Dissertation können aus forschungspragmatischen Gründen die einzelnen Ebenen leider nicht in ihrer vollen Tragweite ausgeschöpft werden. Dazu wäre vor allem ein größerer personeller Aufwand vonnöten.

Die Kindergärten wurde so ausgewählt, dass sie ein möglichst breites Spektrum an forschungsrelevanten sozial-familiären Hintergründen der Kinder vermuten lässt, um auf dieser Basis Mechanismen sozialer Gleichheit bzw. Ungleichheit erkennen zu können. Aus forschungsstrategischen und -pragmatischen Gründen fiel die Wahl auf drei verschiedene Kindereinrichtungen in zwei Städten. Zwei dieser Kindertagesstätten, Kindergarten *Expedition*[66] und Kindergarten *Linienschiff* befinden sich in einem strukturschwachen Wohngebiet – der erste am Rande einer Großstadt, der zweite zentrumsnah in einer anderen Stadt. Diese Wohngebiete gelten aufgrund der hohen Zahl von Erwerbslosen und Sozialhilfeempfängern als Stadtteile mit besonderem Entwicklungsbedarf. Die Wahl dieser Kindergärten hatte demnach das Ziel, den Zugang zu Kindern und Familien aus bildungsfernen Milieus zu erleichtern.

Ein dritter Kindergarten, *Kapitän*, wurde neben der Funktion einer weiteren Vergleichsoption so ausgewählt, dass er neben Randgruppen bildungsarmer Milieus ebenso akademischen bzw. mittelständischen Familien offen steht. Möglicherweise lassen sich in einem Wohnbereich nahe des Stadtzentrums sowohl Familien, die von relativer Armut betroffen und gleichzeitig bildungsarm sind, finden, als auch Familien, die zwar relativ arm, aber nicht von Bildungsarmut betroffen sind[67].

Neben der Wahl der Kindergärten war die Auswahl der Fälle entscheidend. Vor dem Hintergrund der Fragestellungen und vorangegangenen Überlegungen ist deutlich geworden, dass der zu untersuchende Fall die Erzieherin mit ihren Orientierungen und Handlungspraxen darstellt. Zunächst wurden die von den Leiterinnen vorgeschlagenen insgesamt sechs Erzieherinnen interviewt. Nachdem die maximal kontrastierenden Fälle gefunden wurden, sind dann nur diejenigen Erzieherinnen in die Analysen eingegangen, die einen Mehrwert an Interpretationsdichte versprachen. Das heißt, dass bei zwei sehr ähnlich gelagerten Fällen nur einer in die Auswertung einbezogen wurde. Frau Emrich[68] wurde als Eckfall im Nachhinein in die Untersuchung einbezogen, da sie in den Beobachtungen durch ihre engagierte Art herausstach.

---

[66] Die Namen der Einrichtungen sind anonymisiert und frei erfunden. Sie beziehen sich jedoch auf Assoziationen der Autorin. Das Oberthema ‚Schiff' wurde gewählt, da zwei Leiterinnen im Interview angaben, die Eltern „ins Boot holen" zu wollen.

[67] D.h. dass die Eltern entweder über einen SEKII – Abschluss einer allgemein bildenden Schule, oder über einen berufsbildenden Abschluss verfügen.

[68] Selbstverständlich wurden alle Namen der Leiterinnen, Erzieherinnen und Kinder durch die Autorin anonymisiert.

In die Auswertung wurden schließlich vier Erzieherinnen einbezogen- Fr. Radisch, Fr. Emrich, Fr. Seibt und Fr. Schulze.

Die familiären Hintergrundinformationen wurden von den Leiterinnen und Erzieherinnen vermittelt. Die Einwilligungen der Eltern erfolgten im Kindergarten *Linienschiff* durch eine schriftliche Bestätigung, in den Kindergärten *Expedition* und *Kapitän* über eine Kurzinformation der Studie am Aushang der Kindertagesstätten. Die Leiterin des Kindergartens *Kapitän* holte sich zusätzlich von den Eltern der im Zentrum der Aufmerksamkeit stehenden Kinder schriftlich die Zustimmung.

Bei aller Kontrastierung ist die Frage nach dem Gemeinsamen wichtig. In dieser Konzeption der Studie ist davon auszugehen, dass die meisten Erzieherinnen in der DDR mit den damals vorherrschenden Werten und Normen sozialisiert wurden und dass alle Erzieherinnen über Erfahrungen mit der Umsetzung der seit 2001 in allen Bundesländern in Kraft getretenen neuen Bildungspläne verfügen. Dadurch kann im Sinne von Mannheim von gewissen Gemeinsamkeiten der Erlebnisschichtung ausgegangen werden.

In der Abbildung 3 ist die methodische Anlage der Studie mit den verschiedenen Analyseebenen noch einmal schematisch dargestellt.

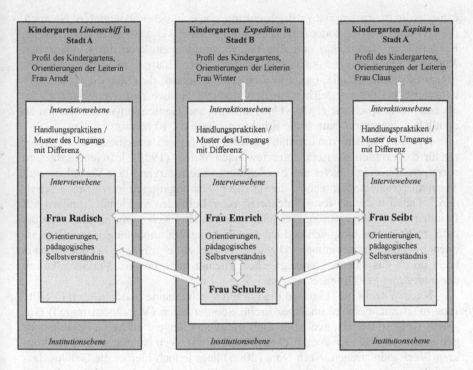

Kindergarten *Linienschiff* **in Stadt A**

Profil des Kindergartens, Orientierungen der Leiterin Frau Arndt

Interaktionsebene

Handlungspraktiken / Muster des Umgangs mit Differenz

Interviewebene

Frau Radisch

Orientierungen, pädagogisches Selbstverständnis

Institutionsebene

Kindergarten *Expedition* **in Stadt B**

Profil des Kindergartens, Orientierungen der Leiterin Frau Winter

Interaktionsebene

Handlungspraktiken / Muster des Umgangs mit Differenz

Interviewebene

Frau Emrich

Orientierungen, pädagogisches Selbstverständnis

Frau Schulze

Institutionsebene

Kindergarten *Kapitän* **in Stadt A**

Profil des Kindergartens, Orientierungen der Leiterin Frau Claus

Interaktionsebene

Handlungspraktiken / Muster des Umgangs mit Differenz

Interviewebene

Frau Seibt

Orientierungen, pädagogisches Selbstverständnis

Institutionsebene

Abbildung 3: Darstellung der Fälle und der Interpretationsebenen

4.2.2 Themenzentriertes Interview Erzieherinnen und Leiterinnen

Bevor die Interviews methodisch spezifiziert werden, soll der Datenerhebungsprozess kurz veranschaulicht werden. Die einzelnen Erhebungsabschnitte gliederten sich wie folgt: Zunächst wurden in einer ersten Phase Interviews mit den Leiterinnen der drei Kindergärten durchgeführt. Anschließend wurden Interviews mit den Erzieherinnen der zu beobachtenden Kindergruppen gehalten. Im Kindergarten *Linienschiff* wurde nur eine Erzieherin, in den anderen beiden Kindergärten jeweils zwei Erzieherinnen interviewt. Der Grund liegt darin, dass letztere Kindergärten offene Gruppen anbieten, in denen sich die Kinder von Raum zu Raum frei bewegen können. Da alle Kinder demzufolge auf unterschiedliche Erzieherinnen treffen, wurden exemplarisch zwei Erzieherinnen für die Interviews konsultiert. Insgesamt (einschließlich der Leiterinnen) wurden acht Interviews erhoben. Nach der Erhebungs- und Auswertungsphase der Interviews erfolgte die ca. zweimonatige Beobachtungsphase in den Kindergärten. Nach ca. drei Wochen wurden Videoaufzeichnungen gemacht. Die Beobachtungen in den Kindergärten *Linienschiff* und *Expedition* wurden zeitgleich, im Kindergarten *Kapitän* zwei Monate später begonnen. Dies hatte vor allem zeitlich-organisatorische Gründe. Es stellte sich jedoch heraus, dass sich diese Herangehensweise bei der vergleichenden Beobachtung ähnlich situierter Kindergärten als besonders fruchtbar erwies. Unterschiede und Gemeinsamkeiten wurden so deutlicher. Insgesamt dauerte die Erhebungsphase ca. 10 Monate.

Aus der Vielzahl von qualitativen Interviewformen entschied sich die Autorin für das problemzentrierte Interview nach Witzel (1982). Im Gegensatz zum narrativen Interview bietet das problemzentrierte Interview den Vorteil, gezielt Themenbereiche anzusprechen, die für die Forschungsfragen interessant erscheinen[69]. Dabei wird auf feste Kategorien oder Leitfaden verzichtet, sondern auf Leitthemen zurückgegriffen. Das Interview gestaltet sich somit als ein offen bis halb strukturiertes Gespräch und hat das Ziel, die Wahrnehmungen und Reflexionen hinsichtlich bestimmter Themenbereiche zu ergründen. Darüber hinaus kann durch das Thematisieren gleicher Themen eine bessere Vergleichbarkeit der Interviews gewährleistet werden.

Nach Witzel (1982) können die Fragen in allgemeine Sondierungen (Vertiefung in Themengebiete) und spezifische Sondierungen (Verständnisfragen) eingeteilt werden. Bei ersteren ist es Ziel, möglichst längere narrative Erzählpassagen anzuregen. Bei den spezifischen Sondierungsfragen handelt es sich um konkrete Verständnisfragen. Nach Nohl (2006) liegt jedoch hierbei die Gefahr, dass die Interviewten argumentativ zur Selbstexplikation gebracht werden und somit die Ergründung des eher „atheoretischen Wissens" durch den Forscher selbst nicht mehr möglich ist. Als Lösung schlägt Nohl vor, vornehmlich erzählgenerierende Fragen zu stellen und in der Auswertung kategorisch zwischen Argumentation und Erzählung zu unterscheiden. Wie sich mit dieser Studie zeigte, eignet sich das problemzentrierte Interview durchaus für die Anwendung der dokumentarischen Methode.

Die inhaltliche Ausrichtung der Themenschwerpunkte lässt kaum Unterschiede zwischen den Leiterinnen- und Erzieherinneninterviews erkennen. Die Erzieherinneninterviews gestalteten sich lediglich praxisnaher. Die folgende Übersicht stellt die für diese Untersuchung relevanten Themenschwerpunkte mit beispielhaften Leitfragen dar. Beispielhaft bedeutet hier, dass die Formulierun-

---

[69] Ein tief greifendes Ergründen biographischer Zusammenhänge ist wäre sicher auch interessant, folgt aber nicht der Forschungslogik der Fragestellung.

gen und ebenso die Reihenfolge der Fragen von Interview zu Interview unterschiedlich ausfielen.

Tabelle 1:   Übersicht Interviewleitfragen

Themenschwerpunkte	Leiterin	Erzieherin
Unterschiedliche Voraussetzungen der Kinder – wie wird dies reflektiert?	*Im neuen Bildungsplan steht ja explizit, dass der Eigenanteil des Kindes verstärkt in das Zentrum von Lernen und Entwicklung gerückt werden soll und dass alle Kinder die Fähigkeit mitbringen, sich selbst Dinge anzueignen. Wie gehen Sie in Ihrem Kindergarten damit um? Inwiefern muss man mit unterschiedlichen Voraussetzungen der Kinder rechnen?*	*Erzählen Sie mir doch mal ein bisschen über die Kinder in Ihrer Gruppe. Welche Besonderheiten haben sie? Inwiefern können Sie jetzt schon die zukünftige Entwicklung einiger Ihrer Kinder abschätzen? Sehen Sie da Unterschiede zwischen den Kindern?*
Pädagogische Arbeit/ Umgang mit Diversität	*Woran kann es liegen, dass Kinder unterschiedlich lernen? Wie kann man darauf einwirken?*	*Was ist Ihnen in Ihrer Arbeit mit den Kindern wichtig?*
Zusammenarbeit mit Eltern	*Wie sieht denn die Zusammenarbeit mit den Eltern aus? Beschreiben Sie bitte ein typisches Elternangebot. Was ist Ihnen da wichtig und was behindert diese?*	*Wie sieht denn die Zusammenarbeit mit den Eltern aus? Beschreiben Sie bitte ein typisches Elternangebot. Was ist Ihnen da wichtig und was behindert diese?*

Als besonders wichtig erwiesen sich Überleitungs- und Vertiefungsfragen wie: „Wie meinen Sie das?" oder „Können Sie mir das etwas genauer erklären?"

Zur Interpretation der Interviews wurde die dokumentarische Methode (Bohnsack 2007, Nohl 2006) angewendet. Zunächst wurden die Interviews nach gängigen Kriterien transkribiert[70]. Hernach wurden – In Folge der Auswertung der Videos – forschungsrelevante Abschnitte ausgewählt und einer formulierenden Interpretation unterzogen. Hierbei wurden die Inhalte in Ober- und Un-

---

[70]   Siehe Bohnsack 2007, Richtlinien der Transkription (TiQ)

terthemen fein untergliedert und mit eigenen Worten wiedergegeben. Im Anschluss daran wurde eine reflektierende Interpretation (ebd.) vorgenommen, wobei zunächst eine Textsortendifferenzierung vorgenommen und anschließend das Gesagte deutend wiedergegeben wurde. Im hier vorliegenden problemzentrierten Interview ist es unabdingbar, den Sprecherwechsel mit zu reflektieren, vor allem dann, wenn argumentative Stellungnahmen initiiert wurden. Mit der reflektierenden Interpretation werden anhand von (positiven und negativen) Gegenhorizonten Orientierungsrahmen herausgearbeitet, die in der komparativen Analyse auf Erfahrungsräume schließen lassen. Nach der reflektierenden Interpretation erfolgt die Bildung sinngenetischer Typen (ebd.). Hierbei ist die Abstrahierung und Spezifizierung der Orientierungsrahmen anhand einer fallübergreifenden Analyse das Ziel. Es geht also um die Identifikation von unterschiedlichen Grundhaltungen zu gleichen Themen also um das Herausfiltern des „Kontrasts in der Gemeinsamkeit" (Bohnsack 2007:143).[71]

4.2.3 Teilnehmende Beobachtung + Videographie in drei verschiedenen Kindergärten

Zu Beginn der Beobachtungsphase kam die teilnehmende Beobachtung zum Einsatz. Diese sollte zeitlich vor den Videoaufzeichnungen stattfinden, um eine Gewöhnung an die Präsenz der Forscherin im Kindergarten herzustellen und erste Eindrücke und Ideen vermitteln, welche Situationen sich für videographische Aufzeichnungen eignen. Des Weiteren eignet sich das in der Ethnologie entwickelte Verfahren der teilnehmenden Beobachtung für die Erfassung sozialer Situationen, die von außen schwer einsehbar sind (Mayring, 2002). Die teilnehmende Beobachtung zielte in dieser Untersuchung vorrangig auf Aktivitäten und Interaktionen zwischen der Erzieherin und den Kindern ab. Die Forscherin verhielt sich dabei vornehmlich passiv, d.h. sie versuchte sich weitestgehend aus sozialen Interaktionen und Einbindungsversuchen der Kinder zurückzuziehen (zu Besonderheiten des Forschens im Kindergarten siehe Kap.4.4). Aus den Erfahrungen vorangegangener Studien zeigte sich, dass eine kommunikative, offene Beziehung zwischen Forscher und Kinder entscheidend für eine vertrauensvolle Atmosphäre ist (z.B. Wagner-Willi, 2005). Dies konnte auch in dieser Untersuchung bestätigt werden. Doch nicht nur das Vertrauen zwischen Forscher und

---

[71] Die Zusammenfassung der Auswertungsschritte finden Sie am Ende des Kap.4.3.

Kind ist entscheidend, sondern auch zwischen Erzieherinnen und Forscher. Erst mit der Beteiligung an Tür- und Angelgesprächen und vereinzelten Teamsitzungen konnte die Wahrnehmung als Fremder oder gar Eindringling etwas abgemildert werden.

Als Aufzeichnungsmaterialien dienten ein Notizblock und ein Stift. Im Unterschied zu Interviews und Gruppendiskussionen dienen hier nicht Transkripte, sondern die subjektiven Eindrücke und Beobachtungswahrnehmungen des Beobachters als Grundlage der Rekonstruktionen. In diesem Zusammenhang ist es sicher angebracht, bereits von einer formulierenden Interpretation zu sprechen. Nach Bohnsack eignen sich vor allem Beobachtungsprotokolle mit vornehmlich beschreibenden (nicht erklärenden) Anteilen für eine wissenschaftliche Weiterverwendung. Möglich ist auch, eine reflektierende Interpretation vorzunehmen, die das Ziel hat, die beobachteten Handlungen theoretisch zu reflektieren. Nach Bohnsack können unterschiedliche (Handlungs-) Akte unterschieden werden: präsentativ (Handlung wird initiiert), parallelisierend, antithetisch oder konkurrierend (Handlung wird durch anderen Interaktionsbeteiligten gestört), oppositional (keine gemeinsame Handlung), kontinuierlich-kooperativ. Bei der vorliegenden Arbeit beschränke ich mich jedoch lediglich auf eine inhaltsanalytische Wiedergabe der Beobachtungsprotokolle, da sie die Funktion von Hintergrundwissen haben. Um eine detaillierte Interpretation von Handlungen zu gewährleisten und gleichzeitig ablaufende Interaktionen zu erfassen, wurde auf die Methode der Videographie zurückgegriffen.

Die Methode der Videographie ist in der rekonstruktiven Sozialforschung mittlerweile weit verbreitet (z.B. Wagner-Willi 2005, Klambeck 2007, Corsten/Krug/Moritz 2010) zählt jedoch durch die vielfältigen methodischen Auswertungsmöglichkeiten als Form der wissenschaftlichen Erfassung des sozialen Geschehens, die noch in den Kinderschuhen steckt. Der Vorteil gegenüber anderen Methoden wie bspw. Interviews liegt darin, Alltagsphänomene zu visualisieren und in kleinen Sequenzen sichtbar zu machen. Nach Hietzge (2009) bewegt sich die derzeitige Verwendung der Videografie zwischen der Anwendung im kunsthistorischen Bereich bin hin zur quantitativen Nutzung von Videoszenen, bspw. in Schulleistungsstudien.

In der Methodologie nach Karl Mannheim, die von Bohnsack weiterentwickelt wurde, versteht sich die Videoanalyse neben textbasierten Verfahren wie Gruppendiskussionen als ein weiteres Verfahren zur Rekonstruktion der Alltagspraktiken. Die Möglichkeit, diese alltäglichen kulturellen Praktiken detailliert „in den Blick" zu nehmen, eröffnet einen völlig neuen Erkenntnisgewinn. Nach Bohnsack (2009) ist für die Anwendung der Videographie als Auswertungsverfahren entscheidend, inwiefern das Video als Erhebungsinstrument oder als Alltagsprodukt der Erforschten selbst dient. Im letzteren Fall wird der Interpretation der konzeptionellen Gestaltungen der Bildproduzenten ein großer Raum gegeben.[72] Hierbei erlangen sowohl die an den Filmwissenschaften orientierte technische Herangehensweise in der Montage sowie im Bildschnitt, als auch die Interpretation der „szenischen Choreographie" eine Bedeutung. In der vorliegenden Untersuchung wurde die Videokamera jedoch zu Forschungszwecken als Erhebungsinstrument eingesetzt, wobei der Forscher/die Forscherin als Bildproduzent nicht zum Forschungsgegenstand gehört. Gleichwohl ist die Standortgebundenheit des Forschers mit einzubeziehen. In dieser Arbeit gilt dies insbesondere für: Kameraposition im Raum und damit Wahl der Perspektive, Einstellungsgröße sowie eventuelle Bearbeitungen des Materials durch Schnitt und Montage.

Im Fokus der Videoszenen stehen soziale Situationen, in denen die Erzieherin gemeinsam mit Kindern interagiert. Dabei wurden sowohl pädagogisch strukturierte, als auch weniger strukturierte Situationen einbezogen, so dass davon ausgegangen werden kann, dass die herausgefilterten Handlungsmuster nicht rein zufällig sind, sondern auf Handlungsschemate hinweisen, die habituell verankert sind. Ziel ist es also, das atheoretische, nicht bewusste Alltagswissen anhand der Alltagspraktiken herauszufiltern.

Zum Einsatz der Videokamera sei gesagt, dass hierfür ein fester Standort gewählt wurde. Dies erwies sich bereits in anderen Studien als hilfreich (vgl. Huhn et al., 2000; Wagner-Willi, 2005). Zum einen mindert dies die Gefahr, selbst Zentrum der Aufmerksamkeit für die Kinder zu werden, zum anderen beugt dies der subjektiven spontanen Hinwendung zu einzelnen Handlungen vor, während andere, parallel statt findende Handlungen völlig außer Acht gelassen werden. Außerdem stellte sich heraus, dass die Erzieherinnen eine überaus große Scheu jeglichen Beobachtungen gegenüber äußerten, was durch den Einsatz einer Handkamera mit einer fortlaufenden offensichtlichen Präsens des Filmenden sicher noch verstärkt worden würde.

---

[72] Bohnsack orientiert sich hierbei an die Begrifflichkeiten der Ikonologie und Ikonogrfie nach Panofsky sowie der Ikonik nach Imdahl (Bohnsack 2008:30)

4.3 Auswertungsschritte

Zunächst wurden mithilfe der Beobachtungsprotokolle sowie der Leiterinneninterviews Informationen zu den Kontextbedingungen zusammengetragen. Dazu
gehörten die konzeptionelle pädagogische Gestaltung des jeweiligen Kindergartens (Bsp.: gruppenübergreifend vs. feste Gruppen), die räumlichen Gegebenheiten sowie die zentralen Orientierungen der Leiterin zu den Themenschwerpunk-
ten Umgang mit Differenzen zwischen Kindern sowie Gestaltung der Elternarbeit. Die Auswertungen folgen den Prinzipien der dokumentarischen Methode.

Anschließend wurden die Videoszene vorselektiert, d.h. es wurden nach
mehrfachem Durchsehen des gesamten Datenmaterials diejenigen Szenen für
eine Interpretation ausgewählt, die sich sowohl inhaltlich für eine vergleichende
Analyse eignen, als auch repräsentativ für den jeweiligen Fall erschienen. Aufgrund der Fülle an Datenmaterial ist dieser Schritt sehr aufwendig und natürlich
fundamental für jegliche Interpretationen und Schlussfolgerungen. Mit dem Ziel
einer besseren Vergleichbarkeit wurden nur Videoaufzeichnungen von Situationen gemacht, die ein hohes Maß an Interaktionsdichte aufwiesen. Es wurden also
Szenen für die Interpretation ausgewählt, in denen mehrere Kinder mit einer
Erzieherin interagierten. Diese Szenen werden als „Fokussierungsmetaphern"
bezeichnet und werden vom Forscher selbst je nach Forschungsfrage festgelegt.
Neben dem Kriterium der Fokussierung dient das Kriterium der „Repräsentanz"
zur Reduktion des Datenmaterials. Entscheidend ist hierbei, dass die auserwähl-
ten Szenen geeignet sein müssen, das gesamte Material zu repräsentieren. Hierbei kommt es auf die für die jeweilige Erzieherin typische Haltung, Gebärden,
Handlungen an. Was das jeweils Typische der Erzieherin sein könnte, wurde
durch die teilnehmende Beobachtung in Erfahrung gebracht und unterliegt dem
Gegenstand der Untersuchung. Darüber hinaus ist es notwendig, aus dem bestehenden, oftmals sehr großen Fundus an Videoaufnahmen nochmals zu selektieren. Dies erfordert natürlich ein genaues Durchschauen und ein gewisses Feinge-
fühl für die potentielle Bedeutsamkeit einzelner Alltagssituationen im Hinblick
auf die Fragstellung. Schließlich wurden folgende Videoszenen ausgewählt:

- „Stifte anspitzen" + „Freies Spielen" (Fr. Radisch)

- „Lernsituation Körper" + „Gemeinsames Basteln" (Fr. Emrich)

- „Morgenrunde und Lernstunde" (Fr. Seibt)

- „Singen am Morgen" (Fr. Schulze).

Das Gemeinsame dieser Szenen, ist, dass in allen Szenen die Erzieherin mit mehreren Kindern kommuniziert. Darüber hinaus sind in allen Schlüsselszenen pädagogische Überschreitungssituationen zu erkennen, in denen die Erzieherinnen in das Geschehen eingreifen. Diese kurzen, z.T. nur zweiminütigen Sequenzen der Vergemeinschaftung bis hin zu sozialem Ausschluss stehen im Mittelpunkt der Videointerpretationen.

Die Auswertung der Videoszenen lehnt sich an die Methode von Bohnsack (2009) und Klambeck (2007) an. Der Grund liegt darin, dass die Simultanität der Einzelhandlungen im Vordergrund steht. Allerdings wurden die Videoszenen in dieser Arbeit nicht in Standbilder zerlegt, sondern es wurde vielmehr eine sequenzanalytische Vorgehensweise vorgenommen.[73] Hierbei werden in Form einer Tabelle neben dem Gesagten jegliche Details der Teilhandlungen (Gebärden, Mimik, Bewegung im Raum etc. eingeschlossen) aller Beteiligten erfasst. Die Handlungen in der Schlüsselszene werden dabei zunächst in Handlungssequenzen untergliedert. Diese „physischen Teilhandlungen" wie bspw. „sitzt am Tisch, beobachtet" dienen der besseren Übersichtlichkeit und dem Erkennen erster typischer Handlungsstrukturen. Im Anschluss wird im Sinne einer formulierenden Interpretation auf der Deskriptionsebene detailliert widergegeben, was Gegenstand der Darstellung ist (entspricht der so genannten „vorikonographischen" Beschreibung). Dazu gehören Gebärden und der Verlauf von einzelnen Interaktionselementen aller Beteiligten[74]. Ziel ist also, die Interaktionsdichte in körperlich-gestischer und verbaler Hinsicht zur Exposition zu bringen, und dabei die Positionierung im Raum zu berücksichtigen. Die besondere Anforderung liegt darin, die Simultanität der Handlungen, also gleichzeitig ablaufender Aktivitäten, widerzugeben[75]. Der zweite Schritt der Interpretation, genannt „ikonische" Interpretation, ist vergleichbar mit der reflektierenden Interpretation. Hierbei wird mit einem höheren Detaillierungsgrad die Erschließung des Sinnzusammenhangs vorgenommen. So wird ein systematischer Vergleich der Orientie-

---

[73] Bohnsack selbst stelle diese Variante der Interpretation nicht in den Mittelpunkt seiner Analysen, da auf diesem Wege die Bedeutung der Bildhaftigkeit verloren ginge (Bohnsack, 2009). Ähnlich wie Wagner-Willi (2005) erscheint es jedoch im Sinne der Fragestellungen, dass Interaktionszusammenhänge im zeitlichen Verlauf im Vordergrund stehen und nicht die Bildkompositionen. Als entscheidend wird hierbei die Zweiteilung in formulierender und reflektierender Interpretation angesehen.

[74] In Anlehnung an Wagner-Willi wird hier aus forschungspragmatischen Gründen ein geringer Detaillierungsgrad benutzt. Auf die Analyse einzelner Standbilder wird hierbei verzichtet, da das Nachvollziehen von Handlungsabläufen entscheidend ist.

[75] Siehe „Detaillierte Bewegungsanalyse" der versch. Fällen im Anhang.

rungen innerhalb einer Videoszene, sowie zwischen Aufnahmen verschiedener Fälle möglich.

Auf der Basis dieser Interpretationsergebnisse werden anschließend die Interviewausschnitte der Erzieherinnen-Interviews interpretiert, die eine Verdichtung und Ergänzung der Interpretationen der Orientierungen versprechen. Diese Methodentriangulation (vgl. Flick, 2008) wurde, wie bereits erwähnt, auch von Bohnsack angewendet, indem er die Interpretationen von Familienfotos mit Gesprächsanalysen kombinierte (Bohnsack, 2009, Kap.4.3).[76] Die einzelnen Auswertungsschritte sind wie folgt zusammenzufassen:

Ebene der Institution:

▪ Beschreibung des Kontextes, der institutionellen Rahmenbedingungen

▪ Auswahl und Interpretation selektiv ausgewählter Interviewabschnitte der Leiterinneninterviews

Ebene der Interaktion:

▪ Schlüsselszenen von Fall 1 identifizieren nach dem Kriterium der Fokussierung (hohe Dichte an Interaktion, Gebärden) und Repräsentanz

▪ Erstellen des Sequenzprotokolls und des Handlungsverlaufs

▪ Formulierende Interpretation von Sequenzen in Form einer Bewegungsanalyse, separate Erfassung des Gesprochenen

▪ Reflektierende Interpretation der Schlüsselszenen, sequentielles Vorgehen

Ebene des Individuums:

▪ Erstellen thematischer Verläufe des Interviews zu Fall 1, Beschränkung auf Interviewabschnitte nach den Prinzipien der Relevanz zum Forschungsthema sowie der komparativen Analyse (sowohl innerhalb eines Falls als auch zwischen Fällen)

▪ Interpretation selektiv ausgewählter Interviewstellen – Herausfiltern der Orientierungsrahmen, Muster

---

[76] Bohnsack sagt hierzu selbst: „ Es lässt sich somit zeigen, dass es bereits auf der Basis der Interpretation weniger Fotos möglich wird, grundlegende Komponenten des familialen Orientierungsrahmen zu identifizieren, die in der Triangulation mit den Gesprächsanalysen dann validiert, vertieft und differenziert werden können" (Bohnsack, 2009, S. 115).

Gesamtinterpretation:

- Triangulation der Video- und Interviewdaten – Beschreiben der habituellen Orientierungen innerhalb eines Falls

- Wiederholen der Auswertungsschritte mit Fall 2-6, Gegenüberstellung von Gemeinsamkeiten und Unterschieden zwischen den Fällen

- Kontrastierung - Erstellen von Mustern/Typen

4.3.1 Beobachtungen im Kindergarten als wissenschaftliche Herausforderung

Im Kindergarten wissenschaftlich zu beobachten, stellt einige Anforderungen an den Forscher oder die Forscherin. So ist es gerade für Kinder aus bisher ‚forschungsfreien' Kindergärten etwas völlig Neues, dass sich eine fremde Person zwar in den Gruppenräumen befindet, jedoch stumm am Rande beobachtet. Dies stellt für alle anwesenden Personen zunächst eine unnatürliche Situation dar. Manche Kinder schienen gerade anfänglich von den Beobachtungen und den Dokumentationen irritiert darüber, welche Rolle der bzw. die Beobachtende einnehmen würde. Es folgten Fragen wie *„Bist du eine neue Erzieherin?"* oder *„Wollen wir was spielen?"*. Die Kinder drückten ihre Neugier hinsichtlich der Notizen aus, indem sie baten, auch etwas schreiben oder malen zu dürfen oder indem sie direkt fragten, was denn dort aufgeschrieben worden sei. Es war nicht immer leicht, sich diesen Annäherungen zu entziehen und in der Rolle des passiven Beobachters zu bleiben. Auf die subtilen Kontaktversuche wie Lächeln, Fragen, Nähe suchen etc. wurde reagiert, indem die Beobachterin kurz antwortete oder zurücklächelte. Nach einer Weile schienen sich die Kinder an die Anwesenheit der Beobachterin so sehr zu gewöhnen, dass selbst der Einsatz der Videokamera selten zum Ziel der Aufmerksamkeit wurde. Den wenigen Kindern, die Interesse zeigten für die Kamera, wurde diese kurz erläutert und die Kinder durften sich kurze Filmsequenzen ansehen.

Doch nicht nur die Kinder, auch die Erzieherinnen mussten sich an die Anwesenheit der Forscherin gewöhnen. Obwohl die Rolle als passiv teilnehmender Beobachter oder Beobachterin als relativ klar umrissen gilt (in der Gruppe sitzen mit Schreibutensilien), ist die Gefahr einer Rollenirritation groß. So wurden die Erzieherinnen in der Vorbereitung der Beobachtungsphase zwar von den Leiterinnen aufgeklärt, dass eine Forscherin im Raum, also mitten im Alltagsgeschehen beobachten wird, dennoch schienen einige Erzieherinnen unsicher zu sein, wie sie sich nun zu verhalten haben. Es kam auch vor, dass eine Erzieherin fragte, was denn auf dem beschriebenen Papier stünde. Schwierig wurde es dann, wenn es zu personellen Engpässen kam und die Beobachterin zu erzieherischen Zwecken eingesetzt wurde. Dies war im Kindergarten *Linienschiff* in der Stadt A der Fall, als Frau Radisch kurz den Raum verließ und es zu Streitsituationen zwischen Kindern kam, die im lauten Streit endeten. Hier in der passiven Rolle zu bleiben, erfordert eine große Distanz zum Alltagsgeschehen und eine stabile innere Haltung als Wissenschaftlerin. In einer anderen Situation suchte ein Junge, der zuvor von der Erzieherin ermahnt wurde, die Nähe zur Beobachterin und verwickelte diese in ein kurzes Gespräch. Es folgte der Hinweis von Frau Radisch, dass dieser Junge besser etwas außen vor gelassen werden sollte, da er sich nicht an die Regeln hielt.

Im Kindergarten zu beobachten heißt demnach nicht nur, die distanzierte Rolle als Wissenschaftler bzw. Wissenschaftlerin aufrecht zu halten, sondern auch, eine Gradwanderung zwischen dem Vertrauen der Kinder und der Erzieher bzw. Erzieherinnen einzuhalten. Nur so ist es möglich, dass sowohl die Kinder, als auch die Erzieher in gewohnten Handlungsschemata interagieren. Einen vollständigen Gewöhnungseffekt herzustellen, hieße sicherlich, verdeckt und nicht offen zu beobachten, bspw. als Praktikant bzw. Praktikantin. Der Nachteil liege jedoch dann in den lückenhaften Aufzeichnungen, wobei ein Erstellen im Nachhinein meist zu großem Informationsverlust führt.

5 Erzieherinnen in ihrem alltäglichen Handeln – Fallrekonstruktionen

Im Folgenden werden die Ergebnisse aus den Fallrekonstruktionen der Studie präsentiert. Dabei wird auf eine für den Leser nachvollziehbare Systematik Wert gelegt, die der Logik des Eingangsmodells (Abb. 3) folgt, indem zunächst die verschiedenen Systemebenen getrennt voneinander vorgestellt werden. Bevor die Analyse des jeweiligen Falls beginnt, werden auf der institutionellen Ebene Informationen zum Kindergarten, Eindrücke aus der teilnehmenden Beobachtung sowie Orientierungen aus dem Leiterinneninterview vorangestellt. Es handelt sich in diesem Schritt also um eine Zusammenführung unterschiedlicher Datensorten. Hernach werden die zentralen Ergebnisse aus den Rekonstruktionen der Fälle präsentiert, wobei die Interview- und die Interaktionsergebnisse zunächst getrennt voneinander dargelegt werden. Aufgrund der besseren Lesbarkeit wird hier auf eine vollständige Datenwiedergabe verzichtet und stattdessen auf Zusammenfassungen der Interpretationen zurückgegriffen. Um dennoch die methodischen Schritte bei der Auswertung nachvollziehen zu können, werden die maximal kontrastierenden Fälle Frau Radisch und Frau Emrich etwas umfassender vorgestellt als Frau Seibt und Frau Schulze.[77]

Die Darstellungen der einzelnen Fälle wird in folgenden Schritten vollzogen: Auf der Ebene der Institution werden zunächst die verfügbaren Kontextinformationen zum jeweiligen Kindergarten wiedergegeben. Zur Verdichtung dieser Informationen werden Eindrücke aus der teilnehmenden Beobachtung ergänzt, die relevant erscheinen (bspw. Gestaltung der Räumlichkeiten). Daran anschließend folgen die zentralen Orientierungen der jeweiligen Leiterin zu den Themen: Umgang mit Kindern, Umgang mit Eltern, Umgang mit Differenz[78]. Die Ebene der Interaktion bezieht sich auf die Handlungspraktiken der Erzieherin, die in dem gleichen Kindergarten wie die Leiterin tätig ist. Zu Beginn werden die vorhandenen biografischen Kurzinformationen, die sich aus dem Interview ergeben, vorangestellt. Anschließend folgen die Zusammenfassungen der

---

[77] Die Transkripte zu den Interpretationsabschnitten der Video- und Interviewdaten wurden aufgrund des großen Umfangs in den Anhang verlagert.

[78] Die Interaktionsebene wurde bei den Leiterinnen aufgrund der begrenzten Kapazitäten im Rahmen dieses Dissertationsprojektes nicht mit erfasst.

Videoszenen mit dem Ziel, die sich darin dokumentierten Orientierungen der Erzieherin herauszufiltern. Im Anschluss daran werden auf der Ebene des Individuums Ausschnitte aus den Erzieherinneninterviews präsentiert, die zu einer Verdichtung der forschungsrelevanten Fragen führen. Schließlich werden Zusammenfassende Betrachtungen des Falls angeschlossen, wobei die Orientierungen und Praktiken der drei Ebenen im Hinblick auf die forschungsrelevanten Themen Umgang mit Kindern, deren Eltern sowie Umgang mit Heterogenität miteinander in Bezug gesetzt werden.

5.1 Kindergarten Linienschiff

5.1.1 Kontextinformationen

Der erste für diese Untersuchung ausgewählte Kindergarten befindet sich inmitten eines Neubaugebietes am Rande einer Großstadt in den neuen Bundesländern. In diesem Wohngebiet kam es in den letzten 15 Jahren zu einem Bevölkerungsrückgang von ca. 40%. Mittlerweile weist dieser Stadtteil im Vergleich zu anderen eine überdurchschnittliche Arbeitslosenquote auf und gilt nicht zuletzt durch die mangelhafte Infrastruktur und die von Segregation gekennzeichnete Zusammensetzung der Bevölkerung als problembelasteter Stadtteil. In der unmittelbaren Umgebung des Kindergartens befinden sich ein Supermarkt und ein Arztzentrum. Von außen hebt sich das Gebäude kaum von den umgebenden Neubauwohnhäusern ab. Im Gebäude verteilen sich die Zimmer auf drei Etagen. In der untersten Etage gibt es einen Sportraum, sowie einen weiteren Raum, der für gemeinsame Feste verwendet wird. In der ersten und zweiten Etage befinden sich die Gruppenräume. In der obersten Etage gibt es einen Gemeinschaftsraum mit einem großen Tisch in der Mitte, der vor allem für Teamgespräche und Essenspausen der Erzieherinnen genutzt wird. Durch den Keller gelangt man in den geräumigen Garten, der durch einen Zaun begrenzt wird. In diesem Garten befinden sich mehrere Spielgeräte, wie bspw. Rutschen.

Der Kindergarten wurde 1982 gegründet, seitdem ist Frau Arndt, die Leiterin des Kindergartens, dort auch tätig. Ab 1990 erhielt der unter privater Trägerschaft gestellte Kindergarten die Anerkennung als Integrationseinrichtung mit sieben verfügbaren integrativen Plätzen. Zu Beginn der Untersuchung war der Kindergarten mit 86 Kindern ausgelastet. Insgesamt teilt sich der Kindergarten in fünf Kindergartengruppen und eine Krippengruppe auf. Die größte Gruppe bildet die Vorschulgruppe mit 21 Kindern. Dies sei nach Angabe der Leiterin jedoch eine Ausnahme und nur möglich, da die Kinder sehr „lieb" seien[79]. In der gesamten Institution sind zehn Erzieherinnen im Alter zwischen 40 und 50 Jahren angestellt. Jede von ihnen absolvierte ihre Ausbildung in der DDR und holte nach der Wiedervereinigung den Abschluss als staatlich anerkannte Erzieherin nach.

5.1.2 Leiterin-Interview

Bereits vor dem offiziellen Beginn des Interviews berichtete die Leiterin, dass sie kurz vor der Berentung stünde und selbst drei Kinder sowie mehrere Enkelkinder habe. Dann fügte sie hinzu, dass sie sich auf die Zeit danach freue und ergänzte lachend, dass sie den Kindergarten wohl nicht vermissen werde. Falls sie noch einmal vor der Berufswahl stünde, würde sie sich nicht noch einmal für die Arbeit im Kindergarten entscheiden. Vielmehr würde sie einer Tätigkeit im künstlerischen Feld nachgehen. Anschließend bedauerte Frau Arndt mehrfach, dass trotz der vielen Kinder in den einzelnen Gruppen nicht immer zwei Erzieherinnen vor Ort sein können. Von Zeit zu Zeit würde sie jedoch vom Arbeitsamt vermittelte ungelernte Hilfskräfte sowie Praktikanten hinzuziehen, die in den Gruppen aushelfen würden. Zu Beginn der Untersuchung leistete gerade ein Junge aus der benachbarten Förderschule sein Praktikum im Krippenbereich. Nicht ohne Stolz berichtete Frau Arndt, dass alle Räume des Kindergartens seit der Einführung des neuen Bildungsplans verändert wurden. Diese seien nun viel kinderfreundlicher und funktionell eingerichtet (Bsp.: Entspannungs- und Musizierraum). Obwohl der Kindergarten zur Zeit ausgelastet sei, äußert sich Frau Arndt vor dem eigentlichen Beginn des Interviews[80] besorgt darüber, ob sie den Kindergarten dauerhaft erhalten könne, da es zum einen weniger Kinder gebe und zum anderen noch vier weitere Kindergärten in der näheren Umgebung seien. Während andere Kindergärten in anderen Gegenden ihre Kinder nach den familiären Hintergründen selektiv aussieben würden, müsse sie für jedes einzelne Kind kämpfen und die Eltern anwerben. Außerdem wies sie darauf hin, dass sie es auch häufig mit schwierigen Eltern zu tun hätte, die kein Geld hätten, bei

---

[79] Frau Radisch, eine Erzieherin dieses Kindergartens, hatte während der Erhebungsphase zeitweilig eine Gruppengröße von 17 Kindern zu bewältigen.

[80] Die Tür- und Angelgespräche ohne Tonbandgerät waren nicht nur für die Vertrauensgewinnung zwischen der Autorin und den pädagogischen Fachkräften wichtig, sondern stellten sich auch als bedeutsame Quelle von Informationen dar. Auch kritische Äußerungen z.B. gegenüber dem aktuellen Bildungsplan wurden in diesen Gesprächssituationen mitgeteilt. Die wesentlichen Inhalte der Tür- und Angelgespräche wurden anschließend protokolliert.

denen sie immer dem Geld „*hinterher telefonieren*" müsse. Sie fügt hinzu, dass es in diesem Viertel ein ganz spezielles „*Klientel von Eltern*" [81] gebe. Häufig würden die Kinder zu spät in den Kindergarten gebracht werden. Darüber hinaus würden die Eltern kaum etwas mit ihnen unternehmen. Hier sieht die Leiterin eindeutige Chancen des Kindergartens, denn dort hätten sie die Möglichkeit, alternative Anregungen zu bekommen und bspw. ein Museum zu besuchen. Im Interview wurde ihre Einschätzung zu den Chancen des Kindergartens und zu Benachteiligungen im Kindergarten erneut aufgegriffen.

> Zitat Z. 240-250[82]:
> I: hm, jetzt mal eine globale frage, was denken sie sind denn die chancen und grenzen von kindergärten?
> A: chancen? (.) also ich persönlich denke, ganz groß sind die. für bildungschancen, wenn sie alles nutzen und die kollegen wirklich gut ausgebildet sind und interessiert sind am kind und du hast genügend kollegen (.) und hast auch vorbereitungszeit wo du nicht alles nur in deiner privatzeit machst, sondern dass du dann wirklich eine vorbereitungszeit hast wo du dich mit den kollegen noch mal hinsetzen kannst und genügend personal; gibt's ganz ganz viele möglichkeiten in den kindergärten was zu machen. und kindern voranzubringen und denen wirklich ne wirkliche reiche bildungswelt zu schenken und ne schöne kindheit. und der humor sollte nicht zu kurz kommen. Und deswegen das was sie uns hier aufdiktieren ist zu wenig zeit; wir haben zu wenig zeit.

Gefragt nach den Chancen und Grenzen von Kindergärten im Allgemeinen, betont Frau Arndt zunächst, dass diese „*ganz groß*" seien. Worin diese Chancen genau bestehen, führt sie jedoch nicht weiter aus. Stattdessen geht sie auf die Einschränkungen ein, welche die Bildungschancen behindern. Hier benennt sie die Ausbildung der Erzieherinnen und das Interesse der Erzieherinnen am Kind. Gleich danach führt sie strukturelle Bedingungen an: Vorbereitungszeit und Personalschlüssel. An dieser Stelle wird bereits eine Passivität gegenüber eigenen Einflussmöglichkeiten sichtbar, die sich auch an anderen Stellen des Interviews zeigen. Sie sieht sich selbst nicht in einer aktiven Rolle, die Voraussetzungen im Kindergarten zu schaffen, um Bildungschancen für Kinder bereitzustellen. In dem Zitat scheinen demgegenüber dennoch Vorstellungen über den fördernden Einfluss von Kindertagesstätten hindurch: Das Ermöglichen einer schönen Kindheit mit einer reichen Bildungswelt sowie Humor im Umgang mitei-

---

[81]   Die kursiv hervorgehobenen Formulierungen in Anführungszeichen stammen von Frau Arndt.
[82]   Die Zitate werden in der üblichen Transkriptionsweise TiQ (vgl. Bohnsack 2007) wiedergegeben.

nander. Anhand ihrer Anmerkung zur Umsetzung des Bildungsplans, der an einer anderen Stelle des Interviews bereits zur Sprache kam, bringt sie resümierend ihre kritische Distanz zum Ausdruck. Für die Umsetzung der geforderten Bildungsinhalte sei zu wenig Zeit. Darüber hinaus lässt das Wort *„aufdiktieren"* darauf schließen, dass sie die Inhalte der Bildungspläne als fremdbestimmt wahrnimmt. Zusammen mit ihrer Bitte, das Tonbandgerät auszuschalten, als sie sich kritisch gegenüber des neuen Bildungsplan äußerte, wird deutlich, dass sie zwar die Bildungsreformen kritisch reflektiert, jedoch große Hemmungen hat, diese Haltung offen zum Ausdruck zu bringen. Im folgenden Zitat geht Frau Arndt auf die Zusammenarbeit mit den Eltern ein.

> Zitat Z. 286-293:
> A: ja, aber wenn ich mal sage, machen sie mal den schlauch ab ( ) oder dass sie sich mit einbinden oder dass sie den sand mit einschaufeln, also da helfen sie dann schon, die eltern. Aber- doch. Aber wenn ich mir die struktur angucke, dann ist das arbeiten mit den eltern anders als in anderen kindergärten, denk ich mal.
> I: ach so? inwiefern?
> A: ja, weil oftmals die eltern nicht bildungsnah sind, diese familien. es ist wirklich auch schwierig und (.) dass ich gucke dass sie auch wirklich kommen jeden tag. dass ich die kinder sehe.

In diesem Abschnitt des Interviews wurde die Leiterin kurz vorher nach der Gestaltung und der Bedeutung der Zusammenarbeit mit den Eltern befragt. So äußert sich Frau Arndt zunächst positiv hinsichtlich der Bedeutung des Vertrauensverhältnisses mit Eltern und schließt mit der Forderung an, dass sich die Eltern in das Geschehen des Kindergartens aktiv einbringen sollten. In dem Zitat wird dann deutlich, welche Arten von Aufgaben die Eltern übernehmen sollen: Reparatur- und Hilfsarbeiten. Hierbei teilt offenbar die Leiterin selbst die Dienstleistungsaufgaben den Eltern zu, was durch die direktive Vorgabe eher auf ein hierarchisches Verhältnis als an einen gleichberechtigten Umgang mit Eltern hindeutet. Dann fügt sie hinzu, dass sich die *„Struktur"* (gemeint ist hier vermutlich die Sozialstruktur) in diesem Kindergarten jedoch von anderen unterscheide. Dabei wird deutlich, dass Frau Arndt die mangelhafte Zusammenarbeit von Erzieherinnen und Eltern mit der besonderen Zusammensetzung der Elternschaft erklärt, was auf ein Externalisieren des Problems hindeutet. Der Zusatz „[...] *denk ich mal"* deutet auf eine gewisse Vorsicht und Zurückhaltung bei diesem Thema hin. An dieser Stelle weist sie auf die besondere Zusammensetzung der Eltern hin, die sie als bildungsfern bezeichnet. Sie setzt Strukturschwäche demnach mit Bildungsferne gleich[83]. Die Verwendung des sozialwissenschaftlichen Begriffes *„bildungsfern"* erscheint an dieser Stelle etwas irritierend. In diesem Hinweis deutet sich bereits eine gewisse Herabsetzung (im Sinne von „anders als andere") dieser Eltern an. Der Umgang mit bildungsfernen Familien wird als *„schwierig"* bezeichnet, präzisiert auf die unzuverlässige Regelmäßigkeit des Besuchs des Kindergartens. Dies könnte darauf hindeuten, dass sie die Zusammenarbeit mit Eltern auf die Zuverlässigkeit des Transports der Kinder reduziert. In dem Zusatz *„dass ich die Kinder sehe"* kommt darüber hinaus eine gewisse Ängstlichkeit zum Vorschein. Möglicherweise geht die Leiterin von Nachteilen oder Gefahren aus, die einige Kinder in ihren Familien erleben könnten. An dieser Stelle sind zwei Interpretationen möglich: Zum einen, dass sich die Leiterin als Handelnde sowie die Institution des Kindergartens als wichtige Faktoren ansieht, um benachteiligende Faktoren im Elternhaus auszugleichen. Zum anderen wäre jedoch denkbar, dass ihre Beziehung zu den Eltern kein Vertrauens-, sondern ein Misstrauensverhältnis ist, das darin besteht, arbeitslosen Eltern geringere Fähigkeiten im Umgang mit Kindern zuzuschreiben. In diesem Sinne würde das Nachsehen der Kinder eine eher kontrollierende Funktion haben. Zieht man andere Textstellen des Interviews hinzu, verdichtet sich die Annahme, dass es sich hier eher um ein Misstrauensverhältnis handelt. So äußert sie sich, gefragt nach der Zusammenarbeit mit Eltern, dass sie ein Vertrauensverhältnis wichtig findet, jedoch wird schnell klar, dass die Eltern ihr gegenüber Vertrauen schenken sollen, dass es also nicht auf Gegenseitigkeit beruht (Zitat Z. 280-282: *„das ist ein vertrauensverhältnis. also nicht nur zu mir, ich sehs auch dass die Erzieherinnen ein gutes vertrauensverhältnis haben. und wirklich sie vertrauen uns ihr kind an [...]"*). Noch deutlicher kommt dieses Misstrauen an folgender Textstelle zur Geltung: *„jetzt hab ich zwei kinder hier, die sind im heim untergebracht. weil der vater es angeblich nicht schafft. ja das ist alles so merkwürdig. bei den anderen kindern kommt ein kind nach dem anderen wo du denkst hoffentlich passiert dort nichts. und die wissen oft mit ihrer zeit oftmals die eltern nichts anzufangen. da ist das schönste wetter da sind die auf dem hässlichen spielplatz hier anstatt sie mal mit ihren kindern mal ein stück spazieren gehen"* (Zitat Z. 298-304). Frau Arndt eröffnet hier Gegenhorizonte, die das Ausmaß der Distanz zwischen ihr und den Eltern der Kinder aufzeigen. Als merkwürdig, also verwunderlich, seltsam und von der Normalität abweichend, erscheinen ihr sowohl Eltern, die mehrere Kinder haben, als auch Eltern, die mit ihren Kindern keine

---

[83]   Alternativ wären im Gegensatz zu dem eher kausalen Zusammenführen von Sozialstruktur und Bildungsferne auch Familienstrukturen denkbar, in denen die Eltern bildungsnah, aber dennoch arbeitslos sind.

Spaziergänge unternehmen. Diese Familien hätten keinerlei Ideen für eine adäquate Freizeitgestaltung und blieben lethargisch in ihren vier Wänden oder auf dem wenig anregenden Spielplatz. Im folgenden Zitat wird diese grundlegende Distanz verdeutlicht:

> Zitat Z. 310-322:
> A: ja ganz schwache sozialstruktur. und dann sag ich ihnen noch was. die eltern; sagen wir lassen wir das kind vater und mutter haben; und beide arbeiten haben aber nur geringe verdienstmöglichkeiten. nehmen wir mal an, die sind im verkauf tätig. kauffrau oder irgend so was. die leben schlechter weil sie alles selber aufbringen müssen. die müssen wohnung miete zahlen die müssen kindergartenplatz bezahlen weil sie gerade mit fünf euro drüber liegen. die, die wollen sich einbringen, wollen auch arbeiten, gehen arbeiten, leben am existenzminimum. wohingegen die anderen durch das lange zuhause bleiben und nur die hand aufhalten -viele- dann es schon schwer fällt aufzustehen und das kind zu bringen. das ist irgendwo wo ich mir manchmal sage, das kanns nicht sein.
> I: da kommen sie an ihre grenzen?
> A: ja, da komm ich an meine grenzen. und aber was ich nicht mehr mache. ich nehm das leid nicht mit nach hause. also das ist den ganzen tag darüber nachdenke wie schlecht es den ganzen kindern hier geht, das mach ich nicht.

In diesem Zitat kommt ihre Haltung gegenüber den arbeitslosen, und bildungsfernen Eltern sehr deutlich zum Vorschein. So nimmt sie diese als „Nutznießer" wahr, die im Vergleich zu den Menschen, die eigentlich arbeiten wollen, bevorteilt werden. Diese Haltung einer Leiterin in einem sozial benachteiligten Wohngebiet wirkt besonders brisant. So scheint sie keinerlei Verständnis und Interesse daran zu haben, in welcher oftmals langjährig prekären Lebenssituation viele Familien leben und was das für Kinder bedeuten kann. So teilt die Leiterin in Armut lebende Eltern in zwei Gruppen ein- die einen, die positiv und aktiv damit umgehen (sich einbringen wollen) und die anderen, die passiv und faul sind (Hand aufhalten). Die letztere Gruppe lehnt Frau Arndt deutlich ab. Die an mehreren Stellen des Interviews identifizierte Distanz zeigt sich auch im Umgang der Leiterin mit „*schwierigen*" Familienverhältnissen. So nimmt sie, wie sie sagt, das Leid der Kinder nicht mit nach Hause. Diese Haltung kann als Form von Psychohygiene angesehen werden, lässt in ihrem Fall jedoch eher auf eine Legitimierung einer ‚Praxis des Wegschauens' schließen. So beschränkt Frau Arndt die Aufgabe des Kindergartens darauf, während der Betreuungszeiten den Kindern eine angenehme Zeit zu ermöglichen. Jegliche Probleme, die mit dem Elternhaus in Verbindung stehen, werden aus ihrer Institution ausgelagert und verdrängt. Nachfolgend berichtet die Leiterin vom Umgang mit sozial benachteiligten Kindern im Kindergarten.

Zitat Z. 323-334:
I: und sieht man das den kindern an die genau aus diesen familien kommen die so
instabil sind?
A: (.) teils teils. teils teils ja und auch wenn sie riechen werden sie von anderen kindern abgelehnt.
I: ach so? schon in dem alter?
A: in der großen gruppe ja. dann wollen sie damit nicht spielen. eigentlich geht die
ausgrenzung im kindergarten nicht los ne? fängt später an. aber das wollen kinder
dann doch nicht.
I: das ist aber ne ganz schön starke ausgrenzung wenn die dann sagen ich will nicht
mit dir spielen; und sitzen die dann alleine da oder wie sieht das aus?
A: ja die spielen dann für sich. du kannst es zwar versuchen aber du musst ja selber
dann diesen starken geruch überwinden ne

Die geschlossen formulierte Frage der Interviewerin zielt auf eine Zuschreibung
der Merkmale sozial benachteiligter Kinder ab. Obgleich die Frage etwas unge-
schickt formuliert wurde, geht die Leiterin darauf ein und bestätigt, dass es diesen Kindern teilweise anzumerken sei. Dabei würden Kinder aus sozial benachteiligten Familien von anderen Kindern aufgrund des schlechten Körpergeruchs
ausgegrenzt werden. Die Anmerkung, dass Ausgrenzung im Kindergarten eigentlich noch nicht vollzogen wird, verdeutlicht, dass die Leiterin bereits eine
eigene Vorstellung über Ausgrenzungs- und Benachteiligungsmechanismen inne
hat, dass sie diese aber auf das System der Schule und nicht auf den Kindergarten überträgt. Die betroffenen Kinder spielen dann abgesondert von der Gruppe,
allein. Auch hier erklärt die Leiterin, dass die Erzieherin ja auch nichts tun könne
(Externalisierung des Problems), da sie selbst vom Körpergeruch dieser Kinder
betroffen sei. An dieser Stelle soll nicht bewertet werden, inwiefern Körpergerüche bei Kindern tatsächlich zum Problem im Umgang miteinander werden. Für
diese Studie ist jedoch entscheidend, wie in Einrichtungen früher Bildung professionell damit umgegangen wird. Die Strategie dieses Kindergartens scheint zu
sein, diese Probleme zu ignorieren, was auf eine Passivität diesbezüglich hindeutet. Indem sie sich auf die Seite der Ausgrenzenden stellt, verlässt die Leiterin
ihre professionelle Rolle. Den anderen Kindern in den Gruppen wird somit die
Haltung vermittelt, dass es gut nachvollziehbar und gerechtfertigt ist, warum
diese ‚anderen' Kinder, die schlecht riechen, ausgeschlossen werden. Gleich im
Anschluss kommentiert die Leiterin diese Zusammenhänge mit: „Aber was willste machen?", was noch einmal ihre passive Haltung und Ohnmacht unterstreicht,
aktiv nach anderen Lösungen zu suchen.
     Gegenüber diesem Abschnitt, der auf ein mangelndes Bewusstsein hinsicht-
lich der Relevanz ihrer professionellen Haltung zum Umgang mit sozialen Benachteiligungen im Kindergarten hinweist, stellt sie an anderer Stelle des Inter-

views durchaus Bezüge zwischen einer ungleichheitsgenerierenden Dimension - dem Geschlecht - und Ungleichheiten im Kindergarten her.

> Zitat Z. 77-85:
> A: jaja, natürlich. es gibt schon erst mal unterschiede wie jungs lernen und wie mädchen lernen. davon bin ich überzeugt. dass jungs viel mehr bewegung brauchen. die können den ganzen tag im toberaum sein und sich dafür interessieren und fussball spielen. und mädchen die sitzen hier und schreiben schön ihre buchstaben. so ungefähr. das ist einfach so. da kommen sie nicht drum herum. also da brauchen sie bloß mal hinzugucken. die paar jungs, die brav sitzen und ausmalen. die feinmotorik ist von den mädchen natürlich viel geübter. aber jungs haben andere interessen und mädchen auch und (.) demzufolge hat die Erzieherin immer die schwierigkeit, wenn sie jetzt jeden tag in dem toberaum sind, ob die was lernen. @(.)@

Die Interviewerin bittet die Leiterin um ihre Positionierung zum unterschiedlichen Lernen und Lernvoraussetzungen bei Kindern. Die Leiterin bestätigt zunächst das Vorhandensein von Unterschieden und beschreibt es als Tatsache, dass sich Jungen und Mädchen im Lernen grundsätzlich unterscheiden. Während Jungen einen größeren Bewegungsdrang hätten und dem auch nachgingen, würden Mädchen am Tisch sitzen und Schreiben üben. Es gebe zwar Jungen, die auch brav am Tisch sitzen, diese seien aber in der klaren Minderheit. Ihre Einschätzungen bezieht sie vor allem aus ihren alltäglichen Beobachtungen. Es ist aus ihrer Sicht selbstverständlich, dass Jungen und Mädchen unterschiedliche Interessen haben. Die Erzieherin habe dabei die schwierige Aufgabe, beiden Interessenlagen nachzugehen. Darüber hinaus verbindet sie ihre Beobachtungen mit der Befürchtung, dass Jungen aufgrund ihrer geringeren feinmotorischen Tätigkeiten während des Tobens weniger lernen als Mädchen. Wenig später im Interview generalisiert sie diese Befürchtung und bezeichnet Jungen als in der Gesellschaft Benachteiligte (*„und ich vertrete ja die these, dass die jungs, die jungs, in unserer gesellschaft benachteiligt sind"*; Z. 88-89). Sie bedauert es in diesem Zusammenhang sehr, dass sowohl in der Gesellschaft, als auch in ihrem Kindergarten ausschließlich Frauen in den Sorge tragenden Berufen tätig sind (*„und hier werden sie dauernd nur von frauen betreut. oftmals ist die familie allein erziehend. gut, da ist hin und wieder der gute neue vater da. aber ansonsten sie haben das in der krippe, sie haben hier viele nur frauen um sich rum. mal ein hausmeister, gut, der vielleicht wenn er gut ist, kann er den interessierten jungs mal was zeigen. gehen sie nach hause, gehen sie in die kaufhalle haben sie frauen, gehen sie in die apotheke; gehen sie zum arzt ist es meistens auch nur ne ärztin. es ist schon sehr dominant.; Z.99-105*). Ihrer Ansicht nach kommen Kinder im Alltag kaum noch in Berührung mit Männern. Dies sei zum einen in Kernfamilien der Fall, indem die biologischen Väter abwesend seien, zum anderen auch im Kindergarten, in welchem ebenfalls keine Männer anwesend sind. In diesem Zitat wird der Eindruck noch einmal verstärkt, dass Frau Arndt geschlechtsspezifischen, generalisierenden Annahmen unterliegt. So sei der männliche Part, hier in der Rolle des Hausmeisters, dafür da, technisch interessierten Jungen etwas beizubringen (was eine Erzieherin ihrem Verständnis nach wohl nicht imstande wäre), während die Rolle der Frau auf Berufe wie Verkäuferin, Apothekerin und Ärztin reduziert werde. Hier täuscht sich die Leiterin, denn zumindest unter den Hausärzten ist der Anteil der Männer (ca. 60%) verglichen mit Frauen (ca. 40%) noch immer überlegen[84].

Vergleicht man die Zitate zum Umgang mit Kindern aus sozial benachteiligten Milieus mit den Zitaten zu geschlechtsspezifischen Ungleichheiten, so wird deutlich, dass Frau Arndt durchaus Haltungen zum Thema soziale Ungleichheiten im Kindergarten hat, wobei sie dem Thema Gender mehr Beachtung schenkt als dem Thema herkunftsbedingte Benachteiligungen bei Kindern.

Anhand ihrer Aussagen zum Thema Gender lassen sich zweierlei Thesen rekonstruieren, die seit einigen Jahren unter den Schlagworten „Feminisierung der Bildung" und „Schulversagen von Jungen" (vgl. Diefenbach, 2002, Budde et. al. 2008, Mehlmann, 2010) zu fassen sind. Beide Thesen subsumiert die Leiterin zu ihrer Haltung, dass Jungen im Kindergarten, sowie in der Gesellschaft im Allgemeinen, benachteiligt sind. Hierbei führt sie biologisch determinierte Unterschiede zwischen Jungen und Mädchen an, wobei die Interessen von Jungen auf Bewegungsspiele ausgerichtet sind, während Mädchen vor allem ruhigen Tätigkeiten am Tisch nachgehen (bspw. „schöne Buchstaben" schreiben, Z. 80). Die Benachteiligung von Jungen bestünde nun darin, dass aus ihrer Sicht jungentypische Verhaltensweisen, wie bspw. Fußball, raufen, toben, von weiblichen Erzieherinnen weder toleriert, noch gefördert werden, was zu einer systematischen Abwertung von ‚typischen' Jungen führe. Demgegenüber würden Erzieherinnen Mädchen aufgrund der ähnlichen Vorlieben und Verhaltensweisen mehr Beachtung schenken.

Die Beobachtungen der Leiterin decken sich teilweise mit empirischen Daten zu geschlechtsspezifischen Interessen im Kindergarten.[85] Auch ihre Beobachtung, dass im Kindergarten fast ausschließlich Frauen tätig sind, lässt sich in Publikationen finden, die sich kritisch mit dem geringen Anteil der Männer in

---

[84]   Vgl. Gesundheitsberichterstattung des Bundes. Indikator 8.5: Ärztinnen und Ärzte nach Tätigkeitsbereich und Geschlecht. Deutschland. 2009.

[85]   So zeigen bereits Kinder im Vorschulalter eine Bevorzugung gleichgeschlechtlicher Spielkameraden, wobei Jungen eher zu Interaktionen neigen, die Toben und Wettbewerb beinhalten, während sich Mädchen eher in kommunikative Spielszenarien zusammenfinden (Maccoby, 2000).

Erzieherberufen (im Jahr 2009 ca. 4%[86]) auseinandersetzen (vgl. bspw. Rabe-Kleberg, 2003). Dennoch unterliegt die Haltung der Leiterin geschlechtsstereotypen Annahmen, die nicht auf einen professionellen Umgang mit dem Thema Gender schließen lassen. Als Geschlechtsstereotype bezeichnet man Zuschreibungen von so genannten typisch weiblichen oder typisch männlichen Eigenschaften (vgl. Alfermann 1996). Die Gefahr hierbei ist, dass die Geschlechtsunterschiede durch die selektive Wahrnehmung erst hergestellt und dann aufrechterhalten bleiben. Unterschiedliche Bedürfnisse fernab geschlechtstypischer Interessen werden dabei möglicherweise weniger Beachtung geschenkt.

So wird deutlich, dass Frau Arndt ihre eigene Einflussnahme durch ihre Haltungen unterschätzt und nicht professionell reflektiert (siehe Zitat weiter oben: *„das ist einfach so."*). Die eigentliche Relevanz des Themas Gender im Kindergarten wird auf diese Weise nicht reflektiert und kann somit kaum Einzug finden in das professionelle Handeln von Erzieherinnen.

Weiterhin geht aus dem Interview hervor, dass ihre Kolleginnen nicht ihre Meinung teilen (*„das wollen meine frauen nicht wissen aber ich hab da so das gefühl, denen geht's wohl mal schlechter; Z. 92-93*). Durch die Wahl der Worte *„meine Frauen"* wird deutlich, wie sich die Leiterin in Bezug zu ihren Kolleginnen setzt: Sie ist die Führerin, die ‚ihre' Frauen belehrt und anleitet. Dies spricht für ein ausgeprägtes hierarchisches Gefälle zwischen ihr und den Erzieherinnen. Im Folgenden kommt dies verstärkt zum Vorschein.

Zitat Z. 174-180:
A: und dann sollte ne interessierte Erzieherin auch sich weiterbilden. mal nicht zu faul sein und mal gucken und den kindern da mal was zeigen. oder ne mutter die vielleicht reitet oder so, das hatten wir auch, die pferdesport betreibt. aber das ist dann der part der Erzieherin. und je interessierter die Erzieherin ist, an solchen sachen auch selber weiterzulernen, wird sie immer ein guter partner für die kinder sein. ist sie aber selber von natur aus träge und wartet bis sie um vier uhr nach hause gehen kann, wird natürlich nicht so viel raus springen.

Frau Arndt bemängelt in diesem Zitat das fehlende Eigenengagement der Erzieherinnen. Sie eröffnet hierbei einen positiven und negativen Gegenhorizont, wobei sie interessierte Erzieherinnen, die sich weiterbilden und eigenständig die Interessen der Kinder aufgreifen als positiv ansieht. Demgegenüber betrachtet sie Erzieherinnen als faul, die weder ein Interesse an Weiterbildungen zeigen, noch

---

[86] Die Zahlen beziehen sich auf Daten des Instituts für Arbeitsmarkt- und Berufsforschung (IAB): http://bisds.infosys.iab.de/bisds/data/seite_864_Bo_a.htm (letzter Zugriff: 1.12.2010)

ein Gespür und für Förderung der Interessen und Fähigkeiten der Kinder haben. Diese Erzieherinnen bezeichnet die Leiterin als *„von Natur aus träge"*, was impliziert, dass deren mangelnde Motivation unveränderbar, da naturgegeben ist. In dieser Logik rückt ihr eigener Einfluss als Leiterin des Kindergartens völlig aus dem Blickfeld. Demnach ist die eher biologisch bedingte Trägheit von außen nicht beeinflussbar, während eine mangelnde Arbeitsmotivation durchaus von äußeren Bedingungen determiniert wäre. Doch diese Zusammenhänge reflektiert die Leiterin nicht.

Anhand der Wortwahl (bspw. *„faul"*) wird darüber hinaus eine kritisch-distanzierte Haltung gegenüber ihren Kolleginnen deutlich. Das Verhältnis zu den Erzieherinnen ist eher durch Misstrauen als durch Empathie geprägt. Sie achtet die Arbeit der Erzieherinnen nicht, sondern unterstellt ihnen, dass sie faul seien und lediglich ihre Zeit absitzen. Diese Art der Zusammenarbeit ähnelt strukturell ihrem Umgang mit den Eltern. In beiden Fällen zielt die Leiterin auf eine einseitige Erfüllung ihrer Forderungen ab. Beide Beziehungsebenen sind durch grundsätzliche Zweifel und Unterstellungen gekennzeichnet. Gegenseitige Anerkennung, Gespräche auf Augenhöhe kommen nicht zur Sprache. Auch in der teilnehmenden Beobachtung wird ein ausgeprägtes hierarchisches Gefälle zwischen der Leiterin und Frau Radisch sichtbar. Dies wurde beispielsweise in einem Gespräch zum Kauf neuer Spielsachen deutlich, indem Frau Radisch Vorschläge einbrachte, die von der Leiterin schnell abgetan wurden, indem sie den Zweck des Spielzeugs infrage stellte und die jeweilige Seite im Katalog rasch überblätterte. Als der Erzieherin eine Videoszene gezeigt wurde, in der sie mit Frau Arndt kommuniziert, bestätigte sie die Vermutung der Beobachterin, dass Beschlüsse der Leiterin häufig von oben nach unten durchgedrückt werden und kaum Mitspracherecht vorherrsche. Die Leiterin, so Frau Radisch, sage zwar immer, sie wolle mehr Engagement bei den Erzieherinnen sehen, am Ende mache sie aber sowieso was sie wolle.

Die Relevanz ihrer Haltungen zu den Themen Umgang mit Kindern, ungleichheitsrelevante Dimensionen sowie Umgang mit Eltern soll nun im Folgenden zusammenfassend verdeutlicht werden: Durch alle Themenbereiche hindurch zeigen sich zum einen eine deutliche Distanz sowohl ihrer eigenen Verantwortung, als auch ihren Mitmenschen gegenüber sowie eine Ohnmacht, die man als Schicksalsergebenheit bezeichnen kann. So wurde bereits vor dem Beginn des Interviews anhand ihrer Formulierungen eine grundlegende Distanz gegenüber den Familien deutlich, die ihren Kindergarten aufsuchen. Durch das spezielle *„Klientel"*, womit die in prekären Verhältnissen lebende Elternschaft gemeint ist, kann den Eltern nicht mehr zugemutet werden als einfache Hilfsarbeiten. Den Eltern wird damit nicht nur ein geringes Reflexionsniveau zugeschrieben, sondern ihnen wird grundsätzlich misstraut. Darüber hinaus stigmatisiert Frau Arndt arbeitslose Eltern als antriebslos und desinteressiert. Für die Eltern dieses Kindergartens kann dies bedeuten, dass sie sich mit ihren Belangen nicht ernst genommen fühlen und familiäre oder erziehungsbedingte Fragen oder Probleme keinen Raum finden. Die entgegengebrachte Stigmatisierung kann dazu führen, dass sie sich zurückziehen und Kontakte im Alltag vermieden werden.

Ihre distanzierte, unbeteiligte Haltung kommt nicht nur im Umgang mit den Eltern zum Tragen, sondern zeigt sich auch im Umgang mit ihren Kolleginnen. Hier vermittelt sie eine deutliche Hierarchie, in welcher sie sich selbst als Vorgesetzte sieht, die Anweisungen „nach unten" weiter gibt, die dann befolgt werden sollen[87]. Dies kann dazu führen, dass die Kolleginnen demotiviert werden und ihrerseits mit Distanz und geringer Motivation reagieren.

In Bezug auf ungleichheitsrelevante Dimensionen kommen hier zwei Themenbereiche zum Vorschein: Zum einen die herkunftsbedingte Benachteiligung und zum anderen das Geschlecht. Mit beiden höchst relevanten Themen geht die Leiterin unreflektiert um. Im Hinblick auf soziale Benachteiligungen im Kindergarten nimmt sie eine passive Rolle als Leiterin ein, indem sie Probleme aus dem Kindergarten und damit aus ihrem Aufgabengebiet, auslagert. So sieht sie sich selbst nicht in der Verantwortung, Kindern gegenüber Sorge zu tragen, die in ihrem Kindergarten massiv ausgegrenzt werden. Die Legitimation der Ausgrenzung wird hierbei über Körper, genauer, Körpergerüche, vollzogen. Relevant für den Umgang mit Kindern erscheint ebenfalls ihre geschlechtstypisierende Haltung. Indem sie ihre Beobachtungen im Kindergarten auf das Geschlecht fokussiert, wird ihre grundlegende polarisierende Wahrnehmung immer wieder bestätigt. Da ihre geschlechtsstereotypen Beobachtungen und Haltungen weder zu einem Bewusstsein möglicher ungleichheitsrelevanter Folgen leitet, noch zu Überlegungen individueller Entwicklungsräume fernab geschlechtstypischer Interessen führt, kann auch hier von einem unreflektierten Umgang mit einem ungleichheitsrelevanten Thema gesprochen werden.

Resümierend steht die Leiterin des Kindergartens scheinbar ohnmächtig und schicksalsergeben den gegebenen Rahmenbedingungen gegenüber (*„Aber was willste machen?*) und nimmt sich selbst in ihrer eigentlichen Verantwortung als professionell Handelnde heraus. Im Hinblick auf die Arbeit der Erzieherinnen lassen sich von Seiten des Kindergartens und der Leiterin folgende Bedingungen zusammenfassend festhalten:

---

[87] Dies erinnert stark an den autokratisch-patriarchalischen Führungsstil nach Max Weber, welcher durch strenge Hierarchie, Gehorsam und alleinige Entscheidungsfindung gekennzeichnet ist (Weber, Max: Wirtschaft und Gesellschaft, Kapitel III, Die Typen der Herrschaft, 1922).

Tabelle 2: KIGA *Linienschiff* - Institutionelle Ebene + Interview Leiterin

Konzept, Ausstattung Kindergarten:	Leiterin:
- integrative Einrichtung in prob-lembelastetem, strukturschwa-chem Wohngebiet, von Prekarisie-rung bedrohte Familien - feste Gruppen, eine Erzieherin pro Gruppe, Personalmangel	- Leiterin kurz vor Berentung - distanziert-passive Haltung - Abgrenzung „nach unten": sozial be-nachteiligte Familien sowie Erzieherin-nen - Geschlechtsstereotype Haltung - Mangel an professioneller Reflektion ihrer Rolle als Leiterin - Externalisieren von Problemen – Bsp. Umgang mit schwierigen familiären Verhältnissen, Rahmenbedingungen → Distanz und Externalisierung als prägnante Orientierungen

5.1.3 Frau Radisch – „Die Überforderte"

Frau Radisch, 46, arbeitet seit 2004 in der Einrichtung, in der Frau Arndt Leite-rin ist. Im Interview erwähnt sie, dass sie ihre Ausbildung in der DDR als Krip-penErzieherin absolvierte, nach der Wende in die alten Bundesländer in eine Kleinstadt zog und dort eine Zeit lang als Erzieherin in einer Kindertagesstätte arbeitete, die ihr Sohn besuchte. Als sie wieder in ihre alte Heimat zurückkam, wollte sie in ihrem erlernten Beruf einsteigen, was ihr jedoch nicht sofort gelang. Mit Unterstützung des Arbeitsamtes bewarb sie sich in einer Schule für lernbe-hinderte Kinder, wo sie ca. ein Jahr lang arbeitete. Anschließend fand sie eine Arbeit als Betreuerin in einer Wohngemeinschaft der Jugendhilfe. Diese Arbeit empfand sie als sehr belastend, da sie Nachtdienste leisten musste und mit der Arbeit der z.T. schwierigen und drogenbelasteten Kinder überfordert war. Aus diesem Grund versuchte sie erneut, als Erzieherin angestellt zu werden. Nach einer einjährigen Weiterbildung zur staatlich anerkannten Erzieherin bekam sie die Stelle in diesem städtischen Kindergarten. In ihrer Gruppe befanden sich zum Zeitpunkt der Befragung 16 Kinder im Alter von 3 bis 5 Jahren. Zwei dieser Kinder hatten einen erhöhten Förderbedarf und wurden als Integrationskinder eingestuft.

5.1.3.1   Die Herstellung von Ordnung im Raum

Da es sich hier um die Betrachtung von typischen Handlungen zwischen Erzieherin und Kindern handelt, habe ich stellvertretend zwei Alltagszenen ausgewählt. Beide Szenen wählte ich deshalb, weil sie Interaktionen zwischen den Kindern und der Erzieherin zeigen und unterschiedliche Formen der Interaktion veranschaulichen – zum einen eine ‚geordnete' Gruppensituation am Tisch, zum anderen ein von der Erzieherin nicht vorgegebenes, freies Spielen. Die erste Szene wurde mit *„Stifte anspitzen"*, die zweite Szene mit *„Gruppensituation - freies Spielen"* betitelt. Die nachfolgenden Ausführungen beziehen sich in aller Ausführlichkeit zunächst auf die erstgenannte Szene, die noch einmal unterteilt werden kann in zwei Unterszenen: *„Aufforderung Aufräumen"* (0-27Sek.) und *„Junge sucht Platz"* (27-56 Sek.). Die zweite Szene wird nur mit den zentralen Interpretationsergebnissen danebengestellt.

Im Folgenden ist die Tabelle zum Handlungsverlauf (Szene *Kinder spitzen Stifte an*) wiedergegeben.

Tabelle 3:   Handlungsverlauf: Kinder spitzen Stifte an

Unter-sequenzen	Physische Teilhandlungen					
	Kind 1	Kind 2	Kind 3	Kind 4	Kind 5	Erzieherin
UT 1 0-27: Aufforderung, aufzuräumen	Sitzt am Tisch	Sitzt am Tisch	Beugt sich über Tisch		Steht dahinter	Erzieherin bittet Mädchen aufzuräumen
				Beugt sich über Tisch (1), nimmt Stift in Hand		Wegnahme Stift, Aufforderung, Fingerzeig
				Fingerzeig, beugt sich über Tisch (2)		

UT 2 27-56:	Schub- sen	Schub- sen				Kein Eingreifen (1)
Junge sucht Platz	Verlässt Platz					
					Setzt sich auf frei gewor- denen Stuhl	
	Zieht Stuhl weg, setzt sich					Kein Eingreifen (2)

Nachdem die zu interpretierenden Handlungssequenzen identifiziert sind, wurde in Form einer Bewegungsanalyse die formulierende Interpretation vollzogen (2. Auswertungsschritt). Um einen Eindruck zu gewinnen, ist diese auszugshaft im Folgenden zu sehen[88].

Tabelle 4:   Auszug Bewegungsanalyse „Kinder spitzen Stifte an"[89]

Untersequenz 1: 0-27 „Aufforderung Aufräumen"						Traskript. der Sprache
Kind 1	K 2	Kind 3	K 4	Kind 5	Erzieherin	
Der Junge verfolgt mit seinem		Im gleichen Moment bewegt das		Der Junge steht die ganze Zeit hinter Kind 1 und 2, mit	*Wegnahme Stift, Auffor- derung, Fin- gerzeig* Sofort nimmt die Erzieherin dem Kind 4	

---

[88]   In den nachfolgenden interpretativen Ausführungen wird dann aufgrund der besseren Lesbarkeit lediglich auf die Tabellen im Anhang verwiesen.

[89]   Aufgrund des Platzmangels wurde auf die Spalten zu den Kindern 5 und 6 sowie die Transkription der Sprache hier verzichtet.

| Blick die Handführung der Erzieherin. Der Mund ist dabei leicht geöffnet und seine Augenbrauen leicht zusammengedrückt. | Mädchen ruckartig ihren Oberkörper von der Tischplatte nach oben, der Blick ist auf die Erzieherin gerichtet. Anschließend beugt sie sich wieder mit ihrem Oberkörper auf die Tischplatte | | dem rechten Zeigefinger im Mund. Seine Mimik ist unverändert, der Blick auf das Tischgeschehen gelenkt. | den Stift aus der Hand, indem sie ihren linken Arm blitzschnell zum Stift führt und mit der linken Hand ergreift. Während sie den Stift entreißt und ihn neben sich ablegt, lässt sie den Jungen (Kind 4) nicht aus den Augen. Dann spitzt sie leicht ihre Lippen, um den Mund herum kräuseln sich leichte Fältchen. | E:du bleibst überhaupt nicht hier |

Der folgende Abschnitt gibt die (reflektierende) Interpretation des Bewegungsverhaltens wieder.

Erzieherin bittet Mädchen, aufzuräumen[90]
Die Erzieherin blickt nach unten in Richtung Tischplatte, mit den Händen faltet sie Papier. In einer sehr aufrechten Sitzposition hebt sie ihren Kopf und schaut umher. Dann spricht sie zu dem Mädchen, welches sich in der rechten Ecke des Raums befindet und bittet sie, aufzuräumen (*„sarah, du räumst dann schön auf, ja?"*). Während sie spricht, hat sie ihren Kopf leicht nach links geneigt, lächelt

---

[90] Die Zwischenüberschriften wurden den Bezeichnungen der Handlungssegmente, der Tab. 3 entnommen.

jedoch nicht, im Gegenteil, die Mundwinkel sind leicht nach unten gezogen. Das Mädchen erwidert, dass sie schon aufgeräumt habe, was die Erzieherin mit den Worten „*das ist ganz toll*" lobt. Aus der teilnehmenden Beobachtung ist bekannt, dass das Aufräumen in dieser Gruppe eine große Bedeutung hat. Die Kinder werden angewiesen, ein beendetes Spiel zunächst in das Regal oder in den Schrank zurück zu räumen, bevor das nächste Spiel begonnen wird. Die Erzieherin achtet sehr genau auf die Einhaltung dieser Regel. Dies wird in dieser Situation sehr deutlich, denn obwohl die Erzieherin mit anderen Kindern an einem Tisch sitzt und in eigene Tätigkeiten vertieft scheint, fokussiert sie auf die Einhaltung der Gruppenregel in der hinteren Ecke des Raums. Die nahen Geschehnisse werden nicht erkannt, die im weiteren Umkreis liegenden jedoch sehr genau. Dieser Zusammenhang zeigt sich auch in der zweiten Szene „*Gruppensituation - freies Spielen*" (siehe Handlungssequenz: „*Erzieherin bittet Mädchen aufzuräumen*"). Ein weiterer Aspekt, der an dieser kurzen Sequenz zum Tragen kommt, ist die geschlechts- und rollenspezifische Ansprache an das Mädchen. Das leichte Neigen des Kopfes und die Verwendung des Wortes „schön" lassen bereits an dieser Stelle darauf schließen, dass hier eine Vermittlung von geschlechtsspezifischen Handlungsschemata (das liebe Mädchen, welches schön aufräumt) vorliegt. Nachdem das Mädchen schnell reagiert und erklärend mitteilt, dass sie bereits aufgeräumt habe, wird dies sofort von der Erzieherin positiv verstärkt. Darüber hinaus ist die Formulierung „du räumst" keine offene Frage, sondern eine als Frage verdeckte Aufforderung. Lediglich das nachgefügte „ja?" am Ende der Frage deutet an, dass theoretisch auch die Möglichkeit einer Verweigerung bestünde.

Wegnahme Stift, Aufforderung, Fingerzeig
Während der obigen Interaktion beugt sich der Junge (K4) mit seinem Oberkörper auf die Tischplatte und greift nach einem Stift. Er führt dabei den Stift in Richtung Anspitzer. Die Erzieherin nimmt jedoch den Stift aus der Hand und ermahnt ihn, dass er erst einmal aufräumen müsse („*du bleibst überhaupt nicht hier/ du musst erst mal da drüben aufräumen*"). Währenddessen streckt sie ihren Arm aus und zeigt mit dem ausgestreckten Zeigefinger auf die Spielecke. Diese Gestik eines Fingerzeigs markiert eine klare Richtungsanweisung.

Durch die Gestik des Fingerzeigs sowie der Formulierung der Aufforderung („*du bleibst/ du musst*") wird deutlich, wie die Erzieherin Machtunterschiede demonstriert. Sowohl der ausgetreckte Finger, der sich direkt auf das betreffende Kind richtet, als auch die Satzanfänge zeigen, dass die Erzieherin nicht auf Aushandlungsprozesse, sondern auf das Übertragen direkter Anweisungen fokussiert. In der Art und Weise, wie die anderen am Tisch stehenden Kinder das Geschehen still beobachten, wird deutlich, dass sie diesen Aushandlungsprozessen Bedeutung beimessen (alternativ könnten sie die Interaktion ja auch ignorieren und ihre Tätigkeiten fortführen). Als gedankenexperimentellen Vergleichshorizont kann man hier sicher einen Verkehrspolizisten heranführen, der mit dieser klaren Gestik anzeigt, welche Kraftfahrzeuge in welche Richtung fahren dürfen. Diesen Aufforderungen und Richtungsanweisungen wird ohne Aushandlungsprozesse nachgegangen. Sobald ein Akteur davon abweichen würde, käme es zu einem großen Verkehrschaos und vermutlich auch zu einigen Unfällen. Der Verkehrspolizist trägt für gesamte Zeit, in der er auf der Kreuzung steht, die volle Verantwortung, den Verkehr zu regeln. Durch diesen Vergleichshorizont wird die Geste des Fingerzeigs im Setting des Kindergartens als unpassend markiert, denn in einer Kindergartengruppe sind verbale Aushandlungsprozesse nicht nur möglich sondern auch erwünscht. Frau Radisch nimmt hier jedoch die Rolle einer Aufsichtsperson ein, die die volle Befugnis hat, Kinder in ihre Richtung zu verweisen und Sorge zu tragen, dass dabei keine Unfälle entstehen. An dieser Stelle wird demnach ihre Orientierung deutlich, klare und disziplinierende Richtungsanweisungen zu geben (Vergleichshorizont Verkehrspolizist). Mit der Gestik des Fingerzeigs wird außerdem ein starkes hierarchisches Gefälle zwischen ihr als ordnende Instanz und der Kinder verdeutlicht.

Nachdem die Erzieherin die klare Handlungsanweisung gegeben hat, dreht sich der Junge nach rechts um, blickt zu dem Mädchen in der Spielecke und sagt, dass sie bereits aufgeräumt habe. Gleichzeitig hält er seinen rechten Arm erhoben und zeigt mit seinem Zeigefinger auf das Mädchen. Somit kopiert er die Gestik des Fingerzeigs von der Erzieherin. Damit verdeutlicht sich nicht nur, dass der Junge offenbar solche Gebärden der Handlungsanweisung internalisiert hat, sondern es wird auch deutlich, dass er sich den Weisungen der Erzieherin nicht beugt. Stattdessen opponiert er und nutzt ihre Machtgestik, um seine Weigerung zu legitimieren und den Auftrag von sich wegzuschieben (*„sarah hat schon schön"*). Anschließend dreht er sich wieder in Richtung des Tisches um und lehnt seinen Oberkörper erneut auf die Tischplatte. Die Erzieherin wendet sich sofort wieder ihren Basteltätigkeiten zu, blickt auf den Tisch und fügt *„jaja"* hinzu. Dass der Junge ihre Anweisungen, wegzugehen, nicht folgt, ist an dieser Stelle erstaunlich. Nach dieser autoritär anmutenden Aufforderung, die nicht nur verbal, sondern auch körperlich vermittelt wird, erwartet man eine ängstlich-zurückhaltende Reaktion. Doch dieser Junge widersetzt sich und benutzt sowohl ihre Argumentationslinie (im Sinne von Benennen eines Verantwortlichen, Schuldigen), als auch ihre körperliche Demonstration eines hierarchischen Gefälles (Fingerzeig).

Es zeichnet sich hier also zum einen ein Macht- und Steuerungsdiskurs als Orientierungsrahmen ab, in dem sie klare Anweisungen gibt und somit das soziale Miteinander strukturiert. Zum anderen kommt hier eine zweite Orientierungsdimension zum Vorschein, indem bei Nichtbeachtung ihrer Handlungsanweisung keine weiteren Sanktionen erfolgen (Orientierung der Nachgiebigkeit/Schwäche). Indem die Erzieherin auf die Reaktion des Jungen nicht eingeht, wird ihre Machtfunktion relativiert, denn es ist möglich, ihre Anweisungen nicht zu befolgen. Da der Junge so selbstverständlich und schnell reagiert, scheint die Situation nicht vollkommen neu für ihn zu sein und man kann davon ausgehen, dass er in der Vergangenheit bereits ähnliche Situationen erlebt bzw. beobachtet hat. Es bleibt an dieser Stelle offen, ob die Erzieherin bei anderen Kindern analog reagiert. Es kann jedoch festgehalten werden, dass dieses Kind ein Junge ist, und – wie aus dem Kurzfragebogen bekannt – ein Elternteil Abitur hat. Es handelt sich demnach nicht um ein Kind aus einem bildungsfernen Milieu. Inwiefern Milieu- oder geschlechtsspezifische Merkmale des Kindes für die Erzieherin überhaupt eine Rolle spielen, kann an dieser Stelle (noch) nicht beantwortet werden.

Der am Rande stehende Junge blickt als einzige Person kurz in die Kamera, und führt seinen rechten Zeigefinger an die Nase und steckt ihn in das rechte Nasenloch. Dann dreht er sich wieder zum Tisch und beobachtet mit einer unveränderten neutralen Mimik das Tischgeschehen. Aus den Tür- und Angelgesprächen sowie des Interviews ist bekannt, dass dieser Junge, Jan, ein Integrationskind ist und bei seiner Mutter aufwächst, die als *„sozial schwach"* gilt (Zitat Z. 418).

In Relation zu den Kindern befindet sich der Kopf von Frau Radisch auf einer höheren Ebene, so dass sie auf die Kinder hinabsieht. Sie befindet sich lediglich mit dem am Rande stehenden Jungen (K5) auf einer Augenhöhe. Diesen Jungen blickt sie jedoch nicht an, sondern richtet ihr Augenmerk auf den Jungen am hinteren Ende des Tisches, der aufräumen soll (K4). Ihre angespannten Gesichtsmuskeln deuten zudem darauf hin, dass die Erzieherin auch innerlich angespannt ist.

Bedeutsam erscheint in dieser Sequenz außerdem, dass die Erzieherin an den Interaktionen der Kinder kaum einen Anteil nimmt – weder durch das Initiieren gemeinsamer Handlungen, noch durch das Teilen von Emotionen, bspw. durch Interesse am elektrischen Anspitzer. Der von der Erzieherin gesteuerte Hauptdiskurs des Bastelns am Tisch wird demnach nicht von den Kindern aufgegriffen. Stattdessen wird der eigentliche Nebendiskurs (Anspitzen der Stifte als Voraussetzung zum Malen) in dieser Szene zum Hauptdiskurs für die Kinder. Die parallel laufenden Diskurse deuten darauf hin, dass die Erzieherin sich selbst keine aktive, sondern eine eher passive Rolle innerhalb der Interaktionsprozesse zuschreibt. Die dominante Macht- und Strukturierungsorientierung scheint also mehr auf Ordnung- und Sauberkeitsthemen, als auf gemeinsamen Spielsituationen zu passen.

Schubsen, kein Eingreifen (1)
In der zweiten Untersequenz sitzt die Erzieherin währenddessen unverändert in einer aufrechten Haltung, schaut auf den Tisch und beschäftigt sich mit ihren Basteleien. Während sie auf Tischutensilien (gebastelter Korb) schaut, sagt sie „*soo:*" Dies deutet daraufhin, dass eine neue Handlung von der Erzieherin eingeläutet wird und sie somit die Handlungen in der Gruppe zu strukturieren versucht. Des Weiteren steht ein Versuch der Homogenisierung des Handlungsgeschehens dahinter, d.h. der Anspruch, dass alle Kinder nun auf sie fokussiert sein sollen. Der hinter den Kindern stehende Junge versucht mehrfach, einen Blick auf das Geschehen zu werfen. Doch als er sich den beiden Jungen (K1 und K2) nähert, drücken diese ihn vom Tisch nach hinten weg. Ein Junge (K2) kommentiert dies mit „*geh mal weg*". Die Erzieherin scheint diesen Vorgang nicht zu bemerken. Stattdessen fügt sie an: „*dann haben wir jetzt den korb, der sieht doch so aus wie hier (.) guck?*" während sie dies sagt, blickt sie nicht zu den Kindern, sondern auf den Tisch. Der neben ihr sitzende Junge (K1) scheint sich angesprochen zu fühlen und denn er steht vom Stuhl auf, beugt sich über das Gebastelte und steht der Erzieherin dabei körperlich sehr nah. Dieser enge Körperkontakt steht im Widerspruch zum völligen Ignorieren des ausgeschlossenen Jungen, sowie allen übrigen Kindern, die eine eher distanzierte körperliche Haltung zur Erzieherin einnehmen. Möglicherweise zeigt sich hier eine besondere Zuwendung und Nähe zwischen der Erzieherin und dem Jungen. Es ist denkbar, dass dieser Junge ihre Macht nicht infrage stellt, sondern ihre Anweisungen nach ihrem Wunsche ausführt. Das Nicht-Eingreifen der Erzieherin und Ignorieren des Ausschlusses des Jungen steht im Widerspruch zur vorherigen aktiven Lenkung der Interaktionen. Die Macht- und Strukturierungsorientierung greift somit nicht bei Interaktionsprozessen zwischen den Kindern. Hier zeigt die Erzieherin nicht nur eine Passivität, sondern auch ein aktives Wegschauen, Ignorieren der Problematik.

Als mögliche positive Betrachtungsweise lassen sich hier pädagogische Strategien zu Selbstentfaltungsprozessen der Kinder anführen, wo Aushandlungsprozesse zwischen den Kindern zugelassen und nicht von der Erzieherin beeinflusst werden. Die Kinder lernen sich somit zu behaupten, was die soziale Kompetenzentwicklung fördert. Demgegenüber kann das Wegschauen auch als eine Legitimation von Gewalt in der Gruppe verstanden werden, wobei der Schwächere dem Stärkeren vollkommen unterlegen ist und der Willkür aller Entscheidungen ausgesetzt ist. Da in dieser Sequenz keine wechselseitigen Aushandlungsprozesse stattfinden und die Erzieherin auch in anderen Beobachtungssituationen (vorrangig bei Ordnungsthemen) eingreift, kann hier eher von Letzterem ausgegangen werden. Wenn ein Kind massiv von anderen Kindern ausgeschlossen wird, erwartet man eigentlich von der Erzieherin eine gewisse Fürsorge und einen Handlungsimpuls, um das betroffene Kind zu schützen. Stattdessen blickt die Erzieherin weg und legitimiert das Verhalten des Jungen (K1) sogar noch, indem sie ihm das von ihr Gebastelte zeigt. Es zeichnet sich an dieser Stelle eine Orientierung der Strukturierung von Hauptdiskursen ab, wo Nebendiskurse, die von den Kindern initiiert werden, ignoriert werden, auch wenn es sich hierbei um gewaltvolle Auseinandersetzungen handelt.

Dieser außen stehende Junge (K5) dreht sich nun um und läuft am Tisch entlang. Trotz der körperlichen und verbalen Ausschließung der anderen Kinder wehrt sich der Junge weder verbal noch körperlich. Dies lässt vermuten, dass der Junge die Machtunterschiede akzeptiert und sich einfügt, und, dass diese Art des Ausschlusses nicht zum ersten Mal vollzogen wurde.

Verlässt Platz, hinsetzen, Stuhl wegziehen, kein Eingreifen (2)
Als der Stuhl neben der Erzieherin nun frei wird, setzt sich der außen stehende Junge (K5) hin. Nachdem der Junge (K1) wieder zurückkommt, stellt er sich hinter den nun besetzten Stuhl und zieht ihn nach hinten weg, so dass der Junge (K5) aufstehen muss. Beide Kinder sagen dabei nichts, alles geht wortlos vonstatten. Die Situation ähnelt stark der vorherigen, mit dem einzigen Unterschied, dass die Ausschlussmechanismen für die Erzieherin nun sichtbar sind. Dies spricht für eine Untermauerung der These, dass es sich hierbei um ein aktives Wegschauen handelt.

Nur das darauffolgende ruhelose Hin- und Hergehen des Jungen, der nun ständig in seiner Nase bohrt und nach unten blickt, deuten darauf hin, dass er emotional angespannt ist. Man kann sagen, dass die Erzieherin eine Bemächtigung zum Ausschluss erteilt. Diesen Ausschluss führt sie jedoch nicht selbst durch, sondern lässt ihn durch die Kinder ausführen. Sie selbst schaut dabei systematisch weg. Anschließend blickt sie nach rechts und fordert ein Mädchen auf, eine Matte als Unterlage zu nutzen (*„sarah, du musst nicht da unten rum liegen. steh mal au:f. (1) sarah:. wir haben eine matte.“*). An dieser Stelle dokumentiert sich deutlich, dass der Erzieherin offenbar die äußere Ordnung sowie die Gesundheitserziehung wichtiger sind als das Sensibilisieren für Toleranz und Kooperation. Dies spiegelt sich außerdem an ihrer Beschäftigung des Bastelns wieder, die sie beibehält, obwohl sich offenbar kein Kind dafür interessiert. Bei Missachtung ihrer Regeln folgt eine autoritäre Zurechtweisung, die jedoch bei Widerstand nicht beibehalten wird. Es scheint sich bei dieser Erzieherin um einen Wechsel zwischen Autorität und Nachgiebigkeit zu handeln. Des Weiteren initiiert die Erzieherin einen Hauptdiskurs, den sie beibehält, auch wenn die Kinder in Nebendiskursen völlig anderen Dingen nachgehen. Bei Peerprozessen nimmt sie eine passive Rolle ein, auch wenn Kinder ausgeschlossen werden.

Die zweite Szene „*Gruppensituation freies Spielen*", die wie bereits erwähnt, nur anhand zentraler Ergebnisse vorgestellt wird, ist in drei kleine Unter-
sequenzen unterteilt: „*Mädchen wird zum Aufräumen aufgefordert*", „*Junge
nimmt Kontakt zur Erzieherin auf*", „*Platzverweis*". Die gesamte Länge der Szene beträgt 1:40 Min. Aus der Bewegungsanalyse und der reflektierenden Interpretation ergaben sich folgende Orientierungen:

Wie bereits in der ersten Szene konnte auch in dieser eine deutliche Macht-
und Strukturierungsorientierung im Hinblick auf Ordnungsthemen festgestellt
werden. Ähnlich einer Aufsichtsperson überwacht Frau Radisch die Handlungen
aller Kinder im Raum und greift nur dann ein, wenn die Ordnung in Gefahr ist.
Anstatt sich für die Interaktionsprozesse der Kinder zu interessieren, sei es für
die direkt neben ihr ablaufenden oder die der im Raum stehenden Kinder, greift
die Erzieherin aktiv ins Geschehen ein, um Ordnung herzustellen und bittet ein
Mädchen aufzuräumen.

Dabei unterbricht sie abrupt Peerprozesse, was zum einen dadurch deutlich
wird, dass das Mädchen (K5) kurz in einer plötzlich erstarrten Haltung mit leicht
geöffnetem Mund verharrt. Zum anderen drehen sich die Kinder in diesem Au-
genblick um und unterbrechen ihre gemeinsame Handlung. Wie auch in der
ersten Szene werden demnach die von Kindern initiierten Nebendiskurse ignoriert und dem Diskurs der Erzieherin (aufräumen) untergeordnet. Brisant wird
dieser Aspekt, wenn man die Informationen aus der teilnehmenden Beobachtung
sowie den Analysen aus der ersten Szene hinzunimmt und damit die Auswirkungen dieses erzieherischen Eingriffs auf den Jungen (K6) betrachtet. Dieser als
entwicklungsverzögert diagnostizierte Junge hat es schwer, in der Gruppe Anschluss zu finden. Dies äußert sich in seinem Alltag darin, dass er ziellos umher
läuft und bei Kontaktversuchen häufig von den anderen Kindern ausgeschlossen
wird (siehe Untersequenz 2, Szene 1). Nun initiiert er eine Art Spiel, welches
durch die Gebärden des Anbietens von Gegenständen wie ein Akt des Warenaus-
tauschs wirkt, wobei er die Rolle des Verkäufers einnimmt. Ihm kommt dabei
eine aktive Rolle zu. Hier wäre zum einen das Potential einer Förderung des
Selbstwertes und seiner sozialen Kompetenz gegeben. Zum anderen handelt es
sich in dieser Spielsituation um ein geschlechtsheterogenes Rollenspiel, welches
die Möglichkeit bietet, fernab geschlechtstypischer Interessen bestimmte Rollen
einzunehmen. Die Erzieherin reagiert jedoch mit einem Abbruch der Spielsituation, um ihrem Hauptanliegen der Ordnungseinhaltung Ausdruck zu verleihen.

Als die Erzieherin von ihrem Stuhl aufsteht und zum Mädchen geht, berührt
sie deren Kopf und lenkt sie- während sie neben ihr läuft- so in Richtung Tisch
mit der Bitte, dort aufzuräumen („*bist du so lieb und räumst das wieder ein?
ordentlich? du machst das immer so schön.*"). Diese Führungsgeste verstärkt
damit den Eindruck, dass es sich hier nicht um eine Bitte, sondern um eine Auf-

forderung handelt. Durch das körperliche Führen wird eine körperliche Überlegenheit demonstriert (erneuter Hinweis auf Macht- und Strukturierungsorientierung durch körperliche Gebärden).

Die Erzieherin bietet mit ihrer als Bitte formulierten Aufforderung darüber hinaus eine Erklärung an, warum gerade dieses Mädchen aufräumen soll – sie mache „das immer so schön". Hier legitimiert die Erzieherin ihren Wunsch nach Ordnung demnach damit, dass das Mädchen bereits schon einmal gut aufgeräumt habe. Wie bereits in der Analyse der 1. Szene deutlich wurde, kommt auch an dieser Stelle die Vermittlung geschlechtsspezifischer Handlungsschemata zum tragen. Eine erneute Verbindung der Wörter „lieb", „schön" sowie „aufräumen" in einer Bitte an ein Mädchen legt die Vermutung nahe, dass die Erzieherin das Aufräumen als typisch weibliche Aufgabe ansieht. Als positive Deutung wäre hypothetisch denkbar, dass die Erzieherin gegenüber den Fähigkeiten des Mädchens ein Lob formuliert, mit dem Ziel der Selbstwertstärkung und Selbstständigkeit. Dagegen könnte man jedoch auch vermuten, dass die Erzieherin nur dann lobt, wenn Kinder das tun, was sie will, nämlich Ordnung herstellen. Da sie diese Aufgabe vor allem Mädchen zuordnet, gelangen Jungen seltener an ein Lob als Mädchen und müssen letztendlich seltener aufräumen, da sie sich häufiger den Aufforderungen der Erzieherin entziehen.

Aus den bisherigen Videoszenen und der teilnehmenden Beobachtung geht hervor, dass es sich hierbei nicht um ein Loben im Sinne von Selbstwertstärkung handelt, sondern vielmehr um das Heranführen der Mädchen an ordnungs- und sauberkeitsspezifische Dienste. Die entsprechende Orientierung kann wie folgt formuliert werden: Mädchen sind dann lieb, wenn sie helfen, aufzuräumen, also wenn sie sich als Helferinnen den Ordnungs- und Sauberkeitswerten der Erzieherin anpassen. Das Wort „immer" suggeriert in diesem Zusammenhang, dass die Erzieherin das Mädchen häufig beauftragt, wenn es um das Herstellen von Ordnung und Sauberkeit geht. Gleichzeitig mutet die Wortwahl wie ein vorausgehendes Lob an. Einem Widersetzen dieser Bitte wird damit entgegengewirkt.

In der zweiten Untersequenz läuft die Erzieherin in einer sehr aufrechten Körperhaltung durch den Raum und bleibt vor einem Jungen (Kevin) stehen. Der Junge blickt nach oben in das Gesicht der Erzieherin und zieht seine Hose ein Stück nach unten. Dann zeigt er auf eine Stelle am Oberschenkel und weist die Erzieherin auf diese Stelle hin („*hey, soll ich dir mal zeigen wo ich ( ) hab? hier?*"). Dann erklärt er, dass er eine Impfung („*biekse*") bekommen hat. Die Erzieherin geht nicht auf den Kontaktversuch ein, sondern wendet sich der Herstellung von Ordnung im Raum zu, indem sie Stühle rückt und fragt, ob er deshalb am Vortag nicht da war. Ähnlich wie in der 1. Szene (Stifte anspitzen) zeigt sich auch hier eine Macht- und Strukturierungsorientierung, die nicht auf Interaktionsprozesse zwischen und mit den Kindern abzielt, sondern sich auf Ordnungsthemen beschränkt. Ihre Handlungen orientieren sich demnach nicht am Interesse der Kinder, sondern vielmehr an eigenen Vorstellungen. Als der Junge dann versucht, durch negatives Verhalten die Aufmerksamkeit der Erzieherin zu gewinnen, ermahnt sie ihn (erneut Gestik des Fingerzeigs) und wendet sich anderen Dingen zu. Aus der teilnehmenden Beobachtung geht hervor, dass die Erzieherin mit diesem Jungen große Probleme hat, sein Verhalten zu regulieren. Der Junge gelangt häufig in Streitsituationen mit anderen Kindern und widersetzt sich den Anweisungen der Erzieherin. Dies führte oft dazu, dass sein positives Verhalten (Bsp. Kooperation beim Spielen, selbstständiges Spielen) von der Erzieherin nicht beachtet bzw. bestärkt wurde. Wie bereits in Szene 1 (Stifte anspitzen siehe *Wegnahme Stift, Aufforderung, Fingerzeig*) lässt sich auch hier eine sanktionierende und disziplinierende Maßnahme gegenüber einem Jungen erkennen. Dies legt die Vermutung nahe, dass die Erzieherin im Kontakt zu Jungen eher auf disziplinierende Handlungen fokussiert und bei Mädchen eher Ordnungs- und Sauberkeitshandlungen positiv bestärkt. Die dahinter liegende Orientierung lautet: Wenn Kinder die Regeln der Erzieherin beachten, werden sie gelobt, beachtet und bestärkt. Dies ist häufiger bei Mädchen als bei Jungen der Fall. Dabei spielt der soziale Hintergrund eine untergeordnete Rolle.

In der dritten Unterszene läuft die Erzieherin zu dem hinteren Tisch, an dem ein Junge auf den Hocker sitzt, auf dem vorher Frau Radisch saß. Die Erzieherin klatscht, während sie hinläuft, mehrfach laut in die Hände. Positiv betrachtet, könnte die Bedeutung des Klatschens im Sinne von Beifall klatschen verstanden werden. Menschen klatschen in die Hände, wenn ihnen die Vorführung, das Dargebotene gefällt. Sie sind dabei die Zuschauer, die den im Zentrum der Aufmerksamkeit stehenden Akteur damit (positiv) bewerten. Im eher negativen Sinne könnte man das Klatschen als Gestik der Vertreibung bezeichnen. Es gibt bspw. Haustierbesitzer, die ihre Kleintiere auf diese Weise von einem Platz verweisen bzw. aufscheuchen, der den Tieren nicht zusteht. Durch das Klatschen flüchten die Kleinetiere meist. In dem Falle versucht die Erzieherin auf diese Weise den Jungen von dem Platz zu verweisen, der nur ihr zusteht. Sie reagiert dabei nicht verbal, sondern mit einer körperlichen Vertreibungsgestik. Wiederholt zeigt sich also die Machtorientierung durch körperliche Gebärden. Der Junge, der sich auf „ihrem" Platz befindet, bleibt zunächst sitzen. Er lässt sich also nicht durch das Klatschen beeinflussen und nimmt somit nicht die Rolle des zu vertreibenden Tieres ein. Obwohl sein Gesicht durch den Körper der Erzieherin nahezu verdeckt wird, lässt sich ein leichtes Lächeln im Gesicht des Jungen erkennen. Seine Reaktion lässt zweierlei Möglichkeiten der Deutung zu. Einerseits kann man vermuten, dass er die Aufforderung der Erzieherin nicht deuten kann und sich stattdessen freut. Andererseits ist es auch möglich, dass er sich weigert, den Platz zu verlassen und somit gegen die Erzieherin opponiert. Die

Erzieherin greift den Jungen nun unter die Arme und hebt ihn vom Stuhl hoch, so dass sie sich setzen kann. Sie kommentiert dies, indem sie sagt: „i:ch sitz jetzt hier drauf (3) die kathrin". Sie unterstreicht damit noch einmal verbal ihren Besitzanspruch. Der Hocker ist ihr Platz, den nur sie einnehmen darf. Sie spricht über sich selbst in der dritten Person. Aus der teilnehmenden Beobachtung ist bekannt, dass diese Art der Kommunikation häufig verwendet wird. Als Vergleichshorizont kann die Kommunikation mit Kleinkindern herangezogen werden, die noch kein ausgereiftes Konzept über die eigene Person und sein Gegenüber haben. Durch die Verwendung der 3. Form der Personalpronomen in Verbindung mit dem Namen soll die Trennung zwischen der Person des Kindes und der Erzieherin verdeutlicht werden. Im Falle der Erzieherin kann die Verwendung ihres Namens jedoch auch auf Distanzierungsstrategien hinweisen. Möglicherweise versucht sie sich dadurch von ihren eigenen Bedürfnissen zu distanzieren. Als Orientierung lässt sich festhalten, dass die Erzieherin Räume nutzt, um ihre Macht zu demonstrieren und Hierarchieunterschiede zu verdeutlichen. Ihre grundsätzlich distanzierte körperliche Haltung ändert sie lediglich dann, wenn die Ordnung in Gefahr gerät.

Im Folgenden werden die zentralen Orientierungen und Handlungsmuster, die sich aus den beiden Szenen ergeben, noch einmal gegenübergestellt:

Tabelle 5: Zusammenfassung Videosequenzen

Szene 1 „Stifte anspitzen"	*Szene 2 „Gruppensituation-freies Spiel"*
Klare und disziplinierende Richtungsanweisungen (Vergleichshorizont Verkehrspolizist)	Dominante Macht- und Steuerungsorientierung mit körperlichen Gebärden (Führungsgestik)
Dominante Macht- und Strukturierungsorientierung bei Ordnung- und Sauberkeitsthemen	Jungen müssen mehr diszipliniert werden als Mädchen Mädchen bekommen Anerkennung, wenn sie sich als Helferinnen den Ordnungs- und Sauberkeitswerten der Erzieherin anpassen
Passivität, aktives Wegschauen, Ignorieren der Problematik bei Interaktionsprozessen, bei Ausschließungsprozessen zwischen Kindern	Gegenstände im Raum werden als Machtinstrumente eingesetzt (Bsp. Stuhl) Verkörperung von Distanz

Es ist deutlich geworden, dass die zugrunde liegende Orientierung von Frau Radisch die nach Ordnung und Strukturierung im Raum ist. Gleichzeitig wurde gezeigt, dass Frau Radisch Interaktionsprozesse zwischen Kindern und an sie gerichtete Kontaktversuche ignoriert, um ihrer Vorstellung von Ordnung im Raum nachzugehen. Dabei setzt sie Mädchen als Ordnungshelferinnen ein, während sie Jungen ermahnt. Ausgrenzungen zwischen den Kindern ignoriert sie. In der folgenden Übersicht sind zwei Handlungssequenzen aus den beiden Szenen schematisch dargestellt. Sie sollen verdeutlichen, wie sich die Struktur der jeweiligen Handlungen im Raum darstellt[91].

UT 2 Szene 1: Junge wird ausge-   *UT 1 Szene 2: Aufforderung Auf-*
schlossen   *räumen*

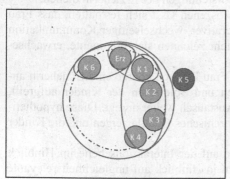 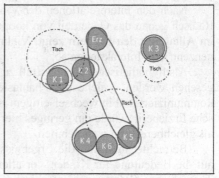

Abbildung 4:   Schematische Darstellung der Szenen

Im linken Bild (Abb.4, Szene 1) sitzen die Erzieherin sowie fast alle Kinder an einem Tisch. Die dunklen Linien weisen auf Interaktionen zwischen den einzelnen Akteuren hin. So ist zu erkennen, dass der außen stehende Junge (K5) in keinem der geschlossenen Kreise enthalten ist.

Die schematische Darstellung im rechten Bild verdeutlicht, wie die Erzieherin trotz des großen Abstands im Raum Interaktionsprozesse der Kinder K4, K5, K6 unterbricht. Obwohl der Kreis zwischen der Erzieherin und dem Mädchen (K5) eine Interaktion verbildlicht, soll der einseitig gerichtete Pfeil andeuten, dass es sich um eine Forderung handelt, und nicht um wechselseitige Kommunikations- oder Aushandlungsprozesse.

Im Folgenden werden die zentralen Ergebnisse der Interaktionsszenen im Hinblick auf die Fragestellungen zusammengefasst und präzisiert.

---

[91]   Von einer Präsentation der Standbilder des Videomaterials wurde aus Gründen des Datenschutzes verzichtet.

Wie sich in beiden Szenen deutlich zeigte, dominiert bei Frau Radisch ein Macht- und Steuerungsdiskurs die Interaktionen in der Gruppe. So kam es weder in den interpretierten Szenen, noch während der teilnehmenden Beobachtungen zu Situationen, in denen die Erzieherin und die Kinder Gedanken oder gar Wissen in Form einer wechselseitigen Kommunikation austauschen. Vielmehr dominieren im Alltag einseitig initiierte Handlungsaufforderungen, die die Kinder in ihren Spiel- und Interaktionsprozessen unterbrechen (vgl. Szene 2) und vordergründig der Realisierung der Ordnungsvorstellungen der Erzieherin dienen.[92]

Nach den Interpretationen der Videoszenen lässt sich festhalten, dass Frau Radisch genau das Gegenteil von kooperativer, wechselseitiger Kommunikation im Alltag mit den Kindern zeigt. Vielmehr zeichnen sich dominante, erwachsenenzentrierte Interaktionen ab.[93]

Als hypothetischer Kontrastfall zu Frau Radisch könnte eine Erzieherin angesehen werden, welche die Phantasien und Spielideen der Kinder aufgreift, kommuniziert und in wechselseitigem Austausch weiter anregt. Diese hypothetische Erzieherin würde ein geringes hierarchisches Gefälle zeigen und die Kinder als gleichberechtigt wahrnehmen.

Betrachtet man nun die Ergebnisse auf der Interaktionsebene im Hinblick auf die Bedeutung für Kinder, vor allem in Hinblick auf ungleichheitsrelevante Themen, so scheint ein hierarchisches, Distanz vermittelndes Gefälle im Umgang mit allen Kindern im Vordergrund zu stehen. Frau Radisch geht kaum auf Kontaktversuche oder Interessen der Kinder ein, sondern konzentriert sich vielmehr auf die Einhaltung der Regeln des Kindergartens. Ordnung und Disziplin

---

[92] Dieser Interaktionsstil steht im Kontrast zu den Zielen der aktuellen bundesweiten Bildungspläne. So wird der Leitgedanke in Bildungsplänen dahingehend formuliert, Kinder in ihren unterschiedlichen Bedürfnissen wahrzunehmen und sie in Entscheidungsprozesse mit einzubeziehen (vgl. bspw. Bildungsplan Sachsen-Anhalts, bildung: *elementar*, 2004). Diesen Annahmen liegen konstruktivistische Theorien zugrunde, die Interaktionen für Wissensaneignungen in den Vordergrund stellen. So konnte bereits in einer Längsschnittstudie die Effektivität dieser Interaktionsform, die als *„sustained shared thinking"* bezeichnet wird, im Hinblick auf die Unterstützung der kognitiven Entwicklung der Kinder festgestellt werden (Sylva et al. 2003). Grundlegend ist bei dieser Form der Kommunikation, Ideen und Gedanken gemeinsam mit den Kindern zu entwickeln und fortzuführen. Dabei steht nicht nur die Kreation eines gemeinsam geteilten (Interessen-) Raums im Vordergrund, sondern die Erweiterung der Gedanken führt zur erneuten Auslösung von Denkprozessen.

[93] So konnte auch in einigen Studien gezeigt werden, dass die Anteile von wechselseitiger Kommunikation im Kindergarten tatsächlich eher gering sind, während Anweisungen und Informationsvermittlungen im Vordergrund stehen (vgl. Tietze et al., 1998, Göncü & Weber, 2000). Kinder wiederum scheinen diese Dominanz der Erzieherinnen als selbstverständlich hinzunehmen (vgl. Roux, 2002)

werden somit einer individuellen Persönlichkeitsentfaltung übergeordnet. Für die Kinder in diesem Wohngebiet, die häufig in prekären Verhältnissen aufwachsen, bedeutet dies, dass sie im Kindergarten wenig Spielraum haben, um eigene Erlebnisse einzubringen. Deutlich wurde dies in der zweiten Szene („*Junge nimmt Kontakt zur Erzieherin auf*"), in welcher die Erzieherin zwar kurz auf das Kontaktangebot des Jungen reagiert, jedoch inhaltlich lediglich auf strukturelle, Ordnung herstellende Aspekte fokussiert. Dass der Junge am Tag zuvor nicht im Kindergarten war, scheint ihr wichtiger zu sein als das Thema des Jungen (Besuch beim Arzt, Spritze) aufzugreifen. Das anschließende Rücken der Stühle kann als symbolisch für ihren Interaktionsstil betrachtet werden. So vermittelt Frau Radisch Distanz und Desinteresse und gibt weder verbale, noch nonverbale Anerkennung. Für Kinder, die auch im Elternhaus kaum Anerkennung und Nähe finden, bedeutet dies, dass ihre prekäre Situation im Kindergarten weitergeführt wird und sie möglicherweise ähnliche Verhaltensweisen vorfinden.

Während sie Jungen kaum anerkennt, kam es in der zweiten Szene durchaus vor, dass sie Mädchen, die sich ihren Handlungsaufforderungen beugen, lobt. Es wurde bereits herausgearbeitet, dass es sich hier um geschlechtstypisches Verhalten handelt.[94] Nun kann man eine Aufforderung zum Aufräumen sicher nicht als beziehungsorientiertes Lernangebot deklarieren, es zeigte sich jedoch, dass die Vermittlung von Anerkennung sehr eng an geschlechtstypischen Verhaltensmustern gekoppelt ist. Da der Erwerb des sozialen Geschlechts in frühkindlichen und vorschulischen Interaktions- und Bildungsprozessen vollzogen wird (vgl. Rabe-Kleberg, 2005), besteht dabei die Gefahr, dass sich diese rollensterotypen Verhaltensmuster auch im Verhaltensrepertoire der Kinder festsetzen.

Für den Umgang mit Jungen in der Gruppe konnte aufgezeigt werden, dass sie kaum Anerkennung von Frau Radisch bekommen, da sie sich ihren Anweisungen eher entziehen als Mädchen. Somit erlangen Jungen weder beziehungs- noch sachorientierte Lernangebote. Infolge dessen sind Jungen, die im Elternhaus wenig Anregungen und Anerkennung erfahren, besonders benachteiligt. Noch gefährdeter sind Jungen, die diesen Mangel an Anerkennung auch im Peer-

---

[94] Dass dieses nicht folgenlos für Kinder bleibt, wird immer wieder in Studien bestätigt. So scheint es einen statistisch relevanten Zusammenhang zwischen der Beziehungs- und Bildungsqualität zu geben (Glüer, Wolter & Hannover, 2008). Als Beziehungsqualität wurde die Bindungssicherheit der Kinder zur Erzieherin einbezogen und als Bildungsqualität gingen Vorläuferkompetenzen zum Lesen und Schreiben ein. Mädchen hatten dieser Studie zufolge nicht nur deutliche Leistungsvorsprünge gegenüber den Jungen, sondern profitierten dabei auch von einer sicheren Bindung zur Erzieherin. Auch Ahnert (2008) konnte zeigten, dass Mädchen eine intensivere Beziehung zur Erzieherin haben als Jungen. Zudem würden Mädchen eher von beziehungsorientierten Lernangeboten, und Jungen eher von sachorientierten Lernangeboten profitieren (ebd.).

Kontakt nicht kompensieren können. Dies scheint bei Jan, dem Integrationskind (vgl. Szene 1), der Fall zu sein. Dieser Junge wird sowohl von der Erzieherin, als auch von anderen Kindern ausgegrenzt.

Im Hinblick auf den Kern der Forschungsfrage lässt sich demnach schlussfolgern, dass Frau Radisch kaum vergemeinschaftende, inkludierende Interaktionen initiierte. Herkunftsbedingte Benachteiligungen spielten weniger eine Rolle als das Geschlecht. So wurden Mädchen dann anerkannt, wenn sie sich den Rollenerwartungen der Erzieherin beugten, während Jungen, die sich den Anforderungen häufig widersetzten, eher missachtet und ignoriert wurden.

5.1.3.2   Passivität und Resignation als individuelle Orientierungen

Im nachfolgenden Abschnitt werden die Ergebnisse des Interviews vorgestellt. Das Interview fand im März 2008 im Gemeinschaftsraum der pädagogischen Fachkräfte statt. Es dauerte insgesamt ca. 50 Minuten und wurde durch mehrfache akustische Störungen durch andere Erzieherinnen oder Geräusche der Kaffeemaschine unterbrochen.

Zunächst möchte ich einige Anmerkungen zum Verlauf des Interviews treffen. Die Erzieherin wirkte anfangs nervös, unsicher und hinterfragte den Inhalt und die Dauer des Interviews. Während des Gesprächs verhielt sie sich abwartend, zurückhaltend und bedacht in ihren Äußerungen.

Bereits zu Beginn des Interviews ist mithilfe der Textsortendifferenzierung ein markantes Gesprächsmuster erkennbar, welches sich durch das gesamte Interview zieht. Auf Fragen, die auf eine klare Positionierung abzielen, weicht Frau Radisch zumeist aus, indem sie Beschreibungen anführt, die den Sachverhalt oder das Problem umschreiben. So beantwortet sie eine argumentativ ausgerichtete Frage zu ihrer Einschätzung des neuen Bildungsplans, indem sie einen Vergleichshorizont früher - heute aufmacht. (Zitat Frau Radisch: *„also wenn ich das vergleichen darf (.) gegen früher, da standen alle kinder um einen tisch und haben das gleiche getan (.) mussten das machen. also es war die aufgabe [...]"*, Z. 59, 60). So schien sie Hemmungen zu haben, sich direkt zum neuen Bildungsplan zu positionieren. Nichtsdestotrotz können anhand ihrer Vergleichshorizonte markante Einstellungsmuster herausgearbeitet werden.[95]

---

[95] Die ausführlichen Interpretationen und Transkripte sind im Anhang-- dokumentiert.

Hinsichtlich der Orientierungen von Frau Radisch geht aus dem Interview hervor, dass sie ihr Handeln mit alten („*früher*") und heutigen Orientierungen in Bezug setzt. Dies wird gleich zu Beginn des Interviews deutlich, als Frau Radisch auf die Frage nach dem Bildungsplan mit einem Vergleich früher-heute ansetzt (Z.59-77). Die alten Orientierungen, setzt sie in Bezug zu Kollektivitätsvorstellungen (alle sollten das Gleiche machen), die neuen zu individuellen Lernen (jeder für sich allein), zusammen. Obwohl Frau Radisch in der Schilderung ihrer Handlungspraxis durchaus Anteile von Selbstbildungsprozessen der Kinder zu erkennen sind (Z. 100-105), überwiegen die Orientierungen nach Gemeinschaft und Kollektivität.

Zitat Z. 75-98:
I: also können sie schon da eigentlich mitgehen ja mit diesen aussagen.
R: also man muss schon bissel- ((störung, andere Erzieherin tritt ein, kocht kaffee)) ja wo warn wer jetzt? jetzt bin ich gleich raus
I: na also da können sie ja eigentlich mitgehen so dass die kinder von sich aus viele sachen mitbringen
R: dass man da nicht immer sagt äh zum beispiel sie können die stifte halten wie sie wollen. dass man da irgendwann mal sagt hier nimm doch mal den stift so in die hand, da geht's vielleicht bissel einfacher oder wenn man sieht dass die kinder total verkrampft die schere in der hand halten also ich finde dann kann man das zeigen. gut sie lernen vielleicht <u>irgendwann</u> dann auch durch abgucken oder so (.) aber das sind die dinge die ich dann doch den kindern zeige. also ich lasse sie erst versuchen aber ich denke ein paar sachen muss man auch zeigen. und (.) erklären. also ich denke so ganz larifari dass die einfach so vor sich hin- also find ich nicht so gut (.) ((laute geräusche durch kaffeemaschine)) dass man denen was vorgibt.
I: also ein mix aus beiden wahrscheinlich.
R: richtich ja
I: paar anregungen.
R: ja, <u>nur</u> anregungen geben. wenn sie das aufgegriffen haben kann man sich ja wieder was anderes suchen manche kinder sind ja dafür offen und die wollen auch lernen also da merkt man richtig dass sie danach <u>suchen</u> (.) manche kinder die sind lieber für sich alleine spielen die muss man da mal ran nehmen. also es gibt kinder die überhaupt keine lust haben da sag ich dann immer so jetzt machste mal hier mit also wenn sich ein kind <u>nur</u> ausschließt das find ich nicht gut weil irgendwie muss es ja auch mal lernen sich mit einzubringen und mal mitzumachen.

Die Interviewerin bittet Frau Radisch, sich auf den Aspekt der Selbstbildung in den neuen Bildungsplänen zu beziehen. Frau Radisch antwortet – zunächst unterbrochen durch äußere Störungen - mit einer Beschreibung, ohne sich mit einer Positionierung zum neuen Bildungsplan festzulegen. In einem distanzierten Sprachstil („man") schildert sie ihre Handlungspraxis. Sie greift ein, wenn ihr das mimetische Lernen der Kinder zu langsam, nicht effektiv erscheint. Gleichzeitig wird deutlich, dass sie dem Beobachten von Kindern (mimetisches Lernen) wenig Bedeutung beimisst. Die Kinder, die nicht bei ihren Angeboten mitmachen wollen, versucht sie aktiv einzubeziehen. Sowohl die Wortwahl („*mal ran nehmen*"), als auch die beschriebene Abfolge von Angeboten deuten auf eine Internalisierung autoritärer pädagogischer Erziehungsprinzipien hin, in dem Kinder als defizitäre, zu formende Lernende betrachtet werden. Ihre Ziele, Kinder mit in das Gruppengeschehen einzubeziehen, begründet sie damit, dass diese Kinder es auch lernen müssen, sich einzubringen. Darin dokumentiert sich ihr Bedürfnis nach Gemeinschaft. Kinder, die sich ausschließen, haben keine Lust zu lernen und haben es später einmal schwer, sich in die Gesellschaft einzubringen. An dieser Stelle wird der positive und negative Gegenhorizont von Frau Radisch deutlich[96]. Als positiv werden Kinder betrachtet, die die Angebote der Erzieherin annehmen und sich in Gruppen einbeziehen, als negativ werden Kinder wahrgenommen, die ihre Angebote nicht wahrnehmen und lieber allein für sich sind.

Interessant ist, dass Frau Radisch innerhalb ihres Früher-Heute-Vergleichs (Z.59-77) gleiche Handlungsstrukturen erkennen lässt. So dominieren sowohl früher- als auch heute das Erreichen bestimmter Lernziele und Fertigkeiten bei den Kindern (siehe Bsp. Schneiden Z. 60-73). Auch heute spielen demnach aus ihrer Sicht das Ausleben einer fröhlichen Kindheit oder die Förderung von Talenten keine Rolle. Auch in den Schilderungen zu den Kindern ihrer Gruppe (Z.113—169) wird deutlich, dass sie die Kinder am Raster der Leistungsfähigkeit charakterisiert. Hier führt sie selbst Positiv- als auch Negativbeispiele an (Lukas und Jan). Dabei bleibt in all ihren genannten Schilderungen ihre eigene Rolle als Vermittlerin der Lerninhalte völlig im Dunkeln.

Zitat Z. 112-132:
I: hm. jetzt bin ich so ein bisschen neugierig über die kinder. erzählen sie doch ein bissel was über die kinder in ihrer gruppe so im allgemeinen also wie alt sind die welche besonderheiten haben sie?
R: also ich habe jetzt (.) sechs mittelgruppenkinder die also jetzt im september in die vorschule kommen (2) der eine junge ist also super schlau also so schätzen wir ihn ein. aber er ist trotzdem in sich zurückgekehrt dass er das gar nicht zeigt (.) und er hat so ein angstgefühl also so ein (.) wie sagt man? also dass er versagensangst hat.

---

[96]   Positive und negative Gegenhorizonte weisen im Sinne der dokumentarischen Methode auf Abgrenzungen (positiver und negativer Art) innerhalb des Erfahrungsraums, die der Interviewte anhand seines Orientierungsrahmens zeigt.

I: mhm. so früh schon?

R: ja. bei dem ist das ganz schlimm. das hat mir die mutti heute wieder erzählt, dass er zuhause eine drei schreiben wollte und das ist ihm nicht gelungen da ist der <u>aus-</u><u>gerastet</u>, da kriegt der einen <u>koller</u>. ja, so ist er, er ist <u>so was von</u> akkurat. aber der kann eben bis hundert zählen, er kann die uhr schon und der ist fünf. er kann eben auch so ganz <u>spezielle</u> fragen das also wie drei stunden wieviel minuten das sind. ne mutti, drei stunden sind mal sechzig (.) soundsoviel minuten. so denkt, so ist er. aber er zeigt das nicht in der gruppe. er ist eigentlich ein typ der sich immer anpasst. also der spielt mit den kindern, zeigt ihnen auch grade ich hab dann wieder das ganze ge-genteil das ist jan seidel. der ist äh ein integrationskind. der is eigentlich also hat den entwicklungsstand von nem dreijährigen. er spricht jetzt auch also er hat am anfang kaum gesprochen und spricht aber jetzt und er soll aber bei mir bleiben in der gruppe (2) und die zwei also der ist eben derjenige der den jan seidel lenkt. oder ihm auch immer was zeigen will, und der will eigentlich immer rum albern der versteht nicht was lukas ihm zeigen will und der ist ganz anders wieder in seiner art ja er ist ein lieber? aber der macht immer alles das mit was die anderen kinder auch machen also der ist nicht für sich selber jetzt also er sitzt zwar auch mal da und malt aber er guckt <u>immer</u> so was die anderen tun und machen.

Mit der Frage zielt die Interviewerin auf eine Beschreibung der Kinder in der Gruppe ab. Zugleich lenkt sie den Blick auf die Besonderheiten der Kinder, was insofern keine offene Frage darstellt, aber im Vergleich zu den anderen Erziehe-rinnen zu interessanten Kontrasten führt. Frau Radisch schließt mit einer kurzen Sachverhaltsdarstellung an die Frage an, im darauffolgenden langen Abschnitt schildert sie einen von ihr als besonders klug eingeschätzten Jungen. Die Kinder beschreibt sie demnach am Raster der Leistungsfähigkeit und sozialer Kompe-tenzen. In diesem Sinne wird Lukas mit seinem Wissen als positiv dargestellt. Zugleich kritisiert Frau Radisch jedoch seine mangelnde Fähigkeit, sich in Grup-pen einzufügen: Er ist zwar schlau, teilt jedoch nicht sein Wissen, sondern behält es für sich. Wiederholt kommt hier ihr Gemeinschaftssinn als Orientierung zum Vorschein. Dann schildert sie ein Gespräch mit der Mutter des Jungen, in dem besondere Fähigkeiten thematisiert wurden. Zum einen dokumentiert sich darin, dass es einen regelmäßigen Austausch zwischen ihr und der Mutter gibt („wie-der", Z.119). Zum anderen wird deutlich, dass sie sich selbst keinen aktiven Einfluss bei der Vermittlung des Wissens des Jungen bemisst. Im Vergleich zum intelligenten Lukas wird Jan als dessen Gegenpol eingeführt („das ganze Gegen-teil"). Er ist ein Integrationskind mit dem Entwicklungsstand eines Dreijährigen, der jedoch gern mit anderen Kindern zusammen ist. Insofern unterscheidet sich Jan von Lukas nicht nur durch seine intellektuellen Defizite, sondern auch durch seine in größerem Maße vorhandenen sozialen Fähigkeiten.

Zitat Z. 133-146:
I: und wurde das diagnostiziert dass er da zurück ist in seiner entwicklung?
R: ja ja. er ist auch bei der frühförderung (.) hier im gesundheitsamt und das soll also jetzt auch wieder weitergeführt werden also verlängert werden (2) ((ausatmend gesprochen)) ja: wahrscheinlich kommt er nicht in die <u>vorschule</u> und soll eben bei mir bleiben einfach weil er sich da wahrscheinlich nicht (.) er findet sich da nicht zurecht und kommt dann wahrscheinlich nicht in die schule also in die lernbehinderternschule oder keine ahnung (.)
I: was kann ich mir das vorstellen, wie viel defizite hat er also nur sprachlich gesehen oder?
R: ( ) also das sprachverständnis fehlt ihm ganz oft. und auch von seiner ganzen art von seinen bewegungen er hat also jetzt physiotherapie logopädie frühförderung also er wird von allen seiten praktisch gefördert. also das hat schon was gebracht (.) aber das ist eben wirklich massiv. (.) er ist sehr groß (.) also das ist auch ein <u>lieber</u> und lässt er sich auch lenken also so isses nicht und er greift auch alles auf was man ihm zeigt.
I: aber das ist je witzig dass die beiden dann befreundet sind.
R: ne befreundet kann man nicht sagen aber er ist eben derjenige der sich gern um den jan kümmert (2)

Auf die Frage der Interviewerin, wie der Entwicklungsrückstand bei Jan diagnostiziert wurde, antwortet Frau Radisch, dass dies in der Frühförderung im Gesundheitsamt geschehen sei, die auch verlängert wird. Außerdem soll er nicht in die Vorschule kommen und damit vorerst nicht eingeschult werden, da er sich dort nicht zurechtfinden würde. Stattdessen solle er noch eine Weile bei ihr in der Gruppe bleiben und dann eventuell in eine Lernbehindertenschule integriert werden. Die Formulierung „*soll eben bei mir bleiben*" sowie die schwere Atmung lassen darauf schließen, dass ihr die Entscheidung, den Jungen in der Gruppe zu lassen, abgenommen wurde. Nun, da dies beschlossen wurde, arrangiert sie sich mit dem Gedanken und konzentriert sich auf seine positiven Eigenschaften, die sie mit leicht lenkbar und lieb umschreibt. Darüber hinaus negiert Frau Radisch, dass die beiden Jungen eine Freundschaft verbindet und beschreibt die Beziehung eher als Sorge- und Abhängigkeitsverhältnis. Ihr Konzept von Freundschaften scheint auf (intellektueller) Gleichheit zu beruhen.

Auch in diesem Abschnitt wird insgesamt ihre passive Haltung deutlich: Weder bei Lukas, noch bei Jan beschreibt sie eigene Förderangebote. Stattdessen benennt sie Institutionen (Physiotherapie, Logopädie, Frühförderung), die ihn rundum fördern. Indem sich Lukas nun um Jan kümmert, ihn „an die Hand nimmt" und ihn immer wieder anregt, übernimmt er die eigentliche Rolle der Erzieherin.

Zitat Z. 148-160:

R: ja und dann gibt's in dieser sechsergruppe eben auch noch ein mädchen was noch ganz klein ist wo man gar nicht denkt dass es auch in die vorschule kommt (2) die lisa (2) die hat auch so`n bisschen also die müsste auch bissel eigentlich mehr können also (.) da denkt man nicht dass sie in die vorschule kommt auch vom wissen her da müssn mer auch noch viel tun? und dann john paul das sind cousins die kommen auch in die vorschule (.) und dann noch unseren sebastian. der ist eben sehr (.) habe auch gedacht dass er ein integrationskind bestimmt wird. der war auch jetzt mit der mutti in psychologischer behandlung und soll auch noch welche kriegen (.) weil er sehr (.) aggressiv ist gegenüber kindern aber auch gegen erwachsenen oft also so sehr laut sehr laut. Und (.) ich muss ihnen ehrlich sagen wenn er nicht da ist dann ist es harmonisch (.) das war heute ein tag.// @(.)@//@(.)@ und (.) da steh ich auch dazu. und die mutti ist auch oft froh wenn sie ihn abgibt also die kommt auch nicht mit ihm so richtig klar ja und jetzt soll eben eine familientherapie stattfinden aber organisiert ist da auch noch nichts.

Frau Radisch führt in diesem Abschnitt weitere Kinder ihrer Gruppe ein, die alle im defizitären Spektrum wahrgenommen werden. Interessant sind die Kriterien, anhand derer die Kinder ‚kategorisiert' werden. So misst die Erzieherin der Körpergröße eine wichtige Bedeutung bei, was auf die Sichtweise hindeutet, dass Kinder erst ab einer bestimmten Körpergröße als schulreif gelten. Nachdem Frau Radisch ein Mädchen und zwei weitere Jungen ihrer Gruppe am Raster der Leistungsfähigkeit vorstellt, kommt sie auf einen Jungen zu sprechen, den sie mit „*unseren sebastian*" einführt. Mit dieser ironischen Konnotation wird der Junge als „Gemeinschaftprojekt" dargestellt. Schnell wird deutlich, dass Frau Radisch mit diesem Jungen überfordert ist. Er wird sehr negativ beschrieben mit Worten wie (betont) „*laut*" und „*aggressiv*". Sie ist froh, wenn er nicht da ist und thematisiert bzw. delegiert auch hier an andere Helfersysteme. Es scheint, als ob sie sich selbst nicht in der Verantwortung oder in der Lage sieht, diesem Jungen Unterstützung zu bieten. Sowohl die Förderung (psychologische Beratungsstelle), als auch die Ursachen für seine Probleme (Familie) werden komplett aus dem Kindergarten ausgelagert. Dies deutet auf die Orientierung hin, dass der Kindergarten nicht auf eine individuelle Förderung, sondern auf die Vorbereitung der Grundschule abzielt. Indem sie betont, dass selbst seine Mutter froh sei, ihn abzugeben, weist sie jegliche ‚Schuld' von sich. Deutlich wird in dem Abschnitt auch, dass Frau Radisch ein geordnetes Spielen bevorzugt, bei dem es leise und harmonisch zugeht. Sebastian stört nun diese Art des Spielens und sorgt für Streit in der Gruppe.

Zitat Z.: 169-185:

I: und kann das mit fehlenden regeln oder grenzen in der familie zu tun haben?

R: ja das wars wahrscheinlich ne was da der auslöser ist und es ist sehr schwer dass wir jetzt ihn ((kaffeemaschine im hintergrund)) man muss da eben wahrscheinlich noch mehr (ich bin nicht diejenige die immer so ganz hart durchgreift) es gibt kolleginnen die können das da spurt er. da steht er

I: (wie müsste man da machen zum beispiel?)

R: tja, anderes gesicht aufsetzen? ich weiß nicht er kennt mich eben jetzt schon so gut so also in der gruppe jetzt so wie die konstellation ist weiß er dass ich (mich nicht durchsetze). also ich habe nicht die muss ich ehrlich sagen bei ihm (.) hab ich nicht die handhabe krieg ich nicht. das ist (.) ich hab nur zu tun. schwierig. (3) ja. °@(.)@°

I: na sehen sie das als eine rolle oder aufgabe? als Erzieherin da irgendwie kompensatorisch oder erzieherisch da einzuwirken auf die kinder?

R: also da fallen viele kinder dabei runter das tut mir oft so leid ja weil der sebastian sich oft so in den vordergrund stellt und ich hab nur zu tun da irgendwie immer zu schlichten oder das ist das was mir sehr oft leid tut dass die gruppe dadurch leidet dass es dadurch lauter ist und dieses spiel und dieses miteinander oft hinten runter fällt dass eben auch kinder die ruhiger sind da das nachsehen haben. und das tut mir manchmal leid ((atmet tief)) und das stört mich oft in meiner arbeit im moment das hindert mich muss ich sagen. das wissen die anderen kollegen auch aber ja das ist so ne sache °da muss ich jetzt damit klar kommen° das versuch ich auch so gut wie es geht.

Die Frage der Interviewerin, inwiefern das Verhalten von Sebastian mit fehlenden Regeln in der Familie zusammenhängt, bejaht Frau Radisch kurz und beginnt dann zu berichten, dass ihr der Umgang mit ihm sehr schwer fällt. In ihrer Beschreibung wird deutlich, dass sie sich als zu wenig konsequent empfindet und anderen Kolleginnen mehr Durchsetzungsfähigkeit zuschreibt. Gleichzeitig kommt eine große Hilflosigkeit und Aussichtslosigkeit zum Vorschein, die wenig Veränderungspotential erkennen lässt. Auf die Nachfrage der Interviewerin, inwiefern Frau Radisch es als ihre Aufgabe ansieht, erzieherisch auf diese schwierigen Kinder einzuwirken, weicht sie aus und führt ihre argumentativen Beschreibungen weiter aus, in denen noch einmal deutlich wird, dass sie die Orientierung hat, dass Kinder ruhig miteinander zu spielen haben. Indem sie leise anmerkt, dass ihre Kollegen von ihren Problemen im Umgang mit diesem Jungen wissen und sie wohl allein damit klar kommen muss, wird deutlich, dass sie sich allein gelassen fühlt und Unterstützung, bspw. durch Supervision nötig hätte.

Zitat Z. 251-266:
R: jetzt im moment sind die mädchen in der überzahl. ich habe liebe mädchen. das sind die kleineren die hab ich dann noch ein jahr. es kann nur besser werden.
I: @(.)@
R: ne man muss eben das beste draus machen also. ist alles gut.
I: also die mädchen sind schon einfacher zu bändigen
R: ja. hab ich manchmal das gefühl. aber es gibt nein aber wenn der es ist so. wenn der nicht sebastian da ist es ist wirklich ein anderes arbeiten. es ist aber traurig, dass der sebastian da hinten runter fällt dass er sich da nicht mit einfügt. ja. und ich hab es schon mit allem versucht mit liebe mit strenge. es ist schwierig mit dem jungen zu arbeiten. wirklich. er ist ja auch derjenige der nicht schläft, der schläft eben dann draußen. dann muss er eben draußen schlafen, weil er die anderen kinder nicht schlafen lassen würde. er sagt dann zwar immer ich bin lieb ich bin lieb ich bin lieb kathrin ich möchte aber hier drinne schlafen so und dann versucht man`s wieder. er schläft nicht. aber er schläft auch nicht bei anderen. also so isses nicht dass er nur nicht bei mir schläft aber ( ) da muss er eben raus. weil, die kinder sollen bei uns sich immer erst hinlegen und zur ruhe kommen. sie müssen nicht unbedingt schlafen, aber ruhig sein. die größeren die dürfen dann immer aufstehen für den fall dass sie wirklich nicht schlafen. die müssen sich dann leise unterhalten oder leise verhalten und dürfen dann in die bibliothek

Frau Radisch bezieht sich auf eine vorherige Anmerkung der Interviewerin zum Verhältnis von Jungen in Gruppen. Früher habe sie auch mehr Jungen als Mädchen in ihrer Gruppe gehabt. Heute jedoch seien die Mädchen in der Überzahl, die sie als lieb bezeichnet. Frau Radisch drückt ihre Erleichterung aus, da die Mädchen zu den jüngeren Kindern ihrer Gruppe zählen und somit noch eine Weile bei ihr in der Gruppe bleiben. Durch die Wahl der Worte „es *kann nur besser werden*" dokumentiert sich, dass sie die momentane Situation als belastend empfindet. Schlechter könnte es kaum gehen, also nur besser. Da sie nichts verändern kann, hält sie es eben aus. Zwischen diesen Zeilen kommt eine große Resignation zum Vorschein, die sich auf einer grundsätzlichen Überforderung im Umgang mit bestimmten Jungen der Gruppe gründet. Zudem wird hier erneut ihre Orientierung deutlich, dass die Mädchen ihrer Gruppe alle lieb seien. In ihrer Bestätigung der –zugegebenermaßen suggestiv formulierten- Frage, ob Mädchen leichter zu bändigen seien, wird deutlich, dass diese Überzeugung auf der kommunikativen Ebene durchaus präsent ist. Gleichzeitig räumt sie ein, dass die unterschiedlich empfundene Schwierigkeit im Umgang mit Jungen und Mädchen abhängig davon sei, ob Sebastian da wäre oder nicht. Darüber hinaus wird deutlich, dass Frau Radisch eine Art Trauer empfindet im Umgang mit Sebastian. Es macht sie traurig, dass er „*da hinten runter fällt*", sich nicht mit einfügt. Ihre Ängste und Befürchtungen beziehen sich demnach nicht auf die gefährdete soziale Entwicklung von Sebastian, sondern es dokumentiert sich hierin ihre Wut und Hilflosigkeit einem Jungen gegenüber, der sich nicht der Gruppe und ihren Vorstellungen anpasst. Aus ihrer Sicht trägt sie selbst keinerlei Schuld, da sie alles versucht hat. In einem Muster der Rechtfertigung führt sie sowohl bestehende Regeln des Kindergartens an, als auch ähnlich handelnde Kolleginnen, die auch an dem Jungen versagen. Die Orientierung, die dabei zum Vorschein kommt, ist, dass sie sich in der Verantwortung sieht, dass sich die Kinder den Regeln des Kindergartens unterordnen. Hypothetisch wäre ja auch möglich, dass sie den Jungen an eine andere Erzieherin abgibt, doch dies scheint keine Option für sie zu sein. Ihre eigene Formulierung: *„das Beste draus machen"* wirkt wie ihre eigene Bewältigungsstrategie. In dem Zusammenhang mit dem Umgang des Jungen wirkt diese Strategie resigniert und passiv. Es macht den Anschein, als ob die Einhaltung der Regeln des Kindergartens wichtiger ist als das Wohlbefinden eines Kindes in der Gruppe.

5.1.4 Zusammenfassende Betrachtungen des Falls

Nach der Betrachtung der Ergebnisse auf den drei Ebenen Institution, Interaktion und Individuum wird deutlich, dass es sich hier um eine starke Passförmigkeit zwischen allen drei Ebenen handelt. In der folgenden Tabelle wurden die zentralen Ergebnisse der einzelnen Interpretationsebenen zusammengefasst.

Tabelle 6:   Zusammenfassung der drei Untersuchungsebenen – Fall Frau Radisch

Leitungsebene	Interaktionsebene	Interviewebene
Zugrunde liegende Orientierung		
Distanziert-patriarchalisch	Orientierung an Anpassung, Gemeinschaft, Lernzielen Strukturierungs- und Disziplinierungsorientierung bei Ordnungsthemen	Orientierung an Gemeinschaft, Kollektivität, Erreichen von Fertigkeiten Resignation

Umgang mit Kindern, Diversität		
Abgrenzung nach ‚unten‘ Passivität	Passivität bei Interaktionsprozessen, Missachtung der Bedürfnisse einiger Kinder (Bsp.: Jan, Kevin)	Passivität – Delegieren an andere Institutionen
Autoritär-direktiver Führungsstil	Disziplinierungsgestiken bei Ordnungsthemen Demonstration von Macht im Raum, Distanz	Einhaltung von Regeln- Kinder sollen ruhig spielen
Dimensionen der Differenzierung		
Zuschreibung von Geschlechtsunterschieden als naturgegeben	Geschlechtsspezifische Kommunikation; Jungen diszipliniert, Mädchen rollenspezifisch bestärkt	Jungs sind schwieriger als Mädchen
Ignorieren von Ausgrenzung aufgrund des familiären Hintergrundes	Anpassungsfähigkeit an vorherrschende Regeln (bes. relevant für Jungen aus benachteiligten Familien) Ignorieren von Bedürftigkeit bei Integrationskind	Stereotype vorhanden

So konnte im Hinblick auf die durchscheinenden Orientierungen der Leiterin des Kindergartens aufgezeigt werden, dass diese von einer deutlichen Abgrenzung und damit Distanz gegenüber Kindern und Familien aus sozial benachteiligten Milieus gekennzeichnet sind. Des Weiteren kamen geschlechtsstereotype Einstellungen zum Vorschein.

Auf der Interaktionsebene wurde in den beiden videografierten Szenen von Frau Radisch ein großes hierarchisches Gefälle zwischen ihr und den Kindern deutlich, das mit einer Verkörperung von Distanz und Passivität einherging. Zudem wurde ein geschlechtsspezifischer Umgang mit Mädchen und Jungen aufgezeigt. In den Beschreibungen der Kinder im Interview kamen immer wieder eine defizitorientierte Sichtweise und eine Resignation im Hinblick auf ‚schwierige Kinder‘ zum Vorschein. Sowohl die Leiterin mit der Grundhaltung „aber was willste machen“, als auch Frau Radisch mit der Strategie, „das beste draus machen“ vermitteln vor allem Distanz und Ohnmacht und versuchen so, den besonders für Frau Radisch als schwierig empfundenen Alltag im Kindergarten auf ihre Weise zu bewältigen.

Was diese Zusammenhänge nun für die Kinder des Kindergartens und den Umgang mit ungleichheitsrelevanten Aspekten bedeuten können, soll im Folgenden erläutert werden. Zunächst einmal steht das stark ausgeprägte hierarchische Gefälle im Vordergrund, welches sich in allen Beziehungsebenen widerspiegelt – in den Ebenen: Leiterin mit Eltern, Leiterin mit Erzieherinnen, sowie zwischen Erzieherin und Kindern. Im Alltag mit den Kindern äußert sich dies bei Frau Radisch zum einen anhand disziplinarischen, Distanz vermittelnden Gestiken, zum anderen anhand auffordernden, wenig wohlwollenden Äußerungen. Dieser Interaktionsstil scheint einer Kommunikation, wie sie in aktuellen Bildungsplänen hervorgehoben wird, entgegenzuwirken. Statt ko-konstruktiven Prozessen, die durch eine wechselseitige Bezugnahme gekennzeichnet sind, verkörpert Frau Radisch vielmehr eine autoritäre Führungskraft, die dafür da ist, die Regeln und damit die Ordnung in der Gruppe aufrechtzuhalten. Wie sich in den Interviews zeigte, hat Frau Radisch zudem eine Orientierung an Gemeinschaft inne, welche dazu führt, dass sie Gruppensituationen bevorzugt, in denen möglichst alle Kinder teilnehmen. Kinder, die sich nicht für die von ihr hervorgebrachten Themen und Spiele interessieren, werden von der Erzieherin als defizitär betrachtet. Für diese Kinder kann das bedeuten, dass sie einem regelrechten Anpassungsdruck gegenüberstehen, wobei Anerkennung und Zuneigung entzogen werden, wenn sie sich diesem Druck nicht beugen.

In jeglichen Spielsituationen zwischen den Kindern, die sie selbst nicht initiierte, konnte darüber hinaus ein passiver Interaktionsstil aufgezeigt werden. Durch die Interviewergebnisse wurde der Eindruck verstärkt, dass Frau Radisch nicht nur passiv, sondern auch hilflos ihrer eigenen Rolle als Erzieherin gegenübersteht. Durch die Kommunikationsstrukturen der Institution ist zu vermuten, dass sie hierbei wenig Unterstützung und Anerkennung ihrer Leiterin erhält. Indem weder die Leiterin noch die Erzieherin ihre professionellen Rollen reflektieren, entsteht eine ‚prekäre Interaktionskultur‘, wobei Kinder zwar beherbergt und beaufsichtigt, jedoch nicht individuell gemäß ihren Bedürfnissen beachtet werden. In einem integrativen Kindergarten wie diesem wird die passive Haltung von Frau Radisch dann zum Problem, wenn bedürftige Kinder keine Unterstützung erhalten. Dies zeigte sich in beiden Szenen am Beispiel des Integrationskindes Jan. Die Erzieherin begegnete seinen Kontaktversuchen mit Ignoranz und Reaktionen, die mit einem ‚aktiven Wegschauen‘ umschrieben werden können (vgl. Szene 1, Untersequenz 2 *„Junge sucht Platz"*). Da der Junge einerseits, bedingt durch seine Entwicklungsrückstände, wenig soziale Kompetenzen zeigt[97], andererseits durch sein ‚Anderssein' von Ausgrenzungen der anderen Kinder bedroht ist, ist die Rolle der Erzieherin besonders entscheidend. Frau Radisch missachtet jedoch nicht nur die Bedürfnisse dieses Jungen, sondern toleriert soziale Ausgrenzungen, die ihm widerfahren.

Im Hinblick auf ungleichheitsrelevante Dimensionen hat sich in den bisherigen Interpretationen gezeigt, dass es sich hier nicht nur um eine Dimension handelt. So wurde bereits im Leiterinneninterview deutlich, dass die familiäre Herkunft eine bedeutende Rolle spielt. Da die meisten Eltern dieses Kindergartens aus so genannten sozial benachteiligten Milieus stammen, unterstellt die Leiterin grundsätzlich allen Eltern ein geringes Reflexionsniveau und ein mangelndes Interesse an den Belangen der Kinder und des Kindergartens. Werden Kinder aufgrund ihrer familiären Herkunft von anderen Kindern ausgegrenzt, so reagieren sowohl die Leiterin als auch die Erzieherinnen mit Ignoranz. Kinder, die in armen und prekären Verhältnissen leben, sind demnach nicht nur von Ausgrenzung anderer Kinder, sondern auch der Erzieherin betroffen. Im Interview mit Frau Radisch zeigte sich darüber hinaus die Differenzierungslinie der wahrgenommenen Intelligenz, die sie anhand der Kinder Jan und Lukas verdeutlichte. In diesem Zusammenhang wurde deutlich, dass Intelligenz und der familiäre Hintergrund nicht allein relevant sind, sondern dass die Anpassung der Kinder an Gemeinschaftsinteressen sowie an bestehende Regeln im Vordergrund steht. Dieses Differenzierungsmerkmal könnte mit ‚Anpassungsleistung/ Gehorsam' formuliert werden.

Neben dem sozialen Hintergrund der Kinder spielt auch das Geschlecht eine große Rolle. Auch in dieser ungleichheitsrelevanten Thematik wurde vor allem der unreflektierte, unprofessionelle Umgang offenkundig. Sowohl die Leiterin, als auch die Erzieherin weisen geschlechtsstereotype Orientierungen auf, indem sie Mädchen als grundsätzlich lieb, ruhig und an Bastelaktivitäten interessiert einordnen, während Jungen als raufend, tobend und sportlich betrachtet werden. Obwohl sich die Leiterin zum Thema Gender im Hinblick auf Benachteiligungen äußert, scheint ihr lückenhaftes Wissen und mangelnde Selbstreflexion eher zu einer Verhärtung der Geschlechtsstereotype zu führen. In den Interaktionen der Erzieherin äußerte sich dies anhand rollenspezifischer Zuschreibungen von Aufgaben, indem Mädchen positiv bestärkt wurden, wenn sie aufräumten. Jungen hingegen wurden meist disziplinarisch zurechtgewiesen und selten mit Nähe und

---

[97] Der Junge hat in der Gruppe kaum gesprochen, spielte oft allein und wurde selten von anderen Kindern in das Geschehen mit eingebunden.

Anerkennung bedacht. Obwohl die Benachteiligung (im Sinne eines Entzugs von Anerkennung) von Jungen gegenüber Mädchen in dieser Gruppe scheinbar offensichtlich ist, können dennoch sowohl Jungen, als auch Mädchen in ihrer Entwicklung beeinträchtigt werden – Jungen, indem sie bspw. ein negatives Selbstbild erlangen und/oder durch negatives Verhalten die Aufmerksamkeit pädagogischer Fachkräfte auf sich ziehen[98], und Mädchen, indem sie Geschlechtsstereotype in ihr Selbstkonzept fest verankern.

Festzuhalten gilt, dass Jungen, die laut sind und sich nicht anpassen, von der Erzieherin eher missachtet werden, während Mädchen, die ruhig am Tisch sitzen und ihre Anweisungen befolgen, eher Wertschätzung entgegengebracht wird.

Obwohl in den Interaktionen von Frau Radisch keine direkte Ungleichheitsbehandlung der Kinder aufgrund ihrer familiären Herkunft vordergründig waren, kann die mangelnde Anerkennung und Förderung aller Kinder in ihrer Gruppe durchaus dazu führen, dass vornehmlich Kinder aus prekären Verhältnissen durch mangelnde Ressourcen außerhalb des Kindergartens beeinträchtigt sind.

5.2 Kindergarten *Expedition*

5.2.1 Kontextinformationen

Der zweite Kindergarten befindet sich in einem Neubaugebiet einer mittelgroßen Stadt in den neuen Bundesländern, unweit des Stadtzentrums. Dieses Neubaugebiet wurde in den 1960-er Jahren als eigenständige sozialistische Planstadt erbaut. Seit der Wende gilt dieses Wohngebiet durch die großen Wohnungsleerstände, dem hohen Segregationsgrad, hohen Arbeitslosenzahlen und nicht zuletzt auch gestiegenen Kriminalitätszahlen als problembelasteter Stadtteil. Das Gebäude besteht aus einem Kindergarten- und einem Kinderkrippenbereich und ist eingebettet in Neubaublocks. Auffallend ist der große Garten mit einigen Bäumen und Klettergerüsten, der sich direkt an das Gebäude anschließt. Der kommunale Kindergarten *Expedition* steht insgesamt 120 Kindern (davon 37 Kinder unter drei Jahren) offen, die sich auf fünf Gruppen mit Kindern im Alter von drei bis sechs Jahren sowie zwei Krippengruppen aufteilen. Im Kindergartenbereich

---

[98]   Vgl. Nicht nur in den videografierten Szenen (Bsp.:„Kinder spitzen Stifte an"), sondern auch in der teilnehmenden Beobachtung wurde deutlich, dass Kevin genau dieses Muster verfolgt. Während die Erzieherin sein Fehlverhalten sehr häufig kritisierte, kommentierte sie sehr selten Situationen, in denen der Junge ruhig und kooperativ spielte.

arbeiten zehn Erzieherinnen sowie, stundenweise, die Leiterin. Frau Winter ist Mitte 30 und erst seit 2007 als Leiterin in dem Kindergarten tätig. Sie hat eine sozialpädagogische Hochschulausbildung (Dipl.-FH.) und arbeitete vorher in der offenen Kinder- und Jugendarbeit. Mit dem Leiterinnenwechsel und im Zuge der Reformpläne kam es zu inhaltlichen konzeptuellen Veränderungen im Kindergarten. So nahm der Kindergarten zum Zeitpunkt der Untersuchung an einigen Reformprogrammen teil, die in allen kommunalen Kindertageseinrichtungen dieser Stadt Eingang gefunden haben. Dazu gehören ein Programm, das sich um eine gesunde Ernährungs- und Lebensweise dreht, sowie ein Projekt, welches auf eine Neuorientierung des Teams in Hinblick auf das pädagogische Leitbild und Bildungsinhalten des jeweiligen Kindergartens abzielt. Obwohl zum Zeitpunkt der Untersuchungen (noch) kein festes pädagogisches Konzept bestand, hatte die Leiterin bereits mit Beginn ihrer Tätigkeit den Wechsel von festen Bezugsgruppen zu einer gruppenübergreifenden Pädagogik mit ‚Mottoräumen' initiiert. Seit dieser Umstellung können die Kinder je nach Interesse verschiedene Räumlichkeiten und dementsprechend auch Erzieherinnen aufsuchen. Beispielsweise findet regelmäßig eine Bewegungs- und Tanzgruppe statt, die Frau Schulze leitet. Lediglich zur Morgenrunde treffen sich die Kinder täglich in den ursprünglichen Bezugsgruppen. Neben der konzeptionellen Umgestaltung des Kindergartens befasst sich die Leiterin zum Zeitpunkt des Interviews mit dem Thema Teamentwicklung. Das Team habe sich in den letzten vier Jahren stark vermischt und besteht aus einem alten ‚Kernteam' und neu dazugekommenen Erzieherinnen. Zweimal im Monat finden Teamberatungen außerhalb der Betreuungszeiten statt, bei dem pädagogische Konzepte sowie organisatorische Dinge besprochen werden. Darüber hinaus benennt sie sowohl Pausengespräche an der Kaffeemaschine, als auch wöchentlich stattfindende Mitarbeitertreffen als wichtige Kommunikationsmöglichkeiten für das Team.

5.2.2 Leiterin-Interview

Frau Winter stand dem Interviewgespräch offen und neugierig gegenüber. Lediglich ihre Anmerkung, dass sie sich auf die Fragen im Vorfeld gerne vorbereitet hätte, deutete auf eine gewisse Unsicherheit hinsichtlich der Interviewsituation hin. Im Interview wurde sie gebeten, sich hinsichtlich unterschiedlicher Lernvoraussetzungen bei Kindern zu positionieren.

Zitat Z. 33-53:

I: zu diesen lernvorausetzungen wollt ich noch mal zurück. inwiefern muss man da eigentlich mit unterschieden rechnen bei den kindern hinsichtlich ihrer lernvoraussetzungen?

W: (.) ähm, also familiärer hintergrund spielt natürlich ne große rolle. also man erkennt schon deutlich kommt das kind aus ner familie in der sich eltern äh auch mit bildung beschäftigen, in der sich eltern mit ihren kindern auseinandersetzen, wo eltern sich intensiver letztendlich auch um ihre kinder bemühen, denen halt auch viel anbieten viel mit ihnen sprechen. es geht natürlich auch viel über gespräche mit den kindern. oder kommen sie aus familien wo das nicht so im vordergrund steht, wo kinder sich eher auch wirklich auch so selbst durchwuseln müssen. also sind ja dann auch oft familien wo mehrere kinder sind die mit ihren geschwistern im kontakt sind (.) wo einfach vom zuhause her von der familie her sag ich mal nicht so offen oder so viel angeboten wird wie in anderen familien. den unterschied merkt man natürlich. (.). ähm und dann ist natürlich die frage was ist für die eltern wie verstehen eltern dann auch, wie kann ich mein kind am besten fördern. es heißt ja nicht dass jetzt in familien von denen ich grad erzählt habe, wo mehrere kinder sind oder wo eltern sich vermeintlich nicht so gut kümmern, die wollen natürlich auch das beste für ihr kind, ist klar. wissen aber nicht oder habm ein anderes verständnis dafür wie sie das erreichen. die erreichens dann eher mit strengerer erziehung mit regularien die sie versuchen durchzusetzen und dann vielleicht auch mal inkonsequent sind. und weniger über das einfühlsamere, über die beziehung zum kind, über die engere beziehung zum kind (2).

Die Frage der Interviewerin bezieht sich auf Unterschiede in den Lernvoraussetzungen der Kinder. Damit werden Unterschiede zwischen Kinder bereits auf das Thema Bildung und Lernen fokussiert. Voraussetzungen für das Lernen kann jedoch vielerlei bedeuten – bspw. könnte hier das individuelle Interesse oder das häusliche Umfeld eine Rolle spielen. Frau Winter spricht dem familiären Hintergrund und insbesondere die Bildung der Eltern eine besondere Bedeutung zu. Ihrer Argumentation folgend, gibt es zwei Arten von Familien: Die einen, in denen die Eltern bildungsorientiert und am Kind interessiert sind. Dies seien Eltern, die sich um ihr Kind bemühen, indem sie mit ihren Kindern viel sprechen, ihnen viel Anregung bieten sowie eine enge, vertrauensvolle Beziehung aufbauen. Demgegenüber gibt es Familien, in denen die Eltern weniger mit ihren Kindern reden, die Kinder auf sich selbst gestellt sind und meist in Großfamilien leben. Diese Eltern würden ihre Kinder eher streng erziehen, seien dabei häufig inkonsequent und würden es nicht schaffen, eine einfühlsame und enge Beziehung zu ihren Kindern herzustellen. In diesen Zeilen deutet sich eine polarisierende Grundhaltung (und damit ein positiver und negativer Gegenhorizont) gegenüber Eltern an- es gibt bildungsferne und bildungsnahe Kinder. Es wird deutlich, dass die Leiterin mit bildungsfernen Eltern eher negative Assoziationen herstellt und dies auch – wenn auch etwas vorsichtig – so benennt („[…] *wo Eltern sich vermeintlich nicht so gut kümmern*"). Neben dieser distanzierten Grundhaltung bildungsfernerer Milieus gegenüber ist darüber hinaus jedoch eine vorsichtige, achtsame Haltung zu erkennen. Dies kommt vor allem an der Stelle zum Ausdruck, in der die Leiterin diesen Eltern einräumt, dass sie auch nur *„das beste"* für ihre Kinder wollen, es aber offenbar an mangelndem Wissen oder Verständnis liegt, wenn sie es bisher nicht geschafft haben. Im Vergleich zu Frau Arndt, der Leiterin des ersten Kindergartens im sozialstrukturell ähnlich geprägten Wohngebiet, beschreibt sie bildungsferne Eltern nicht als faul, sondern sie bleibt in einem eher verständnisvollen Ton. Indem die Leiterin angibt, dass sie *„erkennt"* und *„merkt"*, welchen familiären Hintergrund die Kinder zugehörig sind, wird deutlich, dass sie ihre Wahrnehmungen mit alltäglichen Interaktionen verknüpft. Im darauf folgenden Interviewabschnitt führt Frau Winter ihre Gedanken zum familiären Einfluss noch weiter aus.

> Zitat Z. 54-69:
> I: und merkt man das auch schon an den kindern hier, eben aus welchen familiären hintergründen die kommen, ohne dass man jetzt ganz direkt die eltern sieht?
> W: das merkt man. gut, die eltern kennt man natürlich von anfang an auch. also das ist ja so in der kita, dass man im engen kontakt zu den eltern steht aber das spürt man schon.
> I: ja? woran?
> W: @(2)@ äh, (.) die kinder die aus den familien kommen wo eltern sich mehr bemühen oder sich auch mehr mit dem thema wie bildet sich mit kind auseinandersetzen oder einfach auch mehr unternehmen vielleicht, die haben schon einen größeren erfahrungsschatz, man merkts sprachlich oft deutlich, ne also mit den kindern wird mehr gesprochen, oder intensiver oder emotionaler oder wie auch immer gesprochen. und bei den anderen familien wenn mans denn so pauschalisieren will, was auch immer schwierig ist, merkt mans halt auch an sprachlichen formen. (2) sind oft äh in der sprache natürlich noch nicht so bewandert und äh selbst an der lautstärke kann man vielleicht sogar manchmal festmachen ja, wie laut redet das kind, wie versucht es sich durchzusetzen, wie wird es lauter. oder. @(.)@ also spürt man schon.

Die Interviewerin initiiert eine Frage nach Merkmalen sozialer Unterschiede bei den Kindern und schließt somit an das obige Thema an. Einschränkend fügt Frau Winter hinzu, dass sie durch den engen Kontakt zu den Eltern natürlich über deren Hintergrund Bescheid wisse. Ein enger Kontakt zu den Eltern wird dementsprechend als selbstverständliche Tatsache beschrieben. Eine der Aufgaben des Kindergartens scheint nach Frau Winters Auffassung zu sein, von Anfang an Kontakt zu den Eltern der Kinder herzustellen. Frau Winter bestätigt, dass den Kindern der familiäre Hintergrund anzumerken ist und ergänzt, dass man dies bei den Kindern aus engagierten, bildungsinteressierten Elternhäusern an dem größeren Erfahrungsschatz sowie an der Sprache merkt. Dort werde mehr, intensiver und emotionaler gesprochen als bei bildungsfernen Familien. Bei diesen, „*anderen*", Familien gebe es andere Ausdrucksformen, die Kinder seien sprachlich noch nicht so versiert und man merke es auch an der Lautstärke, mit der das Kind redet und versucht, sich durchzusetzen. Die Verwendung des Wortes ‚anders' deutet auf einen Vergleichshorizont hin, wobei die ‚anderen' mit ihren Gewohnheiten und Eigenheiten als fremd empfunden werden, während die bildungsinteressierten Eltern den positiven Gegenhorizont darstellen.

Schließlich zeigt sich in diesem Zitat ein Unterschied zu Frau Arndt. Während diese bildungsferne Kinder von anderen Kindern anhand des Körpergeruchs unterscheidet, führt Frau Winter den Sprachschatz sowie die Lautstärke als Unterscheidungsmerkmal an. Anhand ihres Kommentars „*wenn mans denn so pauschalisieren will, was auch immer schwierig ist*" sowie des verlegenen Lachens wird deutlich, dass es der Leiterin scheinbar unangenehm ist, hier zwischen den Kindern unterscheiden und sich damit positionieren zu müssen.

Zusammenfassend lassen sich die genannten Zuschreibungen zu den beiden ‚Familientypen' wie folgt gegenüberstellen:

Anregungsreiches Elternhaus:

▪ Bildungsorientierte Eltern, Eltern interessieren sich für die Bildungsprozesse ihrer Kinder

▪ Eltern beschäftigen sich intensiv mit Kind und bieten ihnen viel an

▪ im Elternhaus wird viel kommuniziert, der Kontakt ist intensiver und emotionaler als in anregungsarmen Familien

▪ Es herrscht eine enge, vertraute Beziehung zwischen Eltern und Kind vor

Anregungsarmes Elternhaus:

▪ Bildungsferne Eltern, meist mehrere Kinder in einem Haushalt

▪ Kinder sind auf sich allein gestellt – ihnen wird kaum etwas angeboten

▪ Es wird wenig kommuniziert, die Kinder haben einen geringeren Wortschatz, sind meist lauter als andere Kinder und versuchen häufiger, sich durchzusetzen

- Eltern sind wenig einfühlsam und erziehen ihre Kinder streng und inkonsequent

Im folgenden Zitat geht die Leiterin darauf ein, wie die Erzieherinnen in ihrem Kindergarten mit den genannten Unterschieden umgehen.

> Zitat Z. 70-79:
> I: ja? und die erzieher wie gehen sie damit um mit den unterschieden?
> W: (4) ähm ja also erst mal ist es nicht einfach wie gehen se damit um. also es ist schon so dass natürlich der ansatz ist also für mich ist es auch wichtig und ich hoffe dass ich das an die kollegen so rüberbringe und äh das ist eigentlich auch in der realität so dass sie natürlich versuchen zu jedem kind eine beziehung aufzubauen völlig egal aus welchem hintergrund es kommt, und dass kinder hier erleben das ist ne Erzieherin ist ne person an die kann ich mich vertrauensvoll hinwenden als kind, da ist irgendwo auch ein gefühl da. also das ist halt wichtig dass kinder sich hier alle kinder sich wohl fühlen und das geht ganz viel über auch mal über emotionalität, und über zuneigung, und über ne beständigkeit in der person der Erzieherin. ja?

Nach der Frage des Umgangs der Erzieherinnen mit zuvor beschriebenen Unterschieden überlegt Frau Winter zunächst und sagt dann, dass es ihr nicht leicht falle, die Frage zu beantworten. Dies kann darauf hindeuten, dass der Umgang mit Diversität im Kindergarten bisher nicht thematisiert wurde und ihr dementsprechend die Handlungspraxis der Erzieherinnen nicht geläufig ist. Darüber hinaus dokumentiert sich in der Sprechpause und den Beginn ihrer Argumentation, dass sie mit Einschätzungen und Urteilen bedacht umgeht. Frau Winter antwortet, dass der Aufbau einer tragfähigen Beziehung für sie sehr wichtig sei. Dabei solle die Erzieherin eine Person sein, an die sich die Kinder vertrauensvoll hinwenden können und bei der sie sich auch wohl fühlen. Man könne dies durch Emotionalität, Zuneigung und die Beständigkeit der Erzieherin als Person erreichen. Verglichen mit dem vorherigen Abschnitt kommt hier ein neuer Aspekt zum Vorschein. Aufbauend auf ihren polarisierenden Zuschreibungen von bildungsfernen und –nahen Elternhäusern zeigt sich hier die bewusste Einstellung, dass allen Kindern, unabhängig ihres familiären Hintergrundes, die gleiche Zuwendung durch die Erzieherinnen zusteht. Dies wird nicht nur als pädagogischer Ansatz des Kindergartens, sondern als ihr persönliches Anliegen beschrieben. Der deutliche Eigenbezug („*ich*") statt „*man*" (vgl. obige Zitate) unterstreicht dies noch einmal. In diesem Sinne bildet eine empathische Erzieherin, die eine enge Beziehung zu den Kindern aufweist, den positiven Vergleichshorizont für den Umgang mit Diversität, wohingegen eine distanzierte, abweisende Erzieherin den negativen Gegenhorizont bildet. Im folgenden Zitat wird die Zusammenarbeit mit Eltern thematisiert.

Zitat Z. 133-138:
I: was behindert die eltern? was hindert sie daran?
W: also das muss ich noch herausfinden ja, also sind das ist ja häufig so, natürlich die eltern die arbeiten gehen, die sich verstärkt engagieren und auch elternvertreter sind, also die die elternvertreter sind, sind fast alle auch arbeiten. das ist natürlich auch ne zeitfrage, ich denke sie müssen natürlich auch weiterhin ein stück ermutigt werden äh, gemeinsam mit den Erzieherinnen sich da wirklich auch einzubringen. der wunsch ist da.
I: ist ja erstaunlich, dass die elternvertreter sind, die arbeiten gehen, weil eigentlich die anderen eltern doch mehr zeit hätten.
W: aber das @(.)@ kenn ich auch aus anderen einrichtungen, dass das häufig so ist. äh (.) ja, das ist natürlich. @(.)@ weil ja, viele familien wo die eltern lange zeit zu hause sind, die nutzen das dann halt auch weniger nach außen zu gehen, die leben in ihrer familie in ihrem alltagstrott mit ihren problemen und haben dann halt einfach nicht das interesse, sich noch für kindergarten und für ihre kinder da verstärkt einzusetzen. sag ich mal so. und die eltern die arbeiten gehen haben ein anderen selbstbewusstsein, setzen sich anders ein und so weiter. spiegelt sich da ja dann schon so wider.

Was die Eltern an der Mitarbeit hindere, sei mangelnde Zeit, denn es wären oft diejenigen Eltern engagiert im Kindergarten und zu Verpflichtungen als Elternvertreter bereit, die einer Erwerbstätigkeit nachgehen würden. Diese Eltern bräuchten noch etwas mehr Ermutigung, um sich mehr einzubringen. Die Leiterin würde eine engere Zusammenarbeit sehr begrüßen. Auf meine Verwunderung hin, warum die Eltern engagiert sind, die eigentlich keine Zeit hätten, während andere sich gar nicht einbringen würden, entgegnet die Leitern, dass dies häufig auch in anderen Einrichtungen der Fall sei. Sie begründet dies damit, dass die Eltern, die lange Zeit arbeitslos waren, eher in ihrem familiären Alltagstrott mit ihren Problemen blieben als nach außen zu gehen.

Im Vergleich zu Frau Arndt, die eine mangelnde Zusammenarbeit mit Eltern auf die sozialstrukturelle Zusammensetzung der Eltern zurückführt und Aufgaben an die Eltern „delegiert", wird bei Frau Winter einerseits eine nachforschende, prozessorientierte Haltung („*muss ich noch herausfinden*"), andererseits eine differenziertere Sichtweise hinsichtlich der Lebenslage der arbeitslosen Eltern deutlich. Eine lange Erwerbslosigkeit geht für sie einher mit einem Rückzug ins private, mit einer Anhäufung von Problemen und mit einem mangelndem Interesse an Bildungsinstitutionen wie dem Kindergarten. Als positiver Vergleichshorizont werden selbstbewusste Eltern, die arbeiten und engagiert sind, gegenübergestellt. Die Tatsache, dass das Mitspracherecht im Kindergarten offenbar nur von arbeitenden, eher bildungsnäheren Eltern als Elternvertreter wahrgenommen wird (die jedoch mit den Interessen ihrer Kinder nur einen kleinen Teil des Kindergartens vertreten), stellt die Leiterin als allgemein üblich dar.

An einer anderen Stelle des Interviews gibt sie die Zusammensetzung der Kinder im Kindergarten an, wobei ca. 20% der Kinder im Zentrum, also außerhalb des Viertels, leben. Aufgrund der höheren Mieten in der zentralen Wohnlage kann davon ausgegangen werden, dass diese Familien in einer besseren finanziellen Lage sind als Familien in diesem Stadtviertel. Kinder mit mind. einem arbeitslosen Elternteil haben einen begrenzten Stundenumfang von 25 Stunden pro Woche zur Verfügung. Dies betreffe ca. 90 der 120 Kinder. Die Leiterin bedauert zum einen die begrenzte Stundenzahl dieser Kinder (*„das begrenzt natürlich die möglichkeiten von Erzieherinnen oder überhaupt für die kinder mehr zu machen weil es ja schon ein begrenzter zeitraum ist"*), zum anderen die Tatsache, dass viele Eltern ihre Kinder erst nach 9 Uhr in die Einrichtung bringen, da dies den aktiven Zeitraum des Tages zusätzlich reglementiere. Sie begründet das aus ihrer Sicht späte Bringen der Kinder damit, dass arbeitslose Eltern offenbar einem anderen Tagesrhythmus unterliegen als arbeitende Eltern (*„wir merken es halt dass es viele eltern nicht schaffen, eher ihre kinder zu bringen weil sie selber halt auch in so nem rhythmus drin sind da se halt nicht (um sieben) ins bett kommen, um es mal so zu sagen. also es sind halt andere lebensrhythmusse die die familien halt hier schon haben."*). Dass es viele Eltern *„nicht schaffen"* würden, ihre Kinder früh in die Einrichtung zu bringen, impliziert, dass sie die wollen, jedoch aus bestimmten Gründen nicht in der Lage sind, dies in die Tat umzusetzen. Als Maßstab der Normalität fungiert hierbei der Tagesrhythmus arbeitender Eltern. Zwischen den Zeilen wird deutlich, dass arbeitende Eltern, auch wenn sie nicht erwerbstätig wären, diesen Rhythmus des frühen Aufstehens beibehalten würden. Alternativen wie bspw. eine Anpassung der Haupt-Aktivitäten auf 9.30Uhr werden nicht angesprochen. Im Gegensatz zu den eher bewertenden Zuschreibungen von sozial benachteiligten Familien, die Frau Arndt als Leiterin des erstgenannten Kindergartens im Interview angab, bleibt Frau Winter jedoch auf einer eher deskriptiven Ebene. Darüber hinaus scheint nicht die Erwerbstätigkeit der Eltern, sondern das Ausmaß der Bildungsorientierung als Vergleichshorizont zu dienen. Auch ihr Wunsch, die Kinder möglichst schon früh am Morgen zu sehen, ist weniger von Misstrauen geprägt, sondern vielmehr von der Idee, dass die Betreuungszeiten eng an Teilhabemöglichkeiten gekoppelt sind. Diese eher wohlwollende und unterstützende Absicht kommt auch an anderer Stelle des Interviews zum Vorschein. Gefragt nach so genannten schwierigen Eltern, gab die Leiterin folgendes an: *„äh natürlich haben eltern auch immer irgendwo wenn se sich mal aufregen oder beschweren dann hat das immer auch nen hintergrund den muss man erfragen muss man mit denen im*

gespräch sein und muss man im gespräch bleiben. insofern schwierige eltern (.)
es gibt sicherlich eltern, die es schwer haben. @(.)@ aber als schwierige eltern,
also ich würde sie nicht so bezeichnen." (Z. 156-160). Frau Arndt umschreibt
‚schwierige' Eltern als Eltern, die es schwer haben. Sie versucht, aus einer verständnisvollen Perspektive die Hintergründe der Beschwerden zu erfragen und
fügt hinzu, dass dies nicht ohne kontinuierliche Gespräche möglich sei. Inwiefern sie mit *„man"* sich selbst oder auch die Erzieherinnen meint, bleibt an der
Stelle unklar. Entscheidend ist, dass Frau Winter – im Gegensatz zu Frau Arndt –
eine Wertschätzung gegenüber Eltern erkennen lässt, selbst dann, wenn diese
sich beschweren.   Der nachfolgende Abschnitt des Interviews spiegelt wider,
was die Leiterin mit Chancen des Kindergartens verbindet.

Zitat Z. 176-190:
I: was würden sie sagen welche chancen im kindergarten stecken?
W: ich müsste mich auf die fragen vorbereiten. @(2)@ chancen. also zum einen ist
es wichtig für viele kinder auch gerade wenn wir von den familien sprechen die eher
aus einem sozial schwächeren umfeld kommen ist es natürlich entscheidend hier auf
erwachsene personen zu stoßen die zuverlässig sind, kinder können hier im bestimmten rhythmus regelmäßigkeiten erleben, die sie unter umständen zu hause
nicht so erleben. also, das sind halt alles chancen wo kinder andere erfahrungen machen können als die, oder die ihre erfahrungen zu hause ergänzen, sagen wirs mal so.
@(.)@ natürlich andere entwicklungschancen, weil sie sowohl mit gleichaltrigen in
kontakt kommen als auch mit jüngeren und mit älteren kindern. das haben dann
wiederum vielleicht familien nicht wo es nur ein kind in der familie gibt. äh andere
anregungen, anderes umfeld. äh ja letztendlich auch mehr möglichkeiten sich zu entfalten in ein kinderzimmer passt das nicht alles rein was die kinder im kindergarten
für möglichkeiten haben. umgang mit unterschiedlichen erwachsenen, mit unterschiedlichen kulturen auch. es sind 15 prozent der kinder, die aus verschiedenen anderen kulturen kommen.

Auf die Frage nach den Chancen des Kindergartens räumt Frau Winter zunächst
ein, dass sie sich besser auf die Fragen vorbereitet hätte. Es wird demnach erneut
deutlich, dass es ihr wichtig erscheint, gut durchdachte Aussagen zu treffen. Im
Hinblick auf die Frage erläutert Frau Winter, dass gerade Kinder aus einem eher
anregungsarmen Umfeld von zuverlässigen Erzieherinnen und gewissen Tages-
strukturen und Regelmäßigkeiten profitieren. Dementsprechend spricht sie anregungsarmen Eltern eine eher geringe Zuverlässigkeit sowie ein mangelndes Her-
beiführen von Regelmäßigkeiten im Alltag zu. Anhand ihres deutlichen Bezugs
auf sozial benachteiligte Familien dokumentiert sich ein Bewusstsein hinsichtlich der Bedeutung der Institution Kindergartens für die sozial benachteiligten
Kinder ihres Kindergartens. Als Chancen bezeichnet die Leiterin Handlungs-
möglichkeiten, die den Kindern im häuslichen Umfeld nicht offen stünden bzw.

die Erfahrungen im familiären Rahmen ergänzen. Es wird jedoch deutlich, dass Frau Winter die Chancen des Kindergartens nicht ausschließlich für sozial benachteiligte Kinder, sondern für alle Kinder als förderlich empfindet. Nicht nur Kinder aus anregungsarmen Elternhäusern, sondern auch Kinder, die ohne Geschwister groß werden und die lediglich zu Erwachsenen der Familie Kontakt haben, profitieren demnach vom Besuch des Kindergartens. Die Tatsache, dass sich in ihrem Kindergarten viele Kinder mit Migrationshintergrund befinden, betrachtet Frau Winter als kulturelle Erfahrungsmöglichkeit für die Kinder. Das schlichte Benennen des prozentualen Anteils der Kinder mit Migrationshintergrund deutet auf eine neutrale Sichtweise auf den Umgang mit kultureller Vielfalt hin.

Zusammenfassend bezieht Frau Winter die Chancen des Kindergartens auf folgende Aspekte:

▪ Äußere Rahmenbedingungen (Rhythmus, Regelmäßigkeiten, Menge Spielmaterial),

▪ Zuverlässige Erzieherinnen, Umgang mit unterschiedlichen Erwachsenen,

▪ Kontakt mit anderen, älteren oder jüngeren, Kindern, Umgang mit unterschiedlichen Kulturen.

Die konkreten Chancen des Kindergartens sieht die Leiterin demnach sowohl auf der institutionellen Ebene (Rahmenbedingungen), als auch auf der interaktionalen Ebene (vielfältige Kontakte). Im Unterschied zu Frau Arndt, die die Chancen des Kindergartens global als groß bezeichnet, aber einschränkend für ihren Kindergarten durch mangelnde Rahmenbedingungen diese eher infrage stellt, zeichnet Frau Winter ein wesentlich differenzierteres Bild.

Zusammenfassend sollen sowohl die Orientierungen zum Umgang mit Kindern und Eltern sowie thematisierte ungleichheitsrelevante Dimensionen aufgegriffen und in ihrer Relevanz diskutiert werden. Dabei werden die Orientierungen von Frau Arndt (Leiterin Kindergarten X) als ‚Kontrastfolie' hinzugezogen.

Während Frau Arndt mögliche Unterschiede in den Lernvoraussetzungen zwischen Kindern in geschlechtsspezifischen Interessenlagen sieht, spielt für Frau Winter eher der familiäre Hintergrund eine tragende Rolle. So ordnet sie Kinder zu anregungsarmen oder –reichen Elternhäusern zu, wobei sie deutliche Zuschreibungen formuliert. Während Kinder in anregungsreichen Elternhäusern auf verständnisvolle, interessierte Eltern treffen, die ihren Kindern eine reiche Erfahrungswelt schenken, müssen Kinder aus anregungsarmen Familien mit wenig Beachtung und mangelhafter Kommunikation rechnen. Anhand dieser polarisierenden Zuschreibungen können gewisse Parallelen zu Frau Arndt gezogen werden. Die stigmatisierenden Eigenschaftszuschreibungen anregungsarmer und –reicher Familien kommen an mehreren Stellen des Interviews zum Vorschein und lassen vermuten, dass diese auch Eingang in den Umgang mit Eltern finden. So beschreibt Frau Winter es als selbstverständliche Tatsache, dass die Elternvertreter ausschließlich aus der kleinen Gruppe der arbeitenden Eltern bestehen und kommentiert, dass dies in vielen Einrichtungen der Fall sei (Z.133-138). Problematisch ist hierbei, dass ihre Begründungen eng verzahnt sind mit ihren Vorurteilen und es so möglicherweise nicht mehr zu Gesprächen mit bildungsfernen, jedoch potentiell interessierten Eltern kommt. Infolge dessen könnten ihre Vorurteile dazu führen, dass sie Eltern aus der bildungsfernen ‚Gruppe‘ von vornherein als desinteressiert einstuft. Wenn diese Eltern dann tatsächlich eher zurückhaltend sind, wird die Wahrnehmung der Leiterin zu einem Kreislauf, der als ‚selbst erfüllende Prophezeiung‘[99] beschrieben werden kann.

Darüber hinaus wird aufgrund ihrer Wortwahl *„familie in der sich eltern äh auch mit bildung beschäftigen"* (Z.37/38) deutlich, dass sie sich hier nicht auf die Förderung der Kinder, sondern auf das kulturelle Kapital der Eltern bezieht. Nicht gut ausgebildete und ökonomisch gut gestellte Eltern, auch nicht die Bildung der Kinder, sondern Eltern, die sich mit Bildung beschäftigen, sind entscheidend.[100] So kann davon ausgegangen werden, dass Kinder im Vorschulalter, die in bildungsnahen Milieus leben, einen leichteren Zugang zu den institutionellen Bedingungen in Kindergärten finden als Kinder bildungsferner Eltern. So erwähnt die Leiterin bspw. die Lautstärke der Kinder als Unterscheidungsmerkmal anregungsreicher und –armer Familien (Z.54-69). Inwiefern es bei der Wahrnehmung dieser Unterschiede bleibt oder diese mit Handlungspraktiken auf der Interaktionsebene in Verbindung stehen, bleibt hierbei offen. An dieser Stelle kann jedoch ein Blick auf mögliche Konsequenzen solcher Alltagswahrnehmungen von Unterschieden gelenkt werden.[101]

---

[99]   Vgl. Robert K. Merton (1948): The self-fulfilling prophecy, in: Antioch Review, Jg. 8, S. 193-210.

[100]   Hierbei können Parallelen zum kulturellen Kapital nach Pierre Bourdieu (1983) gezogen werden. Demnach sind nicht nur die allgemeinen Bildungsabschlüsse und Zertifikate, sondern auch das ‚objektivierte Kulturkapital‘, welches sich bspw. anhand der Anzahl der Bücher oder der Art des Freizeitbeschäftigungen messen lassen, entscheidend für die Vermittlung von Bildungs- und Lebenschancen. Kinder der eher privilegierten Familien haben es nach Einschätzungen Bourdieus (2006) leichter, sich durch antrainierte Verhaltensweisen, Neigungen und nicht zuletzt durch die familiär vermittelte Sprache, in Institutionen zu etablieren.

[101]   Nach Bourdieu (2006) würde nicht die Wahrnehmung von Differenzen, sondern die scheinbare Gleichbehandlung aller Kinder zur Fortführung sozialer Ungleichheiten führen. Dies wäre dann der Fall, wenn die Wahrnehmung der Leiterin, dass die Kinder aus anregungsarmen Elternhäusern einen geringen Wortschatz haben und aggressiver sind, lediglich zu Ignoranz und disziplina-

Es wurde jedoch deutlich, dass Frau Winter ihre Zuschreibungen mit einem differenzierteren und verständnisvolleren Blick verbindet, als dies bei Frau Arndt der Fall ist. Dass arbeitslose Eltern Schwierigkeiten haben, ihre Kinder zeitig in den Kindergarten zu bringen, führt sie nicht auf Faulheit, sondern auf den anderen Lebensrhythmus dieser Familien zurück. Nicht Misstrauen, sondern das Bewusstsein der Chancen des Kindergartens sind Gründe, die Eltern auf die Pünktlichkeit des Betreuungsbeginns hinzuweisen. Mit Chancen des Kindergartens verbindet sie nicht nur Rahmenbedingungen, sondern weitet den Blick auf die Erweiterung der Beziehungsebenen, die sich im Umgang mit Erzieherinnen und anderen Kindern ergeben. Während Frau Arndt die Benachteiligungen der Kinder eher noch verstärkt, die aus prekären familiären Verhältnissen stammen, verdeutlicht Frau Winter, dass Erzieherinnen allen Kindern gegenüber die gleichen Zuwendungen zukommen ließen. Als Beziehungsqualität führt sie Eigenschaften wie Emotionalität, Zuneigung und Beständigkeit der Erzieherin an. Dass alle Kinder, unabhängig familiärer Hintergründe, sich wohlfühlen sollen, verdeutlicht ihre Haltung, als Leiterin eines Kindergartens in einem problembelasteten Wohngebiet möglichst gerecht zu handeln. Für die Kinder des Kindergartens kann dies bedeuten, auf Erwachsene zu treffen, die eine Atmosphäre von Vertrauen vermitteln und offen sind für die Belange der Kinder. Der Aufbau von stabilen Beziehungen kann demnach zum einen den Aufbau eines stabilen Selbstwertgefühls verbessern und zum anderen familiäre Problemlagen abfedern.

Im Hinblick auf den Umgang mit ungleichheitsrelevanten Themen wurde deutlich, dass die familiäre Herkunft eine große Rolle spielt. Ferner wurde der Migrationshintergrund in seiner Bedeutung als eher marginal beschrieben. Auch das Geschlecht spielt keine entscheidende Rolle, denn es wird im gesamten Interview an keiner Stelle erwähnt. Der Umgang mit Diversität kann als beziehungsorientiert umschrieben werden. So betont die Leiterin, dass der Aufbau einer vertrauensvollen, emotionalen Beziehung für alle Kinder entscheidend sei. Ferner ließ sich jedoch –ähnlich wie im ersten Kindergarten – auch in diesem Kindergarten kein Konzept finden, welches vorsieht, Kindern, die in prekären Verhältnissen leben, eine besondere Zuwendung zukommen zu lassen. Vielmehr entspricht die Logik der Beziehungsarbeit einer Gleichbehandlung aller Kinder, wobei besonders die Kinder davon profitieren würden, die einen Mangel an emotionaler Wärme und Aufmerksamkeit in ihrem familiären Umfeld erfahren. Hier scheint die Leiterin durch die Stereotypisierung in die groben Kategorien bil-

---

rischen Maßregelungen führen würde, jedoch nicht mit einer Förderung des Wortschatzes einhergeht.

dungsfern und –nah zu übersehen, dass es feinere Unterschiede gibt, die verschiedene Handlungskonsequenzen nach sich ziehen sollten. Beispielsweise ist
denkbar, dass zwei Kinder aus anregungsarmen Elternhäusern, die in strukturell
ähnlichen Bedingungen leben, in völlig unterschiedlichem Ausmaß von ihren
Eltern Unterstützung und Emotionalität erfahren. Darüber hinaus wäre ebenfalls
möglich, dass mangelnde Zuwendung weniger vom Bildungsstand und kulturel-
lem Kapital, sondern vielmehr von der psychischen Gesundheit der Eltern und
anderen Ressourcen abhängt. So ist bspw. denkbar, dass Kinder von gut situier-
ten, bildungsreichen Eltern dennoch dauerhaft prekär leben, wenn ein Elternteil
psychisch erkrankt ist oder eine Trennung der Eltern zu einer dauerhaften inner-
familiären Krise führt.[102]
Es kann also festgehalten werden, dass Frau Winter ein gewisses Bewusstsein
hinsichtlich der Auswirkungen familiär bedingter Ungleichheit inne hat, welches
jedoch kaum zu professionellen und differenzierten Rückschlüssen auf den Umgang mit Kindern und damit auf die Relevanz der Institution des Kindergartens
für die Entwicklung von Kindern führt. Zusammenfassend können für diesen
Kindergarten auf der institutionellen Ebene folgende Aspekte festgehalten werden:

Tabelle 7:   KIGA *Expedition* - Institutionelle Ebene + Interview Leiterin

Konzept, Ausstattung Kindergarten:	Leiterin:
– KIGA in strukturschwachem Wohngebiet, viele Sozialhilfeempfänger, 90 von 120 Kinder haben mind. einen arbeitslosen Elternteil – 15% Kinder mit Migrationshintergrund	– 35-jährige Leiterin – verständnisvolle, prozessorientierte, beziehungsorientierte Haltung – stereotypisierende Zuschreibungen von bildungsfernen und bildungsreichen Familien

---

[102] Die Autoren Hock, Holz & Wüstendörfer (2000) gingen in einer empirischen Studie diesen
Zusammenhängen nach. Als ein Ergebnis wurde formuliert, dass Armutsfolgen für Kinder trotz
finanziell ähnlicher Ausgangsbedingungen sehr unterschiedlich ausfallen können. Die Autoren
entwickelten aus empirischem Material verschiedene Armutstypen: 1. Wohlergehen trotz materi-
eller Einschränkung, 2. sozio-emotionale Belastung bspw. durch Trennung der Eltern, 3. Mangel
an kulturellen und sozialen Ressourcen in der Familie bspw. Sucht- und Partnerschaftsprobleme,
4. massive materielle Defizite + Migrationshintergrund, 5. multiple Deprivation (ebd.). Statt der
Bildung oder des Einkommens der Eltern würden vielmehr die Ressourcen auf der familiären
Einflussebene (Familienklima, Gleichaltrigenkontakte) eine große Rolle spielen.

– offene Gruppen, Funktionsräume, Konzept in Wandel, Teilnahme an diversen Reformprogrammen	– Abgrenzung sozial benachteiligten Familien gegenüber vorhanden, jedoch keine Abwertung
	– Kein Konzept zum professionellen Umgang mit Heterogenität bei Kindern

5.2.3 Frau Emrich – „Die Engagierte auf Augenhöhe der Kinder"

Frau Emrich, 47 Jahre, ist seit 2005 als Erzieherin in dem städtischen Kindergarten tätig, in welchem Frau Winter die Leitungsfunktion inne hat. Frau Emrich absolvierte die Ausbildung als staatlich anerkannte KinderErzieherin und war schon immer als solche in dieser Stadt tätig. Ursprünglich wollte sie Lehrerin werden, da aber ihre Mutter auch als Lehrerin tätig war und förderliche Beziehungen in ihrem Umfeld als „Vetternwirtschaft" bezeichnet wurden, fing sie stattdessen eine Ausbildung als Erzieherin an. Frau Emrich ist die Älteste von insgesamt vier Geschwistern. Zwei ihrer Geschwister absolvierten mehrere Berufsausbildungen und ein Bruder studierte im Fernstudium. Ihr Vater ging einem handwerklichen Beruf nach. Frau Emrich hat zwei erwachsene Kinder - einen Sohn, der in einer Bücherei arbeitet, und eine Tochter, die eine Ausbildung als Altenpflegerin macht. Sie selbst besucht so oft Weiterbildungen, wie es ihr möglich ist und sagt von sich selbst, dass sie ständig nach neuen Anregungen suche. Im Kindergarten ist sie für die Umsetzung jeglicher Experimente und für das kreative Gestalten und Malen zuständig.

Ursprünglich gehörte Frau Emrich nicht zum Sample der Studie. Während der teilnehmenden Beobachtung hob sie sich jedoch in ihrer engagierten Haltung und Arbeitsweise stark von den anderen Erzieherinnen ab, so dass sie im Nachhinein einbezogen wurde.

5.2.3.1 Frau Emrich als Anerkennung und Nähe vermittelnde Lehrkraft

Ich habe mich für die Interpretation von zwei stellvertretenden Alltagsszenen entschieden, die mir als repräsentativ für Frau Emrich erschienen. In der ersten Szene „Lernsituation Körper" sitzt Frau Emrich mit fünf Kindern an einem großen Tisch. In der zweiten Szene „Gemeinsames Basteln" bastelt Frau Emrich gemeinsam mit fünf Kindern am Tisch des Experimentierzimmers. In beiden

Szenen sind Interaktionsprozesse zwischen der Erzieherin und den Kindern zu sehen. Während in der ersten, „Lernsituation Körper", ihr pädagogischer Umgang mit Überschreitungssituationen deutlich wird, lassen sich in der zweiten Szene etwas klarer Interaktionen erkennen, in denen die Erzieherin Gemeinschaft herstellt.

Im Folgenden werden zunächst die zentralen Ergebnisse der Szene „*Lernsituation Körper*" dargelegt, und anschließend mit Ergebnissen der zweiten Szene ergänzt.

Tabelle 8:　Handlungsverlauf: „*Lernsituation Körper*"

Haupt-sequenz	Physische Teilhandlungen					
	Kind 1	Kind 2	Kind 3	Kind 4	Kind 5	Erzieherin
1-1:59 Sek.	Sitzt am Tisch	Sitzt am Tisch	Sitzt am Tisch	Sitzt am Tisch	Sitzt am Tisch	Sitzt am Tisch
	Anspitzen Stifte	Anspitzen Stifte				stellt Frage
			Beobachtet	Malt	Beobachtet	
					Antwortet	
						Schlägt mit Hand auf Tisch
						Ermahnt
						Stellt Frage (2)
				Antwortet		
						Nachfrage
				Antwort (2)		
						Stellt Frage (3)

		Antwort (3)	
			Nachfrage (2)
		Antwort (4)	
			Erklärt und stellt Frage (4)
		Antwort (5)	
			Erklärt (2) und zeigt Zusammen-hänge
			Erklärt (3) Regel

Bereits bei der Betrachtung der Betitelung der Handlungssequenzen wird deutlich, dass die Interaktionen durch ein Frage-Antwort-Schema gekennzeichnet sind, welches sich hauptsächlich zwischen Kind 4 („Nicole") und der Erzieherin abspielt.

Im Filmausschnitt[103] ist der hintere Teil des Raumes zu erkennen. Die Kamera wurde von der Beobachterin in dem Regal positioniert, welches sich hinter dem Tisch an der Wand befindet. Die Erzieherin sowie die Kinder wurden dabei nicht in ihren Interaktionsprozessen unterbrochen. Vielmehr gab Frau Emrich im Nachhinein an, dass sie die Kamera während der Aufnahme nicht bemerkt hätte. Im gewählten Szenenausschnitt sitzt die Erzieherin am Tisch. Aus der teilnehmenden Beobachtung ist bekannt, dass die Erzieherin vorher am Tisch mit den anderen Kindern bastelte und malte. Währenddessen initiierte die Erzieherin ein Tischgespräch darüber, was es zum Mittagessen gab, welche Farbe das Essen hatte, welche Sorte Gemüse dabei war etc. Schließlich kommentierte die Erzieherin ein gemaltes Bild von dem ihr gegenüber sitzenden Mädchen („Nicole") und ermutigte sie, dort Hände, Finger und Füße an den entsprechenden Stellen hinzuzufügen.

---

[103] Die detaillierte Bewegungsanalyse befindet sich im Anhang.

Stellt Frage

Frau Emrich sitzt mit dem Oberkörper leicht nach vorn gebeugt und schaut zu dem ihr gegenüber sitzenden Mädchen, Nicole. Mit der linken Hand hält sie ein Plüschtier (vermutlich ein Eisbär) an dessen Beinen fest, während die rechte Hand auf der Tischplatte liegt. Das Halten des Plüschtiers durchzieht sich durch die gesamte Szene. Es kann bereits an der Stelle vorsichtig angemerkt werden, dass das Plüschtier als Symbol für das Suchen einer gemeinsamen Ebene mit den Kindern dienen könnte. Dieser Gedanke wird durch das Sitzen auf einem Kinderstuhl und der leicht nach vorn gebeugten Körperhaltung noch verstärkt. Dann stellt die Erzieherin Nicole eine Frage („u:nd wie viele arme hat der mensch?") und blickt ihr dabei beharrlich in die Augen. Ihre Mundwinkel sind währenddessen gerade. Das Mädchen sitzt aufrecht, blickt ebenfalls zur Erzieherin und hebt ihren linken Arm mit gespreizten Fingern nach oben in Kopfhöhe.

Schlägt mit Hand auf Tisch, ermahnt

Statt des Mädchens antwortet prompt der neben ihr sitzende Junge („zwei"), woraufhin die Erzieherin sofort mit der flachen Hand laut auf den Tisch schlägt. Dabei dreht sie ihren Kopf in Richtung des Jungen um und blickt ihn mit weit aufgerissenen Augen und leicht nach unten gebogenen Mundwinkeln an. Diese Mimik hebt sich von der vorherigen deutlich ab, so dass der Eindruck entsteht, dass diese zusätzlich zum akustischen Signal (auf den Tisch schlagen) disziplinarischen Zwecken dient. Gestützt wird dieser Eindruck dadurch, dass alle am Tisch sitzenden Kinder abwechselnd zur Erzieherin und zu dem Jungen schauen, was eine für sie ungewöhnliche Situation vermuten lässt. Mit einer Drehbewegung der Finger am geschlossenen Mund versucht die Erzieherin anschließend ein Schließen des Mundes zu symbolisieren. Dazu kommentiert sie leise: „du weißt das." Der Junge sagt daraufhin nichts mehr und lehnt sich mit dem Körper nach hinten (aus dem Blickwinkel der Kamera). Er opponiert somit nicht, sondern fügt sich der Anweisung der Erzieherin und scheint ihre Symbolik zu verstehen. Das Drehen eines imaginären Schlüssels wirkt im Zusammenhang mit der vorherigen strengen disziplinarischen Handlung eher entschärfend, beschwichtigend, da etwas magisch Anmutendes, Kindliches in dieser Gestik steckt. Des Weiteren deutet sich ein leichtes Heben der Mundwinkel an, während sie kurz zu dem Mädchen, und dann wieder zu dem Jungen blickt. Hätte sie lediglich mit der flachen Hand auf den Tisch geschlagen, wäre der disziplinarische Eindruck insgesamt wesentlich stärker ausgefallen. Indem die Erzieherin anmerkt, dass der Junge es ja (schon) wisse (wie viele Arme der Mensch hat), stellt sie ihn zudem auf eine höhere Stufe in der kognitiven Entwicklung als das Mädchen. Das Mädchen hat in ihren Augen eine Wissenslücke im Hinblick auf Körperproportionen, welche die Erzieherin in Form eines Frage-Antwort-Dialogs füllt. Dies erinnert stark an ‚typische' Lehr-Lernsituationen im schulischen Setting (wie bspw. Frontalunterricht), wo es eine klare Rollenverteilung zwischen Wissenden (Lehrpersonal) und Lernenden (Schüler) gibt, und der oder die Lehrende den Unterricht leitet und steuert. Obgleich dies nicht vollkommen auf diese Situation übertragbar ist, kann bereits an dieser Stelle festgehalten werden, dass die Erzieherin die Orientierung an eine Wissensvermittlung zeigt. Dabei nimmt sie in Kauf, dass sie andere Kinder (zumindest zeitweilig) ausschließt. In der zugewandten Haltung und dem permanenten Blickkontakt zu dem Mädchen ist des Weiteren eine exklusive Zuwendung ihr gegenüber erkennbar.

Stellt Frage (2), Nachfrage, Stellt Frage (3)
Die daraufhin folgenden Fragen, die sehr betont ausgesprochen werden, sind folgende: „und wie viele beine hat der mensch?", „u:nd wie viele zehen sind da dran, an ei:nem bein. wie viel zehen". Das Mädchen sitzt währenddessen aufrecht und blickt in das Gesicht der Erzieherin. Ihre Lippen sind leicht geöffnet. Als sie die Frage nach der Anzahl der Beine richtig beantwortet, nickt die Erzieherin zustimmend. Sowohl die Erzieherin, als auch das Mädchen deuten ein Lächeln an, indem sie ihre Mundwinkel leicht nach oben ziehen. Darin dokumentiert sich nicht nur eine Vermittlung von Zustimmung, sondern auch von Anerkennung und gegenseitigem Verstehen. Die feinen Veränderungen in der Mimik der Erzieherin spiegelt Nicole sofort, indem sie ebenfalls leicht die Mundwinkel nach oben zieht. Auf die Frage nach der Anzahl der Zehen antwortet das Mädchen sowohl verbal („fünf"), als auch nonverbal, indem sie ihre linke Hand mit gespreizten Fingern etwas nach oben hebt und sie gleich wieder nach unten nimmt.

Nachfrage (2), Erklärt und stellt Frage (4)
Als das Mädchen die Nachfrage der Erzieherin („was. ( ) kugeln am bein?") falsch beantwortet, wiederholt die Erzieherin die Antwort betont und laut („fünf füße."). Anschließend erläutert die Erzieherin, dass an einem Bein ein Fuß dran ist (E: „an einem bein ist ein ( ) fuß. und wie viel zehen? (4) na?"). Als die Erzieherin den Fuß erwähnt, blickt das Mädchen nach unten, vermutlich auf ihren Fuß. Bevor das Mädchen die Frage nach den Zehen beantwortet, zeigt sie erneut fünf Finger nach oben. Indem die Erzieherin eine Nachfrage zur vorher richtig beantworteten Frage stellt, wird noch einmal die Orientierung an Wissensvermittlung bestätigt. Es scheint, als ob sie sicherstellen will, dass Nicole das Konzept von Füßen und Zehen auch wirklich erfasst hat. Durch die groteske Formulierung „kugeln am bein" wird darüber hinaus ein humorvoller Umgang mit Kindern deutlich. Das Mädchen lacht jedoch nicht, sondern beantwortet leise die Frage der Erzieherin. Sie trägt damit der Frage-Antwort-Situation Rechnung und

folgt der Rolle einer braven Schülerin. Als hypothetisch kontrastive Reaktion wäre auch das Aufgreifen des humorvollen Kommentars möglich oder eine Verweigerung der Antworten.

Während des Dialogs beobachtet ein Junge, der neben dem Mädchen sitzt, aufmerksam das Geschehen. Aus der teilnehmenden Beobachtung ist bekannt, dass dieser Junge vor ein paar Jahren mit seiner Familie aus Russland eingewandert ist und innerhalb kürzester Zeit im Kindergarten deutsch gelernt hat. Nach Einschätzung der Erzieherin beherrscht er die Sprache mittlerweile besser als seine Eltern, die Sprachkurse besuchen. Das aktive Zuhören des Jungen und Beobachten erinnert an Modelllernen. Auch wenn er nicht aktiv in die Beantwortung der Fragen einbezogen wird, scheint er das Verhalten der anderen Personen wahrzunehmen.

Erklärt (2) und zeigt Zusammenhänge
Als das Mädchen „fünf Füße" statt Zehen antwortet, berichtigt sie die Erzieherin energisch („**zehen**, nicole. der fuß ist alles. guck mal, das ist der fuß.") und legt dabei ihren Fuß auf den Tisch. In diesem Moment blicken alle am Tisch sitzenden Kinder auf den Fuß, an welchem nun der Unterschied zwischen dem Fuße als Ganzes und den Zehen erläutert wird. Zur besseren Veranschaulichung zeigt die Erzieherin ihre Hand nach oben und erklärt, dass die Anzahl der Zehen mit den Fingern übereinstimmt. Als die Erzieherin sagt: „und nicht füße, noar?" bewegt das Mädchen den Kopf langsam nach oben und unten und gibt ihr somit das Zeichen, dass sie die Erklärung verstanden hat und wendet sich wieder dem Malen zu.

Aus der gesamten Lehr-Lern-Situation lässt sich festhalten, dass die Erzieherin ihre Rolle als Lehrende aktiv einnimmt und verschiedene Wege sucht, um dem Kind etwas beizubringen. Im Vergleich zu Frau Radisch, die durch ihre Körperhaltung eine grundlegende Distanz vermittelt, nimmt Frau Emrich Körperhaltungen ein, die dem Kind zugewandt sind und verdeutlicht dadurch Nähe. Indem sie eine pädagogische Lernsituation initiiert, die nicht vom Kind ausgeht und den Jungen maßregelt, zeigt sich dennoch ein gewisses hierarchisches Gefälle zwischen ihr und den Kindern der Gruppe, welches aber im Vergleich zu Frau Radisch geringer ausgeprägt ist.

Erklärt (3) Regel
Nachdem sich die Erzieherin kurz den Mädchen zuwendet, die am Tisch Stifte anspitzen, dreht sie sich abrupt zu dem Jungen um, dem sie zuvor das Weiterreden untersagt hat. Dabei beugt sie ihren Oberkörper nach rechts in Richtung des Jungen und blickt ihn auf einer Augenhöhe an. Als sie ihm erläutert, warum sie ihn vorher ermahnt hat („du weißt das aber gut aber wenn ichs von der nicole

wissen will die wills ja auch lern (2) musste mal kurz still sein"), hält sie noch immer das Plüschtier in der Hand. In ihrer Erklärung kommt wiederholt zum Ausdruck, dass sie den Jungen in seiner kognitiven Entwicklung höher einstuft als das Mädchen. Ihrer Erklärung nach solle der Junge dann sein Wissen zurückhalten, wenn ein anderes Kind dieses Wissen (noch) nicht hat. Es scheint, als ob sie sich dafür zuständig sieht, diese Wissenslücke zu füllen. Darin dokumentieren sich zweierlei Dinge. Zum einen betrachtet sich die Erzieherin als eine Person, die als Erwachsene über mehr und bedeutsameres Wissen verfügt als Kinder und somit als ,Wissensexpertin' fungiert. Eng damit verbunden, zeigt sich zum anderen die Orientierung der Erzieherin, dass Peer-Kontakte für die Wissensaneignung eher ungeeignet bzw. weniger effektiv sind. Nichtsdestotrotz wird der vorübergehende Ausschluss des Jungen nun wieder aufgehoben, was sich darin verdeutlicht, dass er in einer aufrechten Haltung nah an den Tisch rückt. Nicht zuletzt durch die bestätigenden Worte, dass der Junge bereits über das Wissen verfüge, wird eine Vermittlung von Anerkennung deutlich.

Die zweite ausgewählte Alltagssituation umfasst zwei Minuten und wurde mit „Gemeinsames Basteln" betitelt. Die gesamte Szene teilt sich in zwei Unterszenen: „Erzieherin thematisiert Altersunterschiede der Kinder" (Unterszene 1) sowie „Erzieherin lobt Kinder" (Unterszene 2)[104]. Auch in dieser Szene sitzt die Erzieherin mit fünf Kindern am Tisch, der im benachbarten Raum vor der Fensterfront steht. Links neben ihr steht zeitweilig ein Mädchen, nach einer Weile setzt sich ein Junge („Lukas", K2) auf den Platz neben ihr und beobachtet das Geschehen. Gegenüber der Erzieherin sitzt ein Mädchen („Lisa", K3), das bastelt. Links neben dem Mädchen steht ein Junge am Tisch, der ebenfalls bastelt und beobachtet. Rechts neben der Erzieherin sitzt ein bastelnder Junge („Tom", K5). Die Kamera bleibt unbewegt und ohne Kameraschwenk oder Zoom immer in der gleichen Perspektive gegenüber dem Tisch im Regal an der Wand. Die Beobachterin befindet sich während der Aufnahme in der linken hinteren Ecke des Zimmers (von der Kamera aus betrachtet).

Aus der teilnehmenden Beobachtung ist bekannt, dass die Kinder Weihnachtsbäume basteln, um sie den Eltern zu verschenken. Die Erzieherin vollendet das Gebastelte und überreicht es dann wieder den Kindern. In dem Raum befinden sich weitere Kinder, die umher rennen und spielen. Das Basteln stellt kein festes Angebot in der Gruppe dar. Die Kinder können jederzeit dazukommen oder gehen. Als die Erzieherin Nicole ihr Gebasteltes überreicht und sie zudem

---

[104] Im Anhang finden Sie sowohl den Handlungsverlauf, als auch die Bewegungsanalyse dieser Szene.

lobt („haste sehr schön jemacht nicole."), läuft diese schnell in Richtung Tür und wendet sich dann im Türrahmen erneut an die Erzieherin. Frau Emrich dreht ihren Kopf und ihren Oberkörper in Richtung des Mädchens um, während ihr Mund leicht geöffnet ist und die Mundwinkel etwas nach oben gebogen sind. Dabei sagt sie: „nachher drück ich dich (.) ja?". Anschließend dreht sie sich wieder in Richtung Tisch um und faltet Papier. Die Reaktion des Mädchens ist nicht sichtbar, da sie außerhalb des Blickfeldes der Kamera ist. Lisa, die am Tisch sitzt und bastelt, schaut in dem Moment zu dem an der Tür stehenden Mädchen, als die Erzieherin das Lob ausspricht.

In dieser kurzen Sequenz lassen sich verschiedene Formen von Anerkennung beobachten. Zunächst drückt die Erzieherin eine Bestätigung ihrer Leistung aus. Das Mädchen habe das Basteln nicht nur schön, sondern sehr schön gemacht. Diese Form der Anerkennung vollzieht sich auf einer rein verbalen Ebene – auf der körperlichen Ebene ist lediglich das leichte Anheben der Mundwinkel erkennbar. In dem darauf folgenden Nachschub („nachher drück ich dich (.) ja?") kommen noch weitere Formen von Anerkennung hinzu, indem die Erzieherin eine körperliche Zuwendung ankündigt, die dem Mädchen Nähe verspricht. Zudem lächelt sie und wendet sich dem Mädchen zu, was zusätzlich emotional anerkennend wirkt.

Tom bemerkt, dass ein anderer Junge bereits viel weiter ist mit den Bastelarbeiten als er („alexander ist schon so we:it."). Die Erzieherin reagiert prompt auf den Vergleich des Jungen, indem sie ihm mit dem Zeigefinger auf seine Hand tippt und sagt: „na und? (.) der is ja auch nicht vier." Im nächsten Moment hebt sie ihren Kopf, blickt mit einem leichten Lächeln den am Tisch stehenden Jungen („Alexander", K4) an und fragt: „sondern?". Der angesprochene Junge blickt kurz zu ihr, antwortet mit ebenfalls leicht angehobenen Mundwinkeln und sagt: „sechs". Anschließend folgt ein Gespräch zwischen der Erzieherin und den beiden Jungen zum Thema Altersunterschiede. Die Erzieherin lässt sich vom jüngeren Kind die Altersdifferenz zwischen ihm und dem älteren Jungen auszählen. Dabei setzt sie viel Körpersprache ein, z.B. zeigt sie auf den älteren Alexander mit gestrecktem Zeigefinger (Fingerzeig) oder berührt mit dem Finger die Brust des neben ihr sitzenden Jungen, als sie ihn anspricht. Beim Zählen bewegt sie ihre Hand rhythmisch nach unten und oben. Bei der Frage: „sind?" dreht sie die Hand mit den beiden gestreckten Fingern von innen (Handfläche zum Körper) nach außen (Handfläche zu Tom gewandt). Als Tom antwortet (°zwei.°), nickt sie einmal mit dem Kopf. Anschließend blickt sie zu Alexander und zeigt auf ihn mit dem ausgestreckten Zeigefinger. Als die Sprache auf Tom kommt, zeigt sie von oben auf seinen Kopf und schaut dabei Alexander an.

An dieser Stelle wird deutlich, wie dicht körperliche Gebärden während des Erklärens eingesetzt werden. Sehr häufig nutzt Frau Emrich die Gestik des Fingerzeigs, dessen Bedeutung bei ihr jedoch eine völlig andere inne hat als bei Frau Radisch. Während Frau Radisch das Zeigen zumeist in Verbindung mit einer Aufforderung einsetzt, nutzt es Frau Emrich, um zu verdeutlichen, wer von den Kindern gemeint ist. Wie bereits in Szene 1 „Lernsituation Körper" nutzt auch hier die Erzieherin ihren Körper als Hilfsmittel zu besseren Veranschaulichung von Zusammenhängen.

Das Thema des Gesprächs zwischen den beiden Jungen und der Erzieherin ist das Berechnen der Altersunterschiede zwischen dem älteren (Alexander) und dem jüngeren Jungen (Tom). Es handelt sich also um eine pädagogische Lernsituation, die von der Erzieherin initiiert wurde. Statt der Altersdifferenz wären potentiell auch andere Erklärungen in Frage gekommen – z.B. der frühere Beginn der Bastelarbeiten oder die Sorgfalt. Die Situation erinnert an schulisches Lernen, wobei das Thema der Schulstunde ‚Einführung in das Addieren und Subtrahieren' lauten könnte. Dieser Eindruck wird dadurch verstärkt, dass der am Tisch stehende Junge sich ‚meldet', indem er seine Hand mit gestrecktem Zeigefinger nach oben gestreckt zieht. Die Praktik des Meldens kann als typisch für ein schulisches Setting angesehen werden. Auch die Frage danach, wer Recht hat, impliziert einen ungleich verteilten Wissens-Raum, in dem festgelegt ist, dass es richtige und falsche Meinungen gibt und das Ziel ist, die richtige Lösung zu finden. Auch an dieser Stelle zeigt sich erneut die Orientierung einer Wissen vermittelnden pädagogischen Fachkraft. Zudem zeigt sich hier eine Fokussierung auf das Alter (in dem Fall als Begründung für Unterschiede im Tempo), die bereits in der Szene „Lernsituation Körper" angedeutet wurde.

Als Lisa mit gestrecktem Arm ihr Gebasteltes nach oben zieht und zur Erzieherin blickt, schaut die Erzieherin zu ihr und lobt sie mit leicht geneigtem Kopf und leicht lächelndem Gesichtszügen („sehr schön. ich würd aber noch auf die andere seite noch ein bisschen was machen."). Das Mädchen sagt daraufhin nichts und blickt wieder vor sich auf den Tisch. Frau Emrich spricht erneut ein Lob aus, nachdem sie bemerkt, dass das Mädchen ihr Gebasteltes zum Zeigen nach oben gehalten hat. Sie lässt das Lob jedoch nicht für sich stehen, sondern fügt Verbesserungsvorschläge hinzu. An dieser Stelle dokumentiert sich einerseits, dass Frau Emrich im Gegensatz zu Frau Radisch Signale der Kinder (in diesem Fall das Zeigen des Gebastelten) aufnimmt und positiv, anerkennend reagiert. Indem Frau Emrich Verbesserungsvorschläge formuliert, zeigt sich andererseits erneut ihre Orientierung als Lehrkraft, die im Sinne einer Zielvorstellung Hinweise an die Kinder verteilt.

Nicole, die zuvor den Raum verließ, steht nun links neben der Erzieherin und schaut auf den Tisch und auf das Gebastelte in den Händen der Erzieherin. Links neben ihr sitzt Lukas, der ebenso in Richtung der Hände der Erzieherin blickt. Die Erzieherin streckt den rechten Arm mit dem Gebastelten in der Hand aus und hält es vor Alexander. Dabei fragt sie ihn, wie es ihm gefällt („alexander, wie siehts aus?"). Er antwortet sehr leise: „°sehr gut°". Daraufhin kommentiert die Erzieherin betont: „wundervoll". Nachdem sie ihm den Weihnachtsbaum übergeben hat, fragt sie danach, wo er seinen Müll hinbringen müsse, wobei sie ihren rechten Arm ausstreckt und mit dem Zeigefinger in Richtung der Bastelutensilien des Jungen zeigt. Tom antwortet für Alexander und sagt: „in den mülleimer". Die Erzieherin bestätigt dies.

In der Intensität des Lobs zeigt sich eine Steigerung zu dem vorherigem. Diese Steigerung des Lobs vollzieht sie nicht nur inhaltlich – von sehr gut zu wundervoll – sondern auch in der Betonung und Lautstärke. Aus diesen Praktiken des Lobens kann die Orientierung geschlussfolgert werden, dass Frau Emrich auf eine Bestärkung im Selbstwert der Kinder fokussiert.

Plötzlich dreht sich die Erzieherin in Richtung des neben ihr stehenden Mädchens um, hebt ihre Arme und umarmt sie, während sie das Mädchen lobt („jetzt drück ich dich, haste schö:n jemacht (.) meine.")[105]. Dabei umfasst sie das Mädchen mit ihrem linken Arm und mit ihrer rechten Hand streicht sie dreimal über ihren Kopf. Das Mädchen reagiert auf die rasche Zuwendung mit einem Lächeln (geöffneter Mund, Mundwinkel nach oben) und neigt sich in der Umarmung nach vorn zur Erzieherin. Ihre Arme hängen währenddessen schlaff an beiden Seiten herunter. Zwei der am Tisch sitzenden Kinder schauen genau im Moment der Umarmung zur Erzieherin und unterbrechen dabei ihre Tätigkeiten. Anschließend dreht sich Frau Emrich zu dem neben ihr sitzenden Jungen um und sagt: „so viel zeit muss sein. (.) stimmts?", woraufhin der Junge antwortet: „ganz viel zeit". Die zuvor angekündigte Umarmung wird nun ausgeführt. Dazu lobt Frau Emrich das Mädchen. Da sie in ähnlicher Formulierung bereits bei der Überreichung des Gebastelten lobte, ist anzunehmen, dass sich aus diese Belohnung auf dasselbe bezieht. Wenn im vorherigen Abschnitt von einer Steigerung des Lobens die Rede war, so kann hier erneut von einer Steigerung der Intensität des Lobens gesprochen werden. Das bereits vorher formulierte Lob wird nicht nur betont wiederholt, sondern sie reagiert auch auf körperlicher Ebene, indem sie das Mädchen an sich drückt und streichelt. Im Vergleich zu den vorherigen Formen der Anerkennung durch Lob sehen wir hier eine neue Form der verbalen und körperlichen Verknüpfung der Bestätigung. Das Mädchen lächelt und lässt sich in die Umarmung fallen, was vermuten lässt, dass die körperliche Nähe für das Mädchen nicht als unangenehm empfunden wird. Warum das Mädchen eine

---

[105] Das Wort „meine" zählt zum Dialekt dieser Gegend und ist nicht im herkömmlichen Sinne gemeint (Kennzeichnung des Besitzes), sondern wird häufig bei Anreden im persönlichen Kontakt angeschlossen.

zusätzliche Umarmung erhält, kann an dieser Stelle nicht beantwortet werden. Festzuhalten gilt, dass Frau Emrich im Vergleich zu Frau Radisch körperlich kaum Distanz zeigt und Anerkennung und Nähe sowohl auf verbaler, als auch auf körperlicher Ebene mitteilt.

Die Erzieherin kommentiert ihre Umarmung mit der Begründung, dass dafür Zeit sein müsse, woraufhin der neben ihr sitzende Junge dies bestätigt. Bis dahin scheint sich ihre Begründungsweise auf die Notwendigkeit eines gegenseitigen Austauschs körperlicher Nähe und Lob zu beziehen. Mit dem anschließenden Nachschub („für bitte und danke muss zeit sein") führt sie jedoch eine neue Begründung ein. Nicole hat sich so verhalten, dass sich die Erzieherin veranlasst fühlt, ihr zu danken. Die Erzieherin verknüpft somit die emotionale Geste des Umarmens mit einer Höflichkeitsform (bitte und danke). Möglicherweise sucht die Erzieherin nach einer Begründung für ihre körperliche Reaktion, die sie mit ihrem Arbeitsauftrag als Erzieherin vereinbaren kann.

Lisa schaut zur Erzieherin und hebt ihre linke Hand nach oben. In der Hand hält sie etwas Gebasteltes. Die Erzieherin blickt zu ihr und lobt sie, wobei sie mitten im Satz unterbricht und die anderen Kinder am Tisch fragt, wie ihnen das Gebastelte von Lisa gefällt („oh lisa seh:r – guckt mal wie gefällt euch das von lisa?"). Die Kinder blicken alle zu dem Mädchen und antworten nahezu gleichzeitig: „schön.". Die Erzieherin ergänzt und sagt: „wundervoll. ihr seid richtje künstler. weihnachtswichtel". An dieser Stelle aktualisiert Frau Emrich die Gruppe von Kindern am Tisch als Gemeinschaft, die sich gegenseitig positive Rückmeldungen gibt. Darüber hinaus lobt sie nicht nur Lisa, sondern verallgemeinert ihre Leistung auf die der Gruppe. Man kann hier von einer Handlungspraxis der „Vergemeinschaftung"[106] in Bezug auf Selbstwert und Leistungsbestätigung sprechen. Das zuvor gelobte Mädchen läuft nun lächelnd aus dem Raum, und dreht sich dabei noch ein Mal zur Erzieherin um. Nachfolgend sind nun die beiden Szenen „Lernsituation Körper" und „Gemeinsames Basteln" schematisch gegenübergestellt.

---

[106] Max Weber versteht unter »Vergemeinschaftung« eine soziale Beziehung, wenn und soweit die Einstellung des sozialen Handelns – im Einzelfall oder im Durchschnitt oder im reinen Typus – auf subjektiv *gefühlter* (affektueller oder traditionaler) *Zusammengehörigkeit* der Beteiligten beruht (Vgl. Wirtschaft und Gesellschaft). .

Szene *„Lernsituation Körper"*   Szene *„Gemeinsames Basteln"*

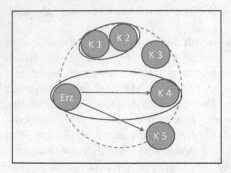
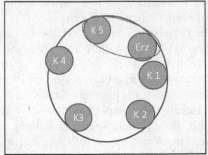

Abbildung 5:   Schematische Darstellung beider Szenen – Frau Emrich

Die schematische Interaktionsstruktur beider Szenen lässt noch einmal erkennen, dass es sich in beiden Szenen um Gruppeninteraktionen an einem Tisch handelt. Die dunklen Linien markieren erneut Interaktionen, die in gegenseitigem Austausch einem gemeinsamen Interesse nachgehen bzw. ein Gespräch verfolgen. Die Pfeile stellen dar, welche Teile der Interaktionen eher einseitig orientiert sind, d.h. von einer Person initiiert werden. Dies ist im linken Schaubild sowohl zwischen der Erzieherin und dem Jungen der Fall, der zeitweilig ausgeschlossen wird, als auch zwischen der Erzieherin und dem Mädchen, da die Fragen von der Erzieherin initiiert wurden. Des Weiteren sind die beiden Mädchen (K1 und K2) mit dem Anspitzen der Stifte beschäftigt. Im zweiten Schaubild bildet das gemeinsame Basteln die Interaktionsbasis, wobei zwischen der Erzieherin und dem neben ihr sitzenden Jungen eine zusätzliche Interaktion in Form einer Kommunikation zum Thema Alter stattfindet. Die Orientierungen, die sich aus beiden Szenen ergeben, sind in der folgenden Tabelle noch einmal gegenübergestellt:

Tabelle 9:   Zusammenfassung der Orientierungen beider Szenen:

Szene 1 *„Lernsituation Körper"*	Szene 2 *„Gemeinsames Basteln"*
- Orientierung einer Wissen vermittelnden pädagogischen Fachkraft	- Orientierung einer Wissen vermittelnden pädagogischen Fachkraft
- Das Alter der Kinder als Differenzierungsmerkmal für kognitives Wissen	- Das Alter der Kinder als Differenzierungsmerkmal für feinmotorische Fähigkeiten
- Verbale Anerkennung - Kurzfristiger sozialer Ausschluss während Vermittlung von Lernprozessen	- Verkörperung von Anerkennung und Nähe
- Am Kind orientierte Körperhaltungen	- Initiierung von ‚Vergemeinschaftung'

In der Übersicht ist zu erkennen, dass in beiden Szenen ähnliche Interaktionsmuster und Orientierungen hervorgebracht werden. Zentral erscheint hierbei eine
wertschätzende, Anerkennung vermittelnde Orientierung von Frau Emrich. Auch
wenn sie diese vor allem verbal vermittelt, so kann man im Falle von Nicole
sehen, dass diese auch körperlich vermittelt wird. Darüber hinaus zeigt sich ihre
Orientierung an Wissensvermittlung in Lehr-Lernprozessen anhand von ‚ad-hoc-
Gesprächen'. Hierbei scheint sie das Alter der Kinder als ordnende Instanz zu
nutzen, um bedürftige oder weniger bedürftige Kinder in ihren Lernprozessen
anzuregen. In dieser Logik wäre die Orientierung: Je älter das Kind, desto mehr
Wissen und Fähigkeiten hat es.

Nachfolgend werden die zentralen Ergebnisse auf der Interaktionsebene im
Hinblick auf die Fragestellungen erörtert. Es zeigte sich recht deutlich, dass Frau
Emrich im Vergleich zu Frau Radisch maximal kontrastierend im Vermitteln von
Anerkennung und Nähe ist. In beiden Szenen standen beziehungsorientierte
Kommunikationsweisen im Vordergrund. Frau Emrich zeigte Anerkennung nicht
nur bei verschiedenen Handlungen oder Äußerungen der Kinder, sondern die
Kinder forderten diese Form von positiver Bestärkung teilweise sogar ein (vgl.
Lisa, Szene 2). Interessant ist nun der Blick darauf, welche Kinder wie anerkannt
oder eben nicht anerkannt werden. Grundsätzlich konnte durch die Videoszenen
gezeigt werden, dass Frau Emrich versucht, viele Kinder einzubeziehen und

infolgedessen Anerkennung generell nicht nur einzelnen Kindern zugesprochen wird. Dennoch zeichnete sich in beiden Szenen eine besondere Hinwendung der Erzieherin zu Nicole ab, indem sie mehr mit ihr kommunizierte oder zusätzlich zur verbalen Anerkennung auch körperliche Zuwendung zeigte. In diversen Tür- und Angelgesprächen wurde Nicole als ein Mädchen beschrieben, welches es schwer habe in ihrer Familie, da die Mutter häufig wechselnde Partner hätte und dem Mädchen bereits im frühen Alter Gewalt durch Stiefväter widerfuhr. Sie habe sich aber im Laufe der letzten Jahre gut entwickelt und an Selbstbewusstsein gewonnen. Demzufolge zeigt sich in den Interaktionen eine besondere Zuwendung Kindern gegenüber, die in den Augen der Erzieherin familiär benachteiligt und hilfebedürftig sind.[107] Demgegenüber zeichnete sich eine Altersorientierung ab, die sich in der ersten Szene durch den zeitweiligen Ausschluss eines Jungen aufgrund dessen Wissensvorsprungs zeigte, und in der zweiten Szene anhand ihrer Verknüpfung des Bastelfortschritts mit dem Alter des Jungen.

Insgesamt wurden Kinder immer dann gelobt und damit Anerkennung vermittelt, wenn sie aktiv an einem (materiellen) Herstellungsprozess beteiligt waren. Dies war in den Interaktionen dann der Fall, wenn Kinder etwas kreierten, bastelten oder malten. Dabei kam es vor, dass Frau Emrich die Leistungen bewertete, Verbesserungsvorschläge machte und die Kinder nach anschließender ‚Überarbeitung' lobte.[108]

Das hierarchische Gefälle kann im Vergleich zu Frau Radisch als wesentlich niedriger eingeschätzt werden. Die Signale der Kinder wurden meist aufgenommen und führten oftmals zu gemeinsamen Dialogen. Es konnten jedoch kaum ko-konstruktive Prozesse und Ansätze des „sustained shared thinking" beobachtet werden, welche von Sylva et al. (2003) im Sinne eines gemeinschaftlichen Konstruierens von Ideen und Projekten spezifiziert wurde. Vielmehr zeigte Frau Emrich eine Orientierung als Wissensvermittlerin, die Hauptdiskurse herstellt und lenkt. So initiierte sie das Thema Körper mit der Bezeichnung der Gliedmaßen und dem Erkennen von Proportionen (*Szene 1 „Lernsituation Körper"*).

---

[107] Diese Art der Anerkennung kann mit einem Muster der Interaktion gleichgesetzt werden, das Honneth (1994) als emotionale oder affektive Sozialbeziehung bezeichnet. Dabei werden Menschen als ‚bedürftig' wahrgenommen und infolge dessen emotionale Zuwendung und Nähe zugesprochen.

[108] Diese Form der Anerkennung kann aufgrund des Leistungsbezugs mit der sozialen Wertschätzung nach Honneth (1994) gleichgesetzt werden. Hierbei spielt vor allem die Herstellung von etwas Gemeinsamen eine entscheidende Rolle.

Als ungleichheitsrelevante Dimensionen wurden auf der Interaktionsebene das Alter sowie der familiäre Hintergrund herausgestellt. Während bei Frau Radisch lediglich Mädchen Anerkennung vermittelt wurde, wird bei Frau Emrich allen am Tisch sitzenden Kindern in einem wesentlich höheren ausmaß Aufmerksamkeit und Anerkennung entgegengebracht. Etwas zugespitzt, kann dennoch festgehalten werden, dass Frau Emrich den Kindern besonders viel Nähe und Anerkennung gibt, die aufgrund ihres jüngeren Alters oder prekärer familiärer Verhältnisse in ihren Augen benachteiligt sind.

5.2.3.2 „also das wichtige is erstmal man darfs nich als pädagogische arbeit sehn" – Beziehungsorientierung als pädagogischer Grundsatz

Nachfolgend werden die zentralen Ergebnisse des Interviews mit Frau Emrich präsentiert[109], welches insgesamt 71 Minuten lang ist und im Gemeinschaftsraum des Kindergartens durchgeführt wurde. Die Interviewsituation unterscheidet sich von den übrigen dadurch, dass sich die Interviewerin und Frau Emrich durch die vorangegangene Beobachtungsphase bereits kannten. So wurden die Kenntnisse aus den Beobachtungen in zwei Fragen berücksichtigt: Zum einen durch die Frage nach der besonderen Zuwendung zu Nicole, zum anderen anhand der Interviewfrage zu ihrem persönlichem Engagement. Obwohl die Vergleichbarkeit der Art der Fragestellungen somit in Gefahr gerät, wurden diese aufgrund des Zuwachses an Erkenntnisdichte in die Auswertungen mit einbezogen und nachfolgend in die Darstellungen eingeflochten.

Als sprachlich markant kann die als wortwörtlich anmutende Zitierweise in Frau Emrichs Erzählmodus genannt werden, die besonders dann zur Sprache kommt, wenn sie den Alltag mit den Kindern thematisiert. Durch diesen Wechsel zwischen einer kindtypischen Ausdrucksweise und einem reflektierten Erzählmodus fällt es dem Leser z.T. schwer, den inhaltlichen Aussagen und Beschreibungen zu folgen.

Im ersten Teil des Interviews erwähnt Frau Emrich im Zusammenhang mit der Beschreibung diverser KITA-Projekte, dass sich der Kindergarten in einem sozialen Brennpunkt befinde. Die Interviewerin fragt nach, inwiefern sie diesen Begriff aus diversen Weiterbildungen kennt und deshalb auf diesen Kindergarten bezieht, was die Erzieherin jedoch verneint. Sie habe diesen Begriff und ihr Wis-

---

[109] Die vollständigen transkribierten Abschnitte befinden sich im Anhang.

sen dazu aus Gesprächen mit Kolleginnen, aus den Medien sowie aus den Erfahrungen mit den Eltern des Kindergartens gewonnen.

> „also wenn wir jetzt untereinander uns jetzt mit kollegen unterhalten wir kommen ja auch alle aus verschiedenen einrichtungen oder aus verschiedenen einzugsgebieten und äh politisch gesehen oder das was man jetzt in der tagespresse lesen kann ist ja eigentlich oder weiß ja jeder ab vier (.) dass hier [B-Stadt] dieser soziale brennpunkt is//mhm ok// aber äh jetzt speziell ausgesprochen wurd=es eigentlich nicht. es wurde durch die medien gegeben äh oder durch statistiken gegeben oder durch die erfahrungswerte die uns die eltern hier geben indem sie eben sagen wir sind wir haben hier soundsoviel prozent hartz vier" (Z. 53-67)

Die Erzieherin stellt das Wissen um den problembelasteten Stadtteil als allgemein bekannt und somit als selbstverständlich hin. Insofern kann grundsätzlich von einem Problembewusstsein hinsichtlich der besonderen Lage des Kindergartens ausgegangen werden. Im Unterschied zu Frau Arndt (der Leiterin des ersten Kindergartens) mündet dieses Bewusstsein der besonderen sozialen Lage einiger Eltern nicht in eine grundlegend distanzierte Haltung, sondern führt dazu, dass sie das selbst ernannte Ziel des Kindergartens, die Elternarbeit, als besonders wichtig empfindet (*„ja dass wir die eltern mehr ins boot holen müssen"* Z. 72).

Als eine im Interview immer wieder durchscheinende Orientierung kann die am Interesse der Kinder angesehen werden. Das nachfolgende Zitat bietet einen Eindruck darüber, wie die Erzieherin sowohl auf der sprachlichen, als auch auf der inhaltlichen Ebene nah an den alltäglichen Handlungen und Vorlieben der Kinder orientiert ist.

> Zitat Z. 277-301:
> I: mhm. ok. ju:t da kommen wir jetzt nochmal zu den kindern. ähm (2) also ich kenn die ja jetzt schon wie gesagt aber ich will trotzdem nochmal wissen wenn sie jetzt an ihre kinder denken was sie was sie da jetzt (.) für kinder vor augen haben wenn ich nach besonderheiten frage einfach dass sie die mal beschreiben sie könn auch mit namen sie beschreiben.
> E: ja. na äh die besonderheiten die strukturiern sich grade in drei gruppen. da ich ja auch drei altersgruppen habe und diese kin:der (2) diese grüppchen die sich so im laufe des jahres, ich kann jetzt immer bloß von dem einen schuljahr ausgehen die sich da gebildet haben das is eine mädchengruppe?//mhm.//die warn vorher bei frau merkel unten zusammen und ham sich jetzt oben intensiv gefunden. (.) das is ne mädchengruppe von ungefähr fünf mädchen? und die hatte jetzt das ganze frühjahr ne vorliebe für taschen und für kleidung für röcke für äh (.) schals, für decken. fürs bauen. (.) das warn damen.
> I: welche sind das wer
> E: das is bina, jenny, melissa, antonia und lisa.//mhm//also ein teil von frau peukert ich muss dann immer so gruppenübergreifend denken weil die (.) wolln wir ja nun

nich auseinander dividieren die kinder und dann eine dreiergruppe von jungs der tom der steven und die sind auch drei jahre und der david. da is aber tom is wortführend weil er hat gute ideen und die sind jetzt grade am entdecken von holz. alles was mit holz zu tun hat. sie habn ja oben die ausstellung gesehen äh feinmotorik wird grade entwickelt (.) das holz kann zersägt werden, das kann bemalt werden, das kann äh kaputt geklopft werden schrauben könn reingedreht werden, dann sind sie jetzt mittlerweile jetzt gebn sie ihren bauwerken <u>namen</u>.//mhm.

Die beschreibungsgenerierende Frage nach den Besonderheiten der Kinder zielt auf eine Festlegung der Erzieherin auf Eigenschaften von Kindern, die als ‚besonders' deklariert werden, ab. Frau Emrich antwortet etwas zögerlich, indem sie die Kinder strukturell zu Gruppen zuordnet. In Form einer Hintergrundkonstruktion stellt sie zwei von drei „Grüppchen" vor, die sich in geschlechts - und altershomogene Mädchen- und Jungengruppen gliedern. Anknüpfend an die Frage nach den Besonderheiten der Kinder beschreibt sie nun die Interessen der Mädchengruppe. Diese werden zunächst aufgezählt (Kleidung, Taschen, Decken) und haben – vor allem durch die Verwendung des Wortes „*Damen*" den Anschein von recht geschlechtstypischen Interessen von Mädchen. Fast nebenbei ergänzt sie, dass die Mädchen auch bauen. In dieser kurzen Beschreibung werden keine Erklärungen oder Alltagserzählungen berichtet. Im direkten Vergleich zu Frau Radisch fallen dennoch Besonderheiten auf. Während diese die Kinder am Spektrum der Leistungsfähigkeit zuordnet und dabei die in ihrem Auge am weitesten voneinander entfernten Kinder mit ihren Fähigkeiten gegenüberstellt (vgl. Frau Radisch, Z.112-169), schließt Frau Emrich an die Frage nach Beschreibungen mit den „*Vorlieben*", also Interessen der Kinder an. Darüber hinaus kommt im Kontrast zu Frau Radisch in den Beschreibungen von Frau Emrich keine Bewertung bzw. Werthaltung zum Vorschein. Die Interessen werden einfach aufgezählt. Dennoch fällt an dieser Stelle auf, dass die Kinder nicht als Individuen, sondern als Gruppe vorgestellt werden. Im Hinblick auf die Frage nach den Besonderheiten der Kinder ist dies eine unerwartete Herangehensweise. Aus mehreren Gründen wird dies als Hinweis auf eine Orientierung an Gemeinschaft interpretiert. So benutzt Frau Emrich bspw. sehr häufig das Wort „*wir*", auch wenn sie von eigenen Erfahrungen spricht. Des Weiteren betont sie selbst ihre familiäre Sozialisation als gemeinschaftsbasierend und sich gegenseitig unterstützend. In der Orientierung zu Gemeinschaft könnte eine Gemeinsamkeit mit Frau Radisch vorliegen, jedoch geht bei Frau Emrich Gemeinschaftssinn nicht mit Disziplinierungsgestiken einher.

In den Beschreibungen der Jungen-Gruppe geht Frau Emrich dann etwas mehr auf individuelle Besonderheiten ein. So wird Tom als wortführend bezeichnet, da er gute Ideen hat. Dies deutet darauf hin, dass Frau Emrich gute Ideen, also Kreativität als etwas Besonderes empfindet. Auch die Jungengruppe wird in ihren Interessen als typische Jungen eingeführt. [110]So interessieren sie sich für Holz als vielseitiges Baumaterial. Im Vergleich zu den Beschreibungen der Mädchengruppe fällt auf, dass das Interesse der Jungen (Holz) nicht nur aufgezählt, sondern auch näher differenziert und mit Handlungen verknüpft wird. Obgleich die Tätigkeiten Holz sägen, bemalen und schrauben lediglich als Möglichkeiten des Umgangs mit Holz beschrieben werden („es kann"), so deutet sich dennoch eine Handlungspraxis an. Offenbar werden die Exponate ausgestellt und von den Jungen betitelt. Das Wort *„Ausstellung"* impliziert, dass bestimmte Objekte einem Publikum gezeigt werden, sie werden also veröffentlicht, sozusagen „zur Schau" gestellt. Darin spiegelt sich eine große Wertschätzung der kindlichen Ausdrucksformen wider. Möglicherweise inszeniert die Erzieherin mit ihrer Aufzählung die vielfältigen Möglichkeiten des Bearbeitens von Holz. Indem das Interesse an Holz ausdifferenziert wird und die Produkte der Holzbearbeitung sogar ausgestellt werden, gewinnt man den Eindruck, dass Frau Emrich die Tätigkeiten der Jungen als beachtlicher und präsentationswürdiger empfindet als die Interessen der Mädchen. Mit dem Einschub, dass die Feinmotorik gerade entwickelt wird, verknüpft sie die Interessen der Jungen mit pädagogischen Zielen. Das Bearbeiten von Holz ist nicht nur eine Freizeitbeschäftigung, sondern auch eine Möglichkeit, altersgerechte Entwicklungsschritte zu vollziehen. In Zeile 293, 294 kommentiert Frau Emrich die Gruppenzusammensetzung der Mädchen mit der Notwendigkeit, gruppenübergreifend zu denken (*„ich muss dann immer so gruppenübergreifend denken weil die (.) wolln wir ja nun nich auseinander dividieren die kinder."*). Durch die Verwendung des Wortes *„muss"* deutet sich eine gewisse Anstrengung hinsichtlich der Umsetzung der gruppenübergreifenden Kinderbetreuung an. Sie (*„wir"*, das Team) haben es sich zum Ziel gesetzt, keine festen Gruppen mehr zu haben, dennoch ist dieses Ziel in den alltäglichen Handlungspraktiken noch nicht fest verankert. Dies könnte ein Hinweis auf die Transformation einer handlungspraktischen Orientierung hinsichtlich offener Gruppen im Kindergarten sein. Im folgenden Zitat wird die pädagogische Arbeitsweise thematisiert:

---

[110] Obgleich hier geschlechtstypische Eigenschaften genannt werden, so wird an anderen Stellen des Interviews, bspw. beim Beschreiben der Experimente, auf die Gleichverteilung von Mädchen und Jungen hingewiesen (Z. 376-379). Insofern kann an dieser Stelle nicht von einer grundlegenden geschlechtstypisierenden Orientierung ausgegangen werden.

Zitat Z. 302-316:

E: ich habe jetzt holzbretter, kirschholz hat frau kühn mitgebracht u:nd einfache holzklötzer bloß geschnittene holzklötzer verschiedne formen (.) n schraubenwald.

I: aha?

E: <u>einen schraubenwald</u>. na der sieht aber noch nich schön aus der schraubenwald. (1,5) bloß n stückchen styropor hinjelegt, kleber hinjestellt, mich auf an die seite jesetzt, habe das beobachtet. dreijährige kinder, ich habs fotografiert. (3) styropor ausnander, na das sind jetzt die blätter die wachsen jetzt. (2) draußen wachsen die blätter ja man muss ja immer zeitversetzt denken (.) weil n baum wächst jetzt auch. der is aber weiß. geh zur frau starke hol die farben! ( ) farben geholt. ja die sind bis heute also <u>vier wochen</u> sind sie jetzt schon dabei (2) ein tag ja ein tag nein heute vorhin hab ich grade die farbe ausgesch- ausgekippt habn sie heute früh mal ne halbe stunde s reicht ja <u>völlig</u> für die kinder die sind ja dann erschöpft.//mhm//mit farbe anjemalt jetzt habn sie <u>lila</u> weil jetzt lila modern is.

I: mhm. die bäume sind jetzt lila?

E: die bäume sind jetzt lila, <u>heute</u> sind die bäume lila.

Das Besondere an diesem Abschnitt ist zum einen die Erzählweise, bei der die Erzieherin ihre Kinder wortwörtlich zitiert und die Kinder somit mit deren Sprache sprechen lässt. Zum anderen wird anhand der stark gegenwartsorientierten Alltagsschilderungen deutlich, welche Rolle die Erzieherin als Pädagogin einnimmt. Bereits in den ersten beiden Zeilen ist erkennbar, dass Frau Emrich sich in den Interaktionen und pädagogischen Lernsituationen selbst stark zurücknimmt. So stellt sie lediglich das Material zur Verfügung, ohne Handlungsanweisungen an die Kinder zu formulieren. Indem sie das Bereitstellen von Naturmaterialien mit Worten wie „*einfach*" und „*bloß*" einführt, zeigt sich die pädagogische Haltung, dass Materialien wie Holz für das phantasievolle Spiel der Kinder bereits ausreichend sein können. Des Weiteren bezeichnet sie die verschiedenen Formen der Hölzer als Schraubenwald. Nachdem die Interviewerin ihr Erstaunen ausdrückt, kommt die Erzieherin nicht in ein argumentatives Gesprächsschema, sondern wiederholt ganz selbstverständlich, dass es sich um einen Schraubenwald handelt. Das Wort „*Schraubenwald*" lässt sich als eine metaphorische Neubildung zweier Worte (Schrauben, Wald) bezeichnen, wobei es unklar ist, ob die Erzieherin selbst oder die Kinder dieses Wort kreierten. Das zusammengesetzte Wort, bestehend aus zwei Teilwörtern, setzt sich aus dem technischen Verbindungselement Schraube, und dem Wort Wald, das üblicherweise eine Ansammlung von Bäumen beschreibt, zusammen. Indem die Erzieherin die Wortschöpfung in die Erzählung einbaut, wird deutlich, dass sich die Erzieherin in der mystischen Welt der Kinder bewegen kann. Es scheint fast so, als inszeniere Frau Emrich ihre Arbeit mit den Kindern, indem sie – ähnlich wie in Theaterrollen – die Sprechakte der Kinder und ihre eigenen einfach aneinanderreiht. In der Erzählpassage Z. 306, 307 zeigt sich, dass nicht sie, sondern die

Handlungen der Kinder im Vordergrund stehen, selbst dann, wenn sie sich auf Tätigkeiten bezieht, die sie selbst initiierte (Styropor, Kleber hinstellen). Außerdem wird deutlich, dass Frau Emrich die Handlungen der Kinder nicht nur wahrnimmt, sondern auch aufzeichnet durch Fotografien. Nicht nur auf der sprachlichen Ebene, sondern auch inhaltlich nimmt sich die Erzieherin aus dem Geschehen raus. Sie setzt sich an den Rand, beobachtet und nimmt demnach eine Außenperspektive ein. Im Unterschied zu Frau Radisch kann diese Zurückhaltung in den Interaktionen der Kinder jedoch nicht als Passivität gedeutet werden, sondern vielmehr als eine bewusste pädagogische Haltung mit einem klaren Bild über die einzelnen Interessen der Kinder. Das Beobachten und Fotografieren kann als ein Element aus dem aktuellen Bildungsprogramm des Bundeslandes angesehen werden. Frau Emrich scheint diese pädagogischen Richtlinien aufgrund der alltagsnahen Erzählungen nicht nur anerkannt, sondern auch für sich internalisiert zu haben. Mittlerweise ist es eine gängige Praxis, die Kinder in ihren täglichen Lernprozessen systematisch zu beobachten. Indem Frau Emrich betont, dass sie selbst dreijährige Kinder fotografierte, kommt zum einen ihre anerkennende Haltung und ein gewisser Stolz, zum anderen auch die Zuschreibung des Alters als etwas Besonderes bei den Kindern zum Vorschein. Die Praxis des Fotografierens zeigt einerseits, dass etwas als beachtenswert, also außergewöhnlich, angesehen wird. Andererseits steckt darin der Wunsch nach einer Konservierung des Augenblicks für die Nachwelt. Es dokumentiert sich an dieser Stelle demnach, dass Frau Emrich die Prozesse und Produkte des kindlichen Handelns nicht nur wertschätzt, sondern auch als etwas Besonderes empfindet, das man nach außen tragen sollte. Im folgenden Abschnitt geht die Interviewerin auf das Engagement der Erzieherin ein. Kurz vorher brachte Frau Emrich ihre kritische bildungspolitische Haltung zum Thema Schule zum Ausdruck.

> Zitat Z. 755-779:
> I: mh. (.) sie wirken sehr engagiert wie sie arbeiten und was sie so erzähln. woher kommtn das (.) bei ihnen? also warn schon ihre eltern so (.) irgendwie politisch intressiert oder engagiert oder is das
> E: politisch weniger aber engagiert warn sie eigentlich alle.//mhm//ja und auch äh sich so für (2,5) sowieso das schwache immer eingesetzt habn also mmm unsre ganze familie is eigentlich so orientiert (.) dass helfen an erster stelle steht und dass auch äh das miteinander an erster stelle steht und äh untereinander miteinander untereinander (.) und äh dass es nur so vorwärts geht. das is eigentlich ja so bin ich groß geworden.//mhm//aber ich bin auch manchmal n querschläger muss ich auch sagen. wenn mir was nich passt und und äh (.) die meinung gefällt mir nich dann scheu ich mich auch nich davor das zu sagen.//mhm//bin ich auch schon oft einzelkämpfer gewesen.//mhm//aber ähm jetzt wie sich das jetzt so alles entwickelt jetzt im kindergarten mein ich auch in meinem fachbereich das war nich immer alles so wie (.) wie wir das dann schon gelernt hattn und wenn ich für mich äh entschieden

habe das is der richtige weg und die andern ziehn nich mit also hin-und dann läuft man gegen wände//mh.//dann versuch ich das dann immer so durchzusetzen.//mhm.//immer stück für stück.//mhm.//ja.

Frau Emrich bestätigt teilweise die vorangegangene Vermutung der Interviewerin, indem sie sagt, dass ihre Familienmitglieder zwar nicht politisch, aber durchaus sozial engagiert gewesen seien. So beschreibt sie die Werte ihrer Familie als gegenseitig unterstützend und gemeinschaftlich. Mit Worten wie *„sowieso"*, *„immer"*, *„ganze Familie"* und *„an erster Stelle"* wird die Bedeutung dieser Werte mit der Verwendung dieser Superlative sogar noch überhöht. Anhand der sprachlichen Einschränkung wie *„eigentlich"* wird jedoch eine gewisse Unsicherheit deutlich. Diese Unsicherheit (auf der sprachlichen Ebene) löst sich förmlich auf, als Frau Emrich auf ihre Eigenschaft als *„Querschläger"* hinweist. Es kann also vermutet werden, dass Frau Emrich mit der Orientierung nach Gemeinschaft (*„miteinander untereinander"*) sozialisiert wurde, dass sie sich aber im Laufe ihres Lebens die Orientierung von Individualität aneignete. Möglicherweise hängen diese Veränderungen der inneren Werte mit den äußeren gesellschaftlichen und bildungspolitischen Veränderungen zusammen, wodurch eine Aufschichtung der Werte angeregt wurde. Sie erzählt kurz von der Umstellung im Kindergarten von den gelernten alten Inhalten hin zu völlig neuen Ansichten und Methoden. Offenbar empfindet sie diese neuen pädagogischen Ideale als sinnvoll und erstrebenswert, das einzige was sie an der Ausführung hindert, sind vermutlich Kollegen, die noch in den alten Denkmustern verankert sind. Sie beschreibt sich somit selbst als eine Person, die Transformationsdruck im Team ausübt. Die möglichen Folgen wie offene Kritik bis hin zu sozialer Ausgrenzung würde sie in Kauf nehmen. Implizit kommen hier ein gewisser Stolz, sich durchsetzen zu können und ein großes Selbstbewusstsein zum Vorschein. Sie scheint sich sicher zu sein, den richtigen Weg gefunden zu haben. Dies kommt auch an einer anderen Stelle des Interviews deutlich zur Sprache:

Zitat Z.261-267:
E: und das muss aber jeder von den erziehern verstehen lernen und das is jetzt erstmal meine aufgabe die ich jetzt habe äh dass sie den blick dafür auch kriegen diese kleinen sachen ((klopft begleitend und unterstreichend auf den tisch)) (.) ernst zu nehmen
I: also sie habn da ne mehr aktive rolle in dem team.
E: ((zögernd)) ja ((bestimmter)) ja.
I: mh
E: na sowieso.
beide: @(3)@

Als *„diese kleinen Sachen"* bezeichnet Frau Emrich das bloße Experimentieren und Spielen mit Sand, das ihrer Meinung nach von vielen Kolleginnen im Team unterschätzt wird. Sie sieht sich selbst in der Rolle, ihren Kolleginnen die Bedeutung dieser kindlichen Tätigkeiten nahezubringen. Es zeigt sich demnach auch im Umgang mit Kolleginnen die Haltung einer Lehrkraft, die durch ihr Wissen den Anderen überlegen ist. Durch die Wortwahl *„muss jeder von den erziehern verstehen lernen""* wird der Eindruck vermittelt, dass sie ihre Haltung als vollkommen richtig und die Haltung ihrer Kolleginnen dementsprechend als falsch und indiskutabel einschätzt. Inwiefern diese Aufgabe, den anderen Erzieherinnen etwas beizubringen, tatsächlich eine von der Leiterin zugeteilte Aufgabe ist, oder sie sich diese selbst zuschrieb, bleibt an dieser Stelle offen. Es kann jedoch festgehalten werden, dass Frau Emrich eine grundlegend aktive, steuernde und engagierte Orientierung hat, die sie im Team versucht durchzusetzen.

Die Interviewerin lenkt das Thema auf das Mädchen Nicole, da aus den Beobachtungen eine gewisse besondere Stellung des Mädchens in der Gruppe hervorging (vgl. Szene 1 *„Lernsituation Körper"*). Frau Emrich fasst die Beziehung zu dem Mädchen gleich zu Beginn mit deutlichen Worten zusammen: *„aber nicole das is auch für mich son kind da halt ich man sagt immer so die hände drüber"* (Z. 798-799). Sie hält die Hände über sie. In dieser Formulierung dokumentiert sich bereits ihr großes Verantwortungsgefühl dem Mädchen gegenüber. Die Hände über sie zu halten, bedeutet, ihr nach außen hin Schutz zu bieten. Worin dieser Schutz besteht, wird gleich im Anschluss deutlich, als sie von Nicoles Benachteiligung in der Familie spricht.

Zitat Z. 801-815:
E: ähm <u>weil die</u> das is jetzt wieder n bisschen gegen die eltern muss ich sagen, ä:hm empfinde ich so dass die in der familie benachteiligt is.//mhm//nicole is das erste kind von der mutti, die mutti is alleinerziehend und hat wechselnde partner.//mh.//und sie wird äh: nich als tochter betrachtet sondern mehr als (.) freundin? und (.) ihrem alter nich entsprechend als arbeitstier./mh//was die schwester für vergünstigungen hat zu hause und äh nicole kam hierher die hat noch in die hose gepullert die hatt ich nun gott sei dank von anfang an und hatte sprachschwierigkeiten und war <u>immer sehr</u> zurückhaltend ängstlich sogar//mh// und is jetzt noch reagiert jetzt noch teilweise so dass sie sich eher zurücknimmt und keine antwort gibt (2,5) als ne falsche antwort.//mhm

An dieser Stelle wird ein entscheidendes Detail angesprochen, das auf ihre Sicht des Umgangs mit sozialen Ungleichheiten schließen lässt. So sagt Frau Emrich nicht, dass die Familie, sondern dass das Mädchen <u>in</u> ihrer Familie benachteiligt ist. Sie erkennt demnach die aus ihrer Sicht bestehenden Bedürfnisse des Mädchens, ohne die häufig verwendeten Kategorien ‚sozial schwach' etc. zu verwenden. Es liegt eine Orientierung zugrunde, die Bedürfnisse des Kindes als zentral anzusehen. In der Formulierung „*das is jetzt wieder n bisschen gegen die eltern muss ich sagen*" steckt einerseits ihre Unsicherheit drin, etwas Negatives über die Familie sagen zu müssen, andererseits auch ihr persönliches Unbehagen demgegenüber. Zwischen den Zeilen wird deutlich, dass sie trotz ihrer kritischen Äußerungen die Mutter von Nicole wert schätzt. Dass die Mutter alleinerziehend ist und wechselnde Partner hat, kommentiert oder bewertet sie nicht, sondern teilt es eher im Sinne von Hintergrundinformationen sachlich mit. Das Hauptproblem sieht Frau Emrich darin, dass Nicole von der Mutter nicht als Tochter, sondern als „*Arbeitstier*" betrachtet wird. Arbeitstiere werden gemäß ihrer Funktion benutzt, sind demnach Nutztiere, die zu bestimmten Zwecken eingesetzt werden. Zu Arbeitstieren baut man keine emotionale Nähe auf, sie sind jederzeit ersetzbar. Es scheint, als ob Frau Emrich mit ihrer Rolle als Vertrauensperson diese Defizite ein Stück weit beheben wollte. Indem sie sagt, dass sie Nicole „*gott sei dank von anfang an*" hatte, wird deutlich, dass sie sich als besonders geeignet einschätzt, um mit Kindern und Problemen dieser Art umzugehen. Obwohl zwischen den Zeilen deutlich wird, dass sie selbst eine tragende Rolle beim Erlernen vieler neue Dinge (bspw. Toilettengang, sprachliche Entwicklung) hatte, nimmt sich Frau Emrich erneut stark zurück. Sie spricht nie von sich in der Ich-Form, auf sprachlicher Ebene lässt sie ihre Rolle lediglich in der Wir-Form finden. Obwohl das Mädchen jetzt noch sozial unsicher sei, hätten sie (gemeint ist hier vermutlich das gesamte Team) es geschafft, dass Nicole ihre Meinung gegenüber ihrer Mutter vertreten kann.

> Zitat Z.: 816-828:
> E: also ihr selbstbewusstsein is eigentlich (2) sehr von der mutti sehr niederjemacht worden und und hier habn wir sie soweit stabilisiert dass sie auch zur mutti mal sagt, das mache ich nicht. und dann hattn wir dann die gespräche also das war ja dann alles erst in der entwicklung immer und dann habn wir mal gesagt frau schmidt wir sehn das so und so habn sie das auch schon gesehn. und da fing sie dann zu überlegen an und seitdem klappts auch besser muss ich sagen. also die mutti hat selber in sich auch mal reingekuckt und hatte das von dem augenblick noch gar nich so gesehn jehabt.
> I: mh. habn sie mit der mutti gesprochen dann?
> E: ich hatte mit ihr- weil das hat sich nachher so ne beziehung aufgebaut und da hab ich immer gesagt frau schmidt immer schön mit der ruhe. bleibn sie mal n bisschen ruhiger lassen=sie sie mal alleine probiern. immer so erst am anfang und vertrauen aufgebaut. (.) u:nd nach ner ganzen weile wo ich dann gedacht hatte jetzt könntest du vielleicht mal was sagen? dann war dann auch der zeitpunkt da und da hab ich ihr mal ge- wie sehn sie die stellung von nicole.

Frau Emrich verwendet den Begriff „*stabilisiert*" (Z.817), was üblicherweise in medizinischen Kontexten verwendet wird, bspw. nach akuten, lebensbedrohlichen Maßnahmen. Möglicherweise ordnet sie selbst die Instanz des Kindergartens als rettende Maßnahme bei schwierigen familiären Bedingungen zu. Sie führt ihre Erzählungen in der Wir-Form fort und berichtet von gemeinsamen Gesprächen mit der Mutter des Mädchens, in denen sie ihre Eindrücke mitteilten und die Mutter so zum Nachdenken anregten. Die Gespräche hätten Positives bewirkt, wobei an dieser Stelle noch unklar ist, wer diese Gespräche führte und was sie genau bewirkten. Die Interviewerin fragt an dieser Stelle noch einmal nach, und Frau Emrich bestätigt, dass sie die Gespräche geführt hat. Sie begründet dies damit, dass sich im Laufe der Zeit eine gute Beziehung zur Mutter aufgebaut habe. Aus dieser Beziehung heraus hat sie der Mutter geraten, mehr Ruhe im Umgang mit Nicole zu bewahren und sie selbstständiger werden zu lassen. Später, als das Vertrauen in der Beziehung noch stabiler wurde, fragte sie die Mutter nach der Stellung von Nicole in der Familie. Die sprachliche Zurückhaltung lässt sich auch an dieser Stelle mit der inneren Haltung kombinieren. Obwohl sie sich in ihren Ansichten und Beobachtungen sicher ist und ein positives Gesprächsklima bereits vorherrscht, wartet Frau Emrich geduldig, bis das Vertrauen in der Beziehung so tragfähig ist, dass auch kritische Aspekte angesprochen werden können. Es dokumentiert sich darin eine große Rücksicht und Sensibilität für innerfamiliäre Belange, ohne die Bedürfnisse des Kindes außer Acht zu lassen. Der längerfristige Erhalt der Beziehung scheint ihr wichtiger zu sein als das Überstülpen ihrer Kenntnisse in der Rolle der Expertin für Erziehung. Für Frau Emrich ist nicht nur die Förderung im Kindergarten entscheidend, sondern auch die Vermittlung gegenüber den Eltern. Erst, wenn die Eltern der Kinder die gewonnenen Entwicklungsfortschritte mit fördern, bezeichnet Frau Emrich ihre Arbeit als vollständig gelungen (vgl. Zitat Z. 1241: „*dann is es das größte. und wenn die eltern noch mitmachen und sich freun, dann is es das allergrößte*").

Ihre Orientierung an Nähe und Vertrauen kommt noch einmal an anderer Stelle des Interviews deutlich hervor, wo Frau Emrich bilanzieren soll, was für sie besonders wichtig in der pädagogischen Arbeit mit Kindern ist.

Zitat Z. 1185-1215:
E: also das wichtige is erstmal man darfs nich als pädagogische arbeit sehn
I: also sie jetzt ganz speziell also nich allgemein.
E: ich seh mich auch da::für erstmal
I: gut. @(.)@
E: äh die kinder müssen hier erstmal herkommn und das wichtigste was wirklich (.) vorrangig is, die solln mit freude hierher kommn mit nem lächeln hierher kommn und wenn ich so mache ((breitet ihre Arme aus)) und mir die kinder in die arme springen dann weiß ich erstmal ich habs richtig gemacht vom gefühl her//mh//und

wenn das gefühl stimmt bei den kindern, dann kann ich anfangn mit der so jenann-
ten pädagogischen arbeit. dann kann ich sagen: ich beobachte das kind wo steht es.
wie kann ich das kind in der entwicklung unterstützen.//mh//wie kann ich es im lernen weiter bringn. ohne dass das kind gedrängelt wird, ohne dass es irgendwie merkt
(.) es wird gebildet.//mh//dass es fröhlich ohne zwänge aufwächst (.) selbständig
wird//mh//mit rückrat mitm lächeln.//mh//dass es gut sprechen kann das is eigentlich
das wichtigste sprache. sprache sprache sprache ist für die kinder hier in unserm einzugsgebiet das wichtigste.//mh//dass sie probleme ansprechen könn, aussprechen (.)
drüber diskutiern (.) was in unsern kinderrunden immer wichtig is (.) dass sie ihre (.)
gefühle formuliern könn //mh//gefü- über gefühle sprechen das is auch so ne sache
die mir sehr schwer gefallen is muss ich sagen also seit wir das erst hier gehabt
habn. de::nn über positive gefühle spricht ja jeder gern //ja//aber über negative gefühle sich da zu äußern und in ner runde zu äußern (.) son selbstbewusstsein zu entwickeln, das is schwer.

Gleich zu Beginn formuliert Frau Emrich kurz und knapp ihre pädagogische
Grundhaltung: Man darf es nicht als Arbeit ansehen. Darin steckt implizit, dass
für sie der Begriff *„Arbeit"* ein so genannter negativer Gegenhorizont zu ihrem
eigenen professionellen Arbeitsverständnis ist. Indem sie mit dem Kriterium der
Freude beginnt, wird deutlich, dass dies den positiven Gegenhorizont ihres Pro-
fessionsverständnisses darstellt. Für sie ist die Arbeit mit Kindern vor allem
durch gegenseitige Freude gekennzeichnet. Als Idealbild entwirft sie ein Kind,
das ihr in die Arme fällt als Kennzeichen von Freude, Vertrauen und Nähe. Dies
stellt für sie keine Arbeit dar, sondern sie beschreibt dies als selbstverständliche
Voraussetzung für die eigentliche pädagogische Arbeit. Unter pädagogischer
Arbeit versteht Frau Emrich das Beobachten der Kinder und die anschließende
optimale Unterstützung in der Entwicklung. Dies würde den aktuellen Bildungsplänen entsprechen, die die Beobachtung als grundlegende Methode einer individuellen Förderung der Kinder hervorheben. Als negativen Gegenentwurf kennzeichnet Frau Emrich eine offensive, machtbesetzte Lernmethodik, die das Kind
in die Rolle eines Unwissenden versetzt. Stattdessen sollen die Kinder ohne dass
sie es bewusst merken, gebildet werden. Bildung heißt für sie demnach, unbe-
merkt und ohne äußere Zwänge neue Dinge zu lernen.

Die Voraussetzung für Bildung ist ihrer Ansicht nach das Erlernen von
Sprache und die Kommunikation in der Gruppe. In diesem Zusammenhang führt
sie die soziale Zusammensetzung ihrer Kinder als besonders ein. Gerade für
diese Kinder ist es ihrer Ansicht nach wichtig, Probleme ansprechen zu können,
miteinander zu diskutieren und Gefühle zu thematisieren. Als eng damit verbunden sieht Frau Emrich die Entwicklung eines stabilen Selbstbewusstseins. Implizit wird an dieser Stelle deutlich, dass die Erzieherin durchaus ein Problembewusstsein zur sozialen Lage vieler Kinder ihres Kindergartens hat. Indem sie
genau beschreiben kann, was sie unter einer sprachlichen Förderung versteht,

bleibt das Wort Sprache keine leere Worthülse, sondern lässt auf entsprechende Handlungspraxen schließen. Auch die Förderung von Selbstständigkeit verknüpft sie mit konkreten Handlungen. So erwähnt sie in dem Zusammenhang, etwas später im Interview, die Entscheidungsfreiheit der Kinder in der Tagesplanung und die Förderung von kulturellen Praktiken wie eigenständiges Essen am Tisch.

Zusammenfassend lässt sich also festhalten, dass Frau Emrich ihre professionelle Rolle darin sieht, zunächst eine stabile emotionale Nähe herzustellen, um anschließend Bildungsprozesse anzuregen. Dabei legt sie besonderen Wert auf die Förderung eines angstfreien Raums, in dem eine sprachliche Förderung durch viel Kommunikation möglich wird.

5.2.3.3 Zusammenfassende Betrachtungen des Falls

Im Folgenden sollen die zentralen Ergebnisse aus den drei Ebenen Institution, Interaktion und Individuum zusammengefasst, gegenübergestellt und im Hinblick auf die Fragestellungen diskutiert werden.

Tabelle 10: Gegenüberstellung der drei Untersuchungsebenen – Fall Frau Emrich:

Leitungsebene	*Interaktionsebene*	*Interviewebene*
Zugrunde liegende Orientierung		
Prozessorientierte Haltung	Beziehungsorientiert Beziehungsstiftende Kommunikation, Gespräche Orientierung an Wissensvermittlung	Prozessorientiert- Beobachten der Interessen und Stimmungen der Kinder Beziehungsorientierung Orientierung an Gemeinschaft und Individualität

Umgang mit Kindern, Diversität		
Abgrenzung nach unten vorhanden + **Verständnis und Suche nach Strategien**	Besondere Zuwendung zu Kind aus problembehafteten Elternhaus	Problembewusstsein, Verantwortungsgefühl sprachliche Förderung, Aufbau Selbstbewusstsein als Ziele → kompensatorisch
Forschende Haltung, Interesse an den Beweggründen aller Eltern; Keine Bewertung der Handlungen → Wertschätzung	**Vermitteln von Anerkennung (Lob) und Nähe (Positionierung, Lächeln, körperliche Gebärden)**	**Übergeordnete Orientierung an Nähe und Vertrauen**
	‚Vergemeinschaftung' – Herstellen von Gemeinschaft stiftenden Erlebnissen	
Dimensionen der Differenzierung		
Familiärer Hintergrund: Anregungsarm (arbeitslos) und anregungsreich (arbeitend)	Alter: je älter, desto mehr Wissen, Fähigkeiten Bedürftigkeit: je bedürftiger, desto mehr Zuwendung	Interessen – Einteilung in Gruppen

Vergleicht man die Orientierungen der Leiterin mit denen von Frau Emrich, so fallen zunächst viele Gemeinsamkeiten auf. Für beide ist eine verständnisorientierte und wertschätzende Umgangsweise mit Kindern und Eltern zentral, die mit einem eher geringen hierarchischen Gefälle einhergeht. Darüber hinaus ist es ihnen wichtig, eine emotional stabile Beziehung zu allen Kindern herzustellen, unabhängig der familiären Hintergründe. Hier lassen sich jedoch feine Unterschiede zwischen der Leiterin und der Erzieherin feststellen. Während Frau Winter bildungsferne, arbeitslose Eltern mit anregungsarmen Milieus gleichsetzt und damit abgrenzende Tendenzen zeigt, verweist Frau Emrich konsequenter auf die Bedeutung ihrer Arbeit für die Wahrnehmung der Bedürfnisse aller Kinder, insbesondere bei Kindern, die aus sozial benachteiligten, problembelasteten familiären Verhältnissen stammen. Insofern lässt sich bei Frau Emrich ein weitaus hö-

heres Engagement erkennen als bei Frau Winter. Die von der Leiterin formulierten Zuschreibungen der Chancen des Kindergartens durch zuverlässige Erzieherinnen etc. scheint Frau Emrich bei weitem zu übertreffen. Ihre pädagogischen
Maxime der Vermittlung eines grundlegend positiven, vertrauenswürdigen Klimas, welches sich in den Interaktionen vor allem im Ausdruck von Anerkennung
und Nähe widerspiegelt, sieht sie als Voraussetzung für jegliche Bildungsprozesse. Interessant erscheint die Diskrepanz zwischen der Interaktions- und der Interviewebene im Hinblick auf die pädagogische Einflussnahme. Während die Videoanalysen für eine Orientierung an Wissensvermittlung sprechen, deuten sich im
Interview ein kindzentriertes, bedürfnisorientiertes Einstellungsmuster an
(Z.302-316). Hier passt der Vergleich zu einer Mentorin[111], die einerseits vertrauensvoll an der Seite des Klienten steht, andererseits klare Wissens- und Er-
fahrungsvorsprünge hat.

Für die Fragestellungen ist von besonderem Interesse, was diese Zusammenhänge nun für den Umgang mit Kindern, deren Eltern und vor allem im
Hinblick auf das Thema Heterogenität bedeuten. Vor dem Hintergrund eines
wertschätzenden, beziehungsstiftenden Klimas, welches sich sowohl im Interview mit der Leiterin als auch in den Einstellungs- und Verhaltensweisen von
Frau Emrich widerspiegelt, wird ein Umgang mit Kindern deutlich, der auf Nähe
und Vertrauen basiert. Dies zeigt sich im Alltag mit den Kindern vor allem an
der am positiven Verhalten orientierten Praxis des Bestärkens und Lobens, welche besonders bei gemeinsamen Bastelarbeiten zu beobachten war. Anhand der
Reaktionen der Kinder (Lächeln, Zeigen des Gebastelten, aktives Mitgestalten)
wird deutlich, dass diese sich grundsätzlich wohl fühlen. Am Beispiel von Lisa
(Szene 2, „*Gemeinsames Basteln*"), die ihr Gebasteltes der Erzieherin zeigt und
nach dem Lob der Erzieherin lächelnd den Raum verlässt, geht hervor, wie das
Verhalten der Erzieherin mit Selbstvertrauen und Freude bei den Kindern einhergeht. Während Frau Radisch kaum und nur in Verbindung mit Aufräumarbei-
ten lobt, zeigen sich bei Frau Emrich vielfältige Arten des Lobens. So bestärkt
sie Kompetenz und Leistung bei Kindern, indem sie bspw. dem Jungen in der
ersten Szene („*Gemeinsames Basteln*") erklärt, dass er aufgrund seines Alters
einen kognitiven Vorsprung gegenüber anderen Kindern habe. Bei anderen Kindern zeigt sich dies anhand der verbalisierten Anerkennung durch die Steigerung
des Lobens von „*schön*" bis „*wundervoll*". Daneben zeigte sich auch eine Verknüpfung von verbaler und körperlicher Anerkennung, die vor allem im Kontakt

---

[111] Vgl. Stöger, H./ Ziegler, A./ Schimke, D. (2009): Mentoring: Theoretische Hintergründe, empirische Befunde und praktische Anwendungen. Lengerich: Pabst.

mit Nicole deutlich wurde. Hier lobte Frau Emrich nicht nur die Fähigkeiten des Mädchens, sondern drückte Nähe und Anerkennung auch auf einer körperlichen Ebene aus („*nachher drück ich dich (.) ja?*").

Entscheidend ist an dieser Stelle, anhand welcher Kriterien Differenzierungslinien vorgenommen werden. Aus den Interview- und Interaktionsergebnissen gingen vor allem kompensatorische sowie eine entwicklungspsychologische Orientierung hervor. Die kompensatorische Orientierung zeigte sich besonders im Umgang mit Nicole, die Frau Emrich als ‚in der Familie benachteiligt' einschätzt. Im Interview ergänzte sie, dass sie dieses Mädchen von Anfang an besonders gefördert habe, was zu einem deutlichen Zuwachs an positiven sozialen Verhaltensweisen und Wissen geführt habe. Die besondere Zuwendung des Mädchens führte sogar dazu, dass die Erzieherin in Elterngesprächen die Bedeutung der Mutter-Kind-Beziehung thematisierte und für die Probleme der Mutter nicht nur Verständnis zeigte, sondern auch ressourcenorientierte Ratschläge erteilte. In den Videoszenen zeigte sich die besondere Zuwendung zu Nicole zum einen daran, dass sie das Mädchen besonders intensiv förderte und dabei andere Kinder ausschloss (Szene 1 „*Lernsituation Körper*"), und zum anderen an der verbalen und körperlichen Vermittlung von Anerkennung und Nähe.

Die zweite, untergeordnete, Orientierung, kann einer entwicklungspsychologischen Perspektive zugeordnet werden, die einhergeht mit Vorstellungen von altersgerechten Entwicklungen bei Kindern.[112] Frau Emrich ‚benutzt' das Alter von Kindern als Differenzierungslinie, indem sie dies als Erklärung für die schnellere Basteltätigkeit des älteren Jungen gegenüber dem jüngeren Jungen erklärt. Damit dient das Alter dafür, feinmotorische Fähigkeiten zu differenzieren (vgl. Szene 2, „*Erzieherin thematisiert Altersunterschiede bei Kindern*"). Im Interview kam die Altersorientierung zum Vorschein, als sie ihr Erstaunen ausdrückte, dass Kinder im Alter von drei Jahren bereits phantasievoll mit unterschiedlichem Material spielen (Z. 307).

Zusammenfassend lässt sich im Hinblick auf den Umgang mit Heterogenität also festhalten, dass Frau Emrich im Vergleich zu Frau Radisch alle Kinder auf einem hohen Niveau anerkennt, indem sie bestimmte Fähigkeiten wertschätzt und lobt. In diesem Zusammenhang zeigte sich, dass aktive und kreative Kinder, die an Bau- und Bastelaktivitäten teilnehmen, besonders positiv wahrgenommen

---

[112] So gehen Entwicklungspsychologen davon aus, dass Kinder bestimmte Phasen durchlaufen, die mit spezifischen Kompetenzen in Verbindung stehen. Ein Kompetenzzuwachs wird oft mit einer biologischen Reifung in Verbindung gebracht, wobei Erwachsene diese Lernprozesse unterstützend anregen können (vgl. bspw. Ahnert, 2008).

werden (Z. 277-301). Zudem lässt Frau Emrich Kindern eine intensivere Anerkennung zukommen, die in ihren Augen als bedürftig und benachteiligt gelten.

5.2.4   Frau Schulze – ,Frontal in der Gruppe'

Frau Schulze, 57, ist eine Kollegin von Frau Emrich und Frau Winter, der Leiterin des Kindergartens. Frau Schulze wurde in die Auswertungen mit einbezogen,
da sie sich, ausgehend von den teilnehmenden Beobachtungen in diesem Kindergarten, in ihren alltäglichen Interaktionen mit den Kindern erheblich von Frau
Emrich unterschied.

    Zum Interviewzeitpunkt gab Frau Schulze an, ab dem darauffolgenden Jahr
in Altersteilzeit arbeiten zu wollen. Sie freue sich schon auf die Zeit nach dem
Erwerbsleben und kommentiert ihren baldigen Ausstieg damit, dass sie nach 38
Dienstjahren ,ihre Schuldigkeit'getan hätte. Ihre Eltern seien beide in der Gast-
ronomie tätig gewesen und in den 1950er Jahren politisch motiviert mit ihr und
ihren drei Brüdern in die damalige DDR eingereist. Nach einiger Zeit hätten ihre
Eltern diese Entscheidung bereut, doch dann sei es zu spät gewesen. Am Anfang
ihres Berufslebens habe sie zunächst eine Ausbildung als Fachverkäuferin absol-
viert. Nach der Geburt ihres Sohnes habe sie dann als Hilfskraft in einem Kindergarten gearbeitet, wo sie gespürt habe, dass dies das Richtige für sie sei. Im
Jahr 1976 begann sie eine Ausbildung als Erzieherin und seitdem arbeite sie in
diesem Beruf. Während ihres Berufslebens habe sie in verschiedenen Einrichtungen gearbeitet. Durch eine schwere Krankheit musste sie jedoch ihre Arbeit
für einige Zeit unterbrechen. Seit zwei Jahren arbeite sie nun in dieser Einrichtung und sei vor allem für Bewegung und Ernährung zuständig. Aus der teilnehmenden Beobachtung ist bekannt, dass Frau Schulze mit den Kindern regelmäßig
musiziert und tanzt. In der Vorweihnachtszeit wurde beispielsweise in der Morgenrunde ein Lied einstudiert, welches gemeinsam beim Weihnachtsfest vorgesungen werden sollte.

5.2.4.1   Sozialer Ausschluss bei mangelnder Anpassung

Als eine für sie typische Interaktion wurde die Szene „*Morgenrunde Lied*" einbezogen, die insgesamt 1,32 Minuten lang ist und sich in zwei Unterszenen gliedert: „*Begrüßung*"(3-22 Sek.) und „*Fritz kommt, Joanna geht*" (0:40-1:53). In
dieser Morgenrunde an einem Montag wird ein Winterlied für einen Auftritt vor
Eltern und Großeltern einstudiert. Da die Morgenrunde als erste Interaktion zwi-

schen Frau Schulze und den Kindern stattfindet, werden alle Kinder zunächst begrüßt, bevor sie sich hinsetzen. Obwohl diese Begrüßungen in den Videoaufnahmen nicht gut sichtbar sind, ist aus der teilnehmenden Beobachtung bekannt, dass die Kinder zur Erzieherin gehen, ihr die Hand geben und dabei *„guten Morgen"* sagen.

In der videografierten Szene nahmen insgesamt 14 Kinder am Morgenkreis teil, wobei nur fünf Kinder in die Interpretationen einbezogen wurden[113]. Vor dem Beginn der Aufnahme erzählte Kind 6, „Justin", dass er sich die Nacht zuvor mehrfach übergeben hätte, woraufhin die Erzieherin verärgert reagierte und versuchte, die Mutter des Jungen, anzurufen. Dem Jungen gegenüber sagte sie, dass ihn seine Mutter besser zu Hause behalten hätte. Die Kamera wurde neben der Eingangstür im Regal positioniert. Die Erzieherin kommentierte im Anschluss, dass sie die Aufnahme nicht bemerkt hätte. Im Folgenden ist die Übersicht über die Teilhandlungen der Szene dargestellt:

Tabelle 11: Handlungsverlauf *„Morgenrunde Lied"*

Haupt-Sequenz	Physische Teilhandlungen					
	Kind 1	Kind 6	Kind 7	Kind 10	Kind 11	Erzieherin
UT1: 3-22	Setzt sich	Sitzt im Kreis	Sitzt im Kreis	Sitzt im Kreis		Steht am Rand, begrüßt
UT2: 40-1:53		Erzählt		Setzt sich / Antwortet	Steht auf, geht	Begrüßt (2) / Fragt / Setzt sich / Mahnt, fordert auf

---

[113] Von den 14 Kindern wurden nur fünf in die Auswertungen einbezogen, da ein Einschluss aller Kinder aufgrund der Fülle an Daten unübersichtlich schien und das gewählte Format (Word-Tabelle) sprengte. So wurden lediglich die Kinder ausgewählt, die auf die Verhaltensweisen der Erzieherin sichtbar körperlich oder verbal reagierten.

Steht am Rand, begrüßt

In der ersten Untersequenz „Begrüßung" steht die Erzieherin außerhalb des Sitzkreises links im Blickfeld der Kamera, wobei der Kopf- und Schulterbereich nicht zu erkennen ist. Sie steht in einer aufrechten Position und hat die Hände teilweise in die Hosentaschen gesteckt. Als sie den Jungen (K1, „Sebastian") begrüßt, setzt sie ihren rechten Fuß eine halbe Schrittlänge nach vorn, in Richtung des Kindes und streckt die Hand entgegen. Dazu sagt sie: „guten morgen sebastian. wenn de mit singen willst darfste bei mir bleiben wenn de keine lust hast kannste rüber gehen". Der Junge läuft an Frau Schulze vorbei und macht ein paar schnelle Schritte nach links und setzt sich zu den anderen Kindern, die ihn mit einem Lächeln empfangen. Als die Erzieherin nach dem Lied fragt („na wer weiß es noch. wie ging das lied was ich euch am freitag vorgesungen hab.") dreht er sich zu ihr um und schaut sie an. Die anderen Kinder sitzen ruhig und unbewegt im Kreis und blicken alle zur Erzieherin. In dieser kurzen Sequenz zeigt sich bereits das Kommunikationsklima dieser Morgenrunde. Die Stille der Kinder erinnert zum einen an vorherrschende Regeln in Schulen, die besagen, dass Kinder nur dann sprechen sollen, wenn sie dazu aufgefordert werden. Zum anderen verdeutlicht die Körperhaltung von Frau Schulze bei der Begrüßung (aufrechte Haltung, Hände in den Taschen) eine formale bis distanzierte Beziehung zwischen ihr und den Kindern. Verstärkt wird dieser Eindruck dadurch, dass die Erzieherin Sebastian mit den Worten begrüßt, dass er da bleiben darf, wenn er mitsingen wolle, ansonsten jedoch den Raum wechseln solle. Dies impliziert, dass sie die Möglichkeit sieht, dass der Junge auch keine Lust haben könnte, am gemeinsamen Singen teilzunehmen. Sebastian antwortet jedoch nicht auf die Frage der Erzieherin, sondern läuft schnell auf seinen Platz und signalisiert durch seinen nach oben zur Erzieherin gerichteten Blick Handlungsbereitschaft. Die Frage nach dem Lied, an welches sie sich erinnern sollen, verdeutlicht, dass es zur Handlungspraxis der Morgenrunde gehört, dass die Erzieherin das Thema vorgibt, also die aktive, steuernde, Rolle einnimmt. Als hypothetisch kontrastiver Fall könnte eine Morgenrunde auch dafür da sein, die Erlebnisse des Wochenendes gemeinsam auszutauschen und dies mit Musik zu verbinden. Auch hier kann der Vergleichshorizont der Schule herangezogen werden, indem Frau Schulze ein Thema vorgibt, was durch das geforderte Erinnern des Liedtextes an eine kognitive Leistungssituation erinnert.

Begrüßt (2), fragt, setzt sich

In der zweiten Untersequenz („Fritz kommt, Joanna geht") steht Frau Schulze noch immer an der gleichen Stelle und begrüßt den Jungen (K11, „Fritz"), indem sie ihm mit leicht gebeugtem Arm ihre rechte Hand reicht. Mit einer höheren Stimmlage als in anderen Begrüßungen sagt sie zu dem Jungen: „guten morgen fritzchen. morgen". Unter den Blicken aller anwesenden Kinder setzt sich Fritz schwungvoll in eine Lücke des Kreises, indem er seinen Oberkörper nach unten beugt und sich dann aufrecht hinsetzt. Während die Erzieherin fragt („na wen isses eingefallen. wie heißt das lied was wer noch mal singen wollten."), blickt er ab und zu in ihre Richtung. Als er angesprochen wird („°mal sehn obs der fritz weiß°"), stützt er seine Arme nach hinten auf, lehnt sich zurück, blickt die Erzieherin mit einem nach rechts geneigten Kopf an und sagt: „das mit den vögeln?". Die Erzieherin antwortet („mhm? **genau**. wenn im winter große flocken schnein[114]. ja?"), läuft zunächst nach rechts und anschließend mit einem Blatt Papier durch die Mitte des Raums nach links. Dort setzt sie sich hin (neben K1). Währenddessen wird sie von nahezu allen 14 Kindern still angeschaut.

Im Vergleich zur Begrüßung von Sebastian fallen einige Unterschiede auf. Obwohl das Gesicht der Erzieherin durch die Kamera nicht erfasst wird, deutet die höhere Stimmlage darauf hin, dass die Erzieherin lächelt. Des Weiteren spricht Frau Schulze den Namen des Jungen in der Verniedlichungsform aus („*Fritzchen*"). Eine diminutive Sprachform wird häufig entweder als Betonung einer geringen Größe (Bsp.: ein kleines Häuschen) oder als Verwendung der Koseform benutzt. Da der Junge einer der Größten in der Gruppe ist, kann hier eher von der Verwendung der Koseform ausgegangen werden. Nicht zuletzt fällt auf, dass Fritz nicht gefragt wird, ob er Lust habe, da zu bleiben, oder eher gehen wolle[115]. Es scheint eine stillschweigende Übereinkunft zu geben, dass der Junge Lust habe zu singen. Aus Gesprächen mit Erzieherinnen ist bekannt, dass die Eltern von Sebastian, der vier Jahre alt ist, einen vietnamesischen Migrationshintergrund haben. Fritz ist bereits sechs Jahre alt. Seine Mutter ist allein erziehend und führt selbstständig einen Blumenladen. Die Familie wird von den Erzieherinnen als finanziell gut situiert beschrieben. Durch die Anmerkung der Erzieherin „*°mal sehn obs der fritz weiß°*" wird noch einmal die besondere Hinwendung der Erzieherin zu diesem Jungen im Vergleich zu anderen Kindern verdeutlicht. Frau Schulze scheint dem Jungen zu unterstellen, dass er sich an das Lied erinnern könnte. Fritz selbst bestätigt die Vermutung der Erzieherin, indem er den Inhalt des Liedes kurz widergibt. Seine besondere Stellung im Kreis verdeutlicht

---

[114] In dem Lied „*Wenn im Winter große Flocken schnein*" geht es darum, dass Spatzen, die als frech betitelt werden, im Winter gefüttert werden und sich daraufhin bedanken. Die Wörter bitte und danke sind dabei zentral. Das Lied wurde von der Erzieherin selbst ausgewählt und es kann davon ausgegangen werden, dass sich in der Auswahl des Liedes ein Teil ihrer habituellen Orientierungen widerspiegelt. In diesem Fall sind die vorrangigen Themen, die dadurch zum Ausdruck gebracht werden: Unterstützung der Schwächeren und Bedeutung von Höflichkeitsformen.
[115] Neben Sebastian wurden auch andere Kinder gefragt, ob die bleiben oder gehen wollen.

nicht nur sein Sprechakt, sondern auch seine andere Körperhaltung. Während alle anderen Kinder aufrecht sitzen oder knien, lehnt er sich weit nach hinten, während er antwortet.

Mahnt, fordert auf
Die Erzieherin sitzt nun im Schneidersitz im Kreis, ihr Oberkörper ist leicht nach vorn gebeugt. Dann legt sie das Blatt Papier mit dem Liedtext vor sich hin und erklärt, dass sie diesmal keine Gitarre benutzen würde: „so. gitarre nehm ich jetzt erst mal nicht dazu? weil wer erst den text noch n bisschen üben müssen". Ein im Kreis sitzender Junge (K6) beginnt etwas zu erzählen („bei meim kalender wor ( ) drin")[116], was die Erzieherin jedoch unterbricht, indem sie den Jungen und alle anwesenden Kinder zum Zuhören auffordert („zuhörn"). An dieser Stelle zeigt sich deutlich die Strukturierungsorientierung von Frau Schulze, wobei sie ihre Stimme als Mittel zur Durchsetzung ihrer Ordnung anwendet. Die Ordnung ist in diesem Falle ihr Vorhaben, ein Lied mit den Kindern einzuüben. Der Junge, der versucht, ein Gespräch über seinen Adventskalender anzufangen, stört dabei ihre Ordnung und wird sofort unterbrochen. Auch später wird das Gespräch mit dem Jungen nicht wieder aufgenommen. Im Vergleich zu Frau Emrich, die ebenfalls einen Jungen unterbrach und anschließend jedoch den Grund erklärte (siehe Szene „Lernsituation Körper"), belässt es Frau Schulze lediglich dabei, den Jungen abrupt zu unterbrechen. In dieser Handlung dokumentiert sich eine Missachtung der Bedürfnisse dieses Jungen auf einem hohen Niveau eines Machtgefälles zwischen ihr und den Kindern. Darüber hinaus wird der Eindruck einer Lernsituation noch verstärkt, indem die Erzieherin sagt, dass die Kinder den Text noch üben müssten. Erst dann, wenn alle Kinder den Text beherrschen würden, nehme sie ihre Gitarre hinzu. Sie gibt damit nicht nur eine Struktur mit dem Thema des Morgenkreises vor, sondern formuliert gleichzeitig das Lernziel: das Beherrschen des Textes. Es kann also festgehalten werden, dass Frau Schulze die Orientierung einer Wissensvermittlerin einnimmt.

Plötzlich wendet sich die Erzieherin an das Mädchen (K10, „Joanna") und sagt: „*joanna wen du nicht- bring deine puppe bitte weg oder geh rüber zu frau luft spieln*". Während die Erzieherin das Mädchen auffordert, bewegt sie ihren leicht gebeugten rechten Arm mit einer ausgestreckten Hand, die in Richtung des Nebenraums zeigt, in einer schnellen Bewegung zweimal nach oben und unten. Dann hebt sie noch einmal die Hand und wendet sie in einer schnellen Bewegung zunächst in Richtung des Mädchens und dann zur Tür. Das Mädchen blickt

---

[116]   Gemeint ist hier – dies ging aus der teilnehmenden Beobachtung hervor - der Adventskalender.

abrupt zur Erzieherin, als sie ihren Namen hört. Ihr Mund ist dabei leicht geöffnet. Die Erzieherin wiederholt ihre Aufforderung mit deutlicheren Worten: *„bring deine puppe, weg"* und ergänzt: *„die brauchen wir jetzt nicht. (.) die stört uns jetzt nur"*. Das Mädchen erwidert nichts, sondern blickt nur mit unverändert starrer Miene zur Erzieherin, steht schließlich unter den Blicken der anderen Kinder auf und verlässt den Raum. Als eine weitere Erzieherin an der Tür erscheint, erklärt Frau Schulze, dass Joanna mit ihrer Puppe gespielt und gesprochen habe und dies störte (*„die spielt hier mit ihrer puppe und spricht mit ihr, das stört"*). Dabei hebt sie ihre rechte Hand und weist damit in die Richtung des Platzes, wo zuvor das Mädchen gesessen hat.

Die Verwendung des Artikels statt des Namens des Mädchens wirkt irritierend. Es macht den Anschein, als ob das Kind nicht als Subjekt, sondern als ein Objekt betrachtet wird, welches von einem Raum zum nächsten befördert werden kann. Hierbei erscheint die Ansprache des Jungen Fritz als maximal kontrastierend. Auch hier greift die Strukturierungsorientierung von Frau Schulze, indem sie die Puppe des Mädchens als störend empfindet und das Mädchen auffordert, diese zu entfernen. Darüber hinaus zeigt sich jedoch noch deutlicher ihre Machtorientierung, indem sie ihre Norm- und Regelvorstellungen ohne zu zögern und mithilfe disziplinarischer Maßnahmen durchsetzt. Die Erzieherin schließt das Mädchen aus der Gruppe aus, da sie nicht auf die Forderung der Erzieherin, die Puppe zu entfernen, reagiert. Aus der teilnehmenden Beobachtung ist bekannt, dass Joanna vier Jahre alt ist und einen Migrationshintergrund hat (beide Eltern stammen aus Russland). Joanna spricht nur gebrochen deutsch und es ist nicht auszuschließen, dass sie in diesem Moment Verständnisprobleme hatte. Welche Bedeutung die Puppe für das Mädchen im Alltag des Kindergartens hat, oder inwiefern sie tatsächlich nichts verstanden hat oder gar durch ihre Antwortverweigerung opponierte, bleibt an dieser Stelle offen. Es kann jedoch festgehalten werden, dass es sich auch hier um eine Symbolik der Missachtung des Mädchens bzw. der Bedürfnisse des Mädchens handelt. Anhand der Reaktionen der anderen Kinder (Stille, starre Körperhaltung, offener Mund) kann darauf geschlossen werden, dass die Situation für sie eine besondere Relevanz hat. Beispielsweise presst Fritz, der neben dem Mädchen sitzt, seine Lippen zusammen und blickt stumm vor sich auf den Boden, als das Mädchen aufsteht und geht. In der folgenden Abbildung ist die Szene schematisch dargestellt:

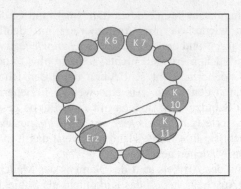

Abbildung 6:   Schematische Darstellung der Szene „*Morgenrunde Lied*"

Die Darstellung beinhaltet alle am Morgenkreis beteiligten Kinder (kleine graue Kreise) sowie die Erzieherin. K1, K6, K7, K10 und K11 wurde symbolisch für die Kinder ausgewählt, die in die Interpretation einbezogen wurden. Kind 10 ist das Mädchen Joanna, welches von der Erzieherin ermahnt (Pfeil) und anschließend die Gruppe verlässt. Die dunkle Linie soll hier wiederum die Interaktion zwischen der Erzieherin und dem Kind (Fritz, K11) verdeutlichen. Im Vergleich zur schematischen Darstellung der Szene „*Gemeinsames Basteln*" bei Frau Emrich fällt hier auf, dass die Kinder zwar ebenfalls zusammen sitzen, jedoch (noch) keine gemeinsame Interaktion stattfindet[117].

In Bezug auf die Fragestellung nach dem Umgang mit Kindern bleibt auf der Interaktionsebene festzuhalten, dass Frau Schulze die Orientierung einer strukturierenden Lehrperson zeigt, welche Kinder, die sich anpassen, einschließt und Kinder ausschließt, die ihre Ordnung stören. In diesem Falle betrafen dies ein Junge, der abrupt von der Erzieherin unterbrochen wurde, sowie ein Mädchen mit Migrationshintergrund. Ihr körperliches und verbales Verhalten gegenüber Fritz, der mit einem wesentlich freundlicheren Ton angesprochen wurde, unterscheidet sich deutlich gegenüber den anderen beiden Kindern. Dies lässt selbstverständlich noch keinerlei Rückschlüsse auf die generelle Bedeutung der

---

[117]   Wenig später, im Anschluss der Interpretierten Szene, singt die Erzieherin mit den Kindern das Lied. Frau Schulze übernimmt hierbei jedoch eine tragende Rolle, die Kinder beteiligen sich lediglich am Refrain.

Ungleichheitsdimensionen für ihre Arbeit mit den Kindern zu, jedoch geben sie einen Hinweis darauf, in welchen Situationen welche Kinder ermahnt, ausgeschlossen oder bestärkt werden. Fritz scheint ihre Ordnung nicht zu gefährden. Er bedient ihre Anforderungen durch richtige und freundliche Antworten. Fritz wird auch von anderen Erzieherinnen als gut gefördert und schlau eingeschätzt. So durfte er bspw. bei einer anderen Erzieherin in einem einstudierten kleinen Theaterstück die Rolle des Erzählers übernehmen, wobei er viel Text beherrschen musste. Als Differenzierungslinien lassen sich demnach – so ließe sich schlussfolgern – der familiäre und kulturell-ethnische Hintergrund sowie die subjektiv wahrgenommene Intelligenz feststellen.

Im Vergleich zu Frau Emrich, deren Interaktionsmuster vor allem durch das Vermitteln von Anerkennung und Nähe gekennzeichnet sind, fällt bei Frau Schulze vor allem das starke hierarchische Gefälle auf, welches durch die distanzierte Körperhaltung den Kindern gegenüber sowie den disziplinarischen und ermahnenden Kommunikationsweisen gekennzeichnet ist. Hier können viele Parallelen zu Frau Radisch gezogen werden. Bei beiden dominiert somit der Macht- und Steuerungsdiskurs. Auch bei Frau Schulze ließen sich sowohl in der teilnehmenden Beobachtung, als auch in dieser videografierten Szene keine Interaktionen finden, die durch wechselseitige Kommunikationsformen im Sinne eines ko-konstruktiven Prozesses bzw. des *„sustained shared thinking"* (Sylva et al. 2003) gekennzeichnet waren.

5.2.4.2 Spagat zwischen Lernzielerreichung und Erwartungsdruck

Der folgende Abschnitt stellt die zentralen Ergebnisse des Interviews mit Frau Schulze vor. Hierbei wurde selektiv vorgegangen, d.h. es wurden nur die Textstellen einbezogen, die im Vergleich zu den anderen Erzieherinnen und im Hinblick auf die Ergebnisse der Interaktionsanalysen einen Zuwachs an Informationen versprechen. Das insgesamt 71 Minuten lange Interview wurde im Gemeinschaftsraum durchgeführt. Freundlich lächelnd, beantwortete Frau Schulze geduldig alle Fragen. Beim Thematisieren ihres baldigen Ruhestands bekräftigte sie, dass sie sich sehr darauf freue. Im Laufe des Interviews fiel vor allem ihre ambivalente Haltung hinsichtlich der Inhalte der neuen Bildungsprogramme und den verinnerlichten alten pädagogischen Zielen, auf. Dies kommt im folgenden Abschnitt des Interviews zur Sprache.

Zitat Z. 155-189:
I: ja dieser neue dieser neue bildungsplan der besagt ja dass bildung irgendwie
selbstbildung bedeutet und dass alle kinder von sich aus sich (.) bilden (.) ähm (.)
wie sehn sie das also gilt das für alle kinder, oder-
Sch:also ich seh das schon auch so, und äh ich sage dann auch oftmals in (.) @(.)@
in weiterbildungen und in unsern beratungen, dass ich diese (.) theoretischen sachen
ja die man so darüber liest, die versteh=ich und kann ich auch nachvoll-
ziehn?//mhm// a::ber ich habe äh oftmals im alltäglichen leben mit den kindern meine zweifel//°mh°// und da hab ichs auch schwer die abzustelln//mh//mh wei:l ich
zum bei- nur mal so ein beispiel; wenn ich zum beispiel, ich mein gebiet ist oben äh
musik rhythmik lieder//mh//und so weiter; und bewegung//mh//nur das eine beispiel;
ich möchte ne liedeinführung machen; wer möchte denn von euch heute mitkom-
men; ich möchte euch n neues lied lern das heißt soundso ich spiels mit der gitarre
kurz an, dann hörn ja auch die kinder gefällt mir das oder gefällts mir nicht//ja// so.
und dann hab ich zum beispiel zwölf dreizehn kinder die sagen ((mit höherer stimme)) ja ich komme mitu:nd (.) die kommn dann auch mit hoch und (.) sind begeistert
und dann frag ich kommt ihr denn beim nächsten mal wieder, wir könns ja noch
nicht richtig? wir müssen das ja immer nochmal (.) üben ((zwischengeräusch)) und
(.) ja, wir komm wir komm wir komm. so. den nächsten tag is irgendwo n angebot
(.) von ner andern kollegin was den kindern aber auch zusagt und da fällt den das
oftmals schwer sich zu entscheiden ja; was machen wir denn nun; lern wir das lied
weiter oder gehen wir lieber da und da hin; ja; und dann kanns mir passiern dass ich
ebend n nächsten oder übernächsten tag mit zehn andern kindern da sitze; und dann
fange ich eben immer wieder von vorne an und habe nicht die möglichkeit, (.) den
kindern das eigentlich bis zum schluss zu lern; und das war ja früher in meiner ausbildung (.) immer wichtig diese zielorientierung; also am schluss kommt das und das
raus und das ist ja heute laut dem neuen bildungsprogramm eigentlich gar nich mehr
gewollt; die kinder solln in dem moment an diesem tag ihre freude haben sich ausleben könn das aufnehm wozu sie lust haben im prinzip aber; (.) ob letztendlich das
kind dieses lied was ich eigentlich eingeführt habe zum schluss kann, das intressiert;
(.) meiner meinung nach? niemanden mehr.

Die Frage der Interviewerin zielt auf eine Positionierung hinsichtlich der neuen
Bildungspläne im Elementarbereich ab. Frau Schulze antwortet argumentativ,
dass sie zwar die Inhalte verstehen und nachvollziehen könne, aber durchaus ihre
Zweifel hat. Sie stellt die Inhalte der Bildungspläne als theoretisch, und ihre
eigenen Erfahrungen als alltäglich dar. In diesem Vergleichshorizont, so lässt
sich deuten, sieht Frau Schulze sich selbst auf der Seite der Praktiker und die
ausformulierten pädagogischen Ziele und Inhalte der Bildungspläne auf der Seite
der Theoretiker. Auf ihrer Seite zweifelt sie im alltäglichen Umgang mit den
Kindern an den Prinzipien der neuen pädagogischen Ansätze. Sie führt dann ein
Beispiel aus ihrem Alltag an. Anhand der Wortwahl, eine Liedeinführung machen zu wollen, dokumentiert sich, dass es für sie zum pädagogischen Alltag

gehört, Lieder vorzuschlagen, die dann gelernt werden sollen. Der Entscheidungsraum der Kinder wäre dann, zu beurteilen, inwiefern ihnen das Lied gefällt oder nicht. Die Kinder, denen das Lied gefällt, würden zunächst mitsingen, aber schon am nächsten Tag zu anderen Angeboten von Kolleginnen gehen. Dies führe dazu, dass die Kinder das Lied nicht bis zum Schluss lernen würden. Durch ihre Worte *„wir müssen das ja noch mal üben"* wird deutlich, dass dies zu ihrem pädagogischen Selbstverständnis gehört. Es wird nicht einfach um des Singens Willens gesungen, sondern, um am Ende etwas Ganzes, ein Lied, zu beherrschen und, bestenfalls, zu präsentieren[118]. Sie erklärt sich ihre Haltung dadurch, dass sie dies früher in ihrer Ausbildung gelernt habe, immer ein Ziel vor Augen zu haben und zu erreichen. Frau Schulze habe das Gefühl, dass die neuen Bildungsprogramme diese Zielorientierung nun vollkommen außer Acht lassen. Hier verortet sie sich in eine Zeit, in der sie ihren Beruf erlernt hat und andere pädagogische Prinzipien galten als heutzutage. Als Gegenhorizont dienen ihr die Inhalte der neuen Bildungspläne. Zwischen den Zeilen kommt eine gewisse distanzierte Haltung gegenüber den Befürwortern der neueren pädagogischen Ansätze zum Vorschein. So macht es den Anschein, dass sie sich selbst mit ihren Haltungen als weit entfernt von den vielen ‚Theoretikern' in ihrem Umfeld empfindet. Es kommt eine Enttäuschung zum Vorschein, dass sich niemand für die Vermittlung von Lerninhalten im Kindergarten zu kümmern scheint. So deutet sich bereits an dieser Stelle an, dass sie neben der Zielorientierung eine Orientierung als Lehrende inne hat, die ihre Rolle darin sieht, Kindern einen bestimmten Lernstoff zu vermitteln. An anderer Stelle des Interviews positionierte sie sich eher positiv, was die Umsetzung der neuen Bildungsinhalte angeht:

> Zitat Z. 514-532:
> I: mh:: könn sie sagen was ihnen wichtig is in ihrer arbeit mit den kindern?
> Sch:also für mich is das allerwichtigste dass die kinder gerne zu mir kommn, dass die in mich auch wirklich ihren partner sehen (.) nich nur die Erzieherin die von oben herab irgendwelche **befehle erteilt//**mh//sondern (.) dass wir wirklich gleichberechtigte partner sind und (.) das is in meinem alter mitunter gar nich so einfach; ja äh sie schmun@zcln@ jetz aber das is wahr (.) weil man weil wir ja auch viele jahre durchlebt haben da warn wir ebend **der erzieher und der bestimmer und das wird jetzt gemacht** ja//mh//und jetzt äh (.) hat sich das ja mit der wende eigentlich alles son bisschen (.) gewandelt//ja//und (.) äh (.) aber ich muss sagen ich gefall mir in der rolle viel besser//mhm//ja (.) mit den kindern gemeinsam entscheidungen zu treffen gemeinsame (.) erlebnisse zu schaffen und mit den kindern gemeinsam zu

---

[118] So wurde während des Singens mehrfach darauf hingewiesen, was die Kinder beim Vorsingen vor Publikum zu beachten hätten.

spieln unund auch denn ihre wünsche zu berücksichtigen//mhm//und (.) das macht
mir schon mehr spaß.

Die Frage der Interviewerin richtet sich auf ihr pädagogisches Selbstverständnis.
Frau Schulze antwortet sogleich, dass ihr ein gleichberechtigtes Verhältnis zu
den Kindern wichtig erscheint und sie nicht „von oben herab" Befehle erteilen
will. Auch hier eröffnet sie wieder einen Vergleichshorizont zur Pädagogik in
der ehemaligen DDR. In ihrer Beschreibung ihres pädagogischen Selbstverständnisses von damals imitiert sie anhand eines Befehlstons die Strenge, die
durch die Erzieher vermittelt wurde. Interessanterweise setzt sie den Zeitpunkt
des kontrastiven Vergleichs nicht in die Gegenwart, sondern in die Zeit der deutschen Wiedervereinigung 1990. Insofern scheint nicht die Einführung der Bildungsstandards, sondern der Umbruch des politischen Systems entscheidend für
die Entwicklung ihres pädagogischen Selbstverständnisses zu sein. Ihr professionelles Selbstbild, das sie nach außen hin vertritt, verortet sie nun in diese Zeit der
Wende. Das Hauptunterscheidungsmerkmal sieht sie im hierarchischen Gefälle
zwischen Erzieherin und Kind, wobei sie das heutige Verhältnis als ebenbürtig
beschreibt.

Nun „gefalle" sie sich in der neuen Rolle viel besser, in der sie gemeinsam
mit den Kindern Entscheidungen treffe. Durch ihre Wortwahl ‚Rolle', ein dem
Theater entlehnter Begriff, wird sogleich deutlich, dass sie das ‚neue' pädagogische Selbstverständnis nicht in ihr berufliches Selbstkonzept integriert hat, sondern sich die pädagogischen Prinzipien – ähnlich wie das Lernen einer Theaterrolle – angeeignet hat. Eine Theaterrolle schreibt ganz klare Verhaltensweisen
vor, an die sich die Schauspieler zu orientieren haben. Es steht den Schauspielern
lediglich frei, die Rolle nach ihrem Sinn auszudifferenzieren und anzupassen.
Eine Rolle kann man sich ‚überstülpen' und auch wieder ablegen, je nachdem,
welche Situation vorherrscht[119].

An dieser Stelle zeigt sich eine Diskrepanz zwischen der kommunikativen,
rein sprachlichen, Ebene und der konjunktiven, interaktionalen, Ebene[120]. Wie
sich im vorherigen Abschnitt des Interviews zeigte (Z. 155-189), basiert das
konjunktive, also nicht reflexiv vorhandene Handlungswissen, eher auf den pä-

---

[119]   In der Soziologie wird der Begriff der sozialen Rolle u.a. für die Erklärung von Zuschreibungs-
mustern (Werte, Normen, Erwartungen) in Bezug auf einen bestimmten Status (Bsp. Mutter,
Kanzlerin) benutzt.
[120]   Das Unterscheiden der kommunikativen (subjektiv gemeinter Sinn) und der konjunktiven Ebene
(milieuspezifisches Erfahrungswissen) wird in der dokumentarischen Methode als grundlegend
angesehen, um das handlungsleitende Wissen zu rekonstruieren (vgl. Bohnsack, 2001).

dagogischen Prinzipien, die Frau Schulze als gängige pädagogische Prinzipien der damaligen DDR beschreibt. Auf der kommunikativen Ebene vermittelt Frau Schulze hingegen das Bild einer Befürworterin neuerer pädagogischer Prinzipien mit einer eher partnerschaftlichen Beziehung zu Kindern. Ein Kommunizieren auf der Basis eines geringen hierarchischen Gefälles konnte jedoch weder in den videografierten Szenen noch während der teilnehmenden Beobachtung festgestellt werden. Im Gegenteil, es zeichneten sich Interaktionsstrukturen mit einem großen hierarchischen Gefälle ab. Vor diesem Hintergrund kann die Annahme formuliert werden, dass sich Frau Schulze, ähnlich wie Frau Arndt (Leiterin Kindergartens X), dem Transformationsdruck, der durch die Einführung der Bildungspläne entstand, nach außen hin beugt.[121] Durch die häufige Verwendung des Wortes „*gemeinsam*" in Bezug auf geteilte Interaktionen mit Kindern wird darüber hinaus eine Orientierung an Gemeinschaft deutlich, die in ihr ‚neues' professionelles Selbstbild integriert wurde. Im folgenden Abschnitt wird nun ihr Umgang mit den ambivalenten pädagogischen Zielen als Erzieherinnenspezifische Anpassungsleistung beschrieben.

Zitat Z. 243-269:
I: und wie gehn sie jetzt damit um? also, mit diesen inneren?
Sch:ich nehm das ich nehm das (.) hin
I: sie passen sich dann an?
Sch:ja; ich passe mich an; (.) genau.//°mh° (4)//ja
I: klingt wie son spagat irgendwie
Sch: ja//so zwischen//s geht vieln (.) kollegen so; das weiß ich wir unterhalten uns ja auch darüber (.) dass das eben der punkt is wo wir schlecht mit umgehn könn //mh// ja, weil wir ebend auch wissen in andern ländern die damals unser damaliges programm übernommn haben, ja, gute erfolge haben; (.)//mh// und meiner meinung nach gehen wir sind wir n schritt zurück gegangn//mh//zum- zumindest was das lernen angeht//mhm//klar habn die kinder jetzt mehr möglichkeiten das is auch gut so (.) das stell ich auch überhaupt nicht in abfrage, ja? und man kann in son son tageslauf wirklich viel viel viel reinbringen; viel mehr ja, als früher. a:ber (1,5) mir kommts ebend auch immer darauf an (.) zu wissen (.) das kind hat das begonnn und

---

[121] Durch den von ihr gesetzten zeitlichen Anker in die politische Umbruchsituation von 1989 kann vermutet werden, dass diese Zeit des Wandels im Vergleich zu heutigen Reformplänen ebenso mit enormen Anpassungsleistungen für sie verbunden war. Möglicherweise stellen pädagogische Fachkräfte, die ihre pädagogische Ausbildung in der DDR absolvierten, eine Verbindung her zwischen dem wahrgenommenen Transformationsdruck an die Inhalte der neuen Bildungspläne und früheren Anpassungssituationen. Dies kam in Ansätzen ebenso im Interview mit Frau Arndt zur Geltung.

hat das bis zum ende durchgezogen; und //mh// und das wird nicht mehr so (.) finde ich (3,5)//ja//gehandhabt.

Die Interviewerin stellt die Positionierungen von Frau Schulze zu den dargelegten unterschiedlichen pädagogischen Zielen als ambivalent fest und fragt danach, wie die Erzieherin nun damit umgehe. Frau Schulze antwortet, dass sie die Gegebenheiten hinnehme, sich also anpasse. Die Interviewerin formuliert dies als einen Spagat, was die Erzieherin prompt bestätigt. Sofort fügt sie an, dass es vielen ihrer Kolleginnen so gehe und formuliert in der Mehrzahlform („wir"), dass sie schwer damit umgehen können. Andere Länder hätten damals das (Bildungs-) Programm übernommen und nun gute Erfolge erzielt. Welche Länder das sein sollen, bleibt unklar[122]. In diesen Ländern würde das Lernen der Kinder noch im Vordergrund stehen. Dann fügt sie hinzu, dass die neuen Bildungspläne nun mehr Zeit im Alltag mit den Kindern bieten. Auch hier erinnert die Wortwahl „tagesablauf" an stark reglementierte Abläufe in den Kindergärten der damaligen DDR. Ihr käme es lediglich darauf an, dass Kinder Dinge beenden, die sie angefangen haben. Diese Zielorientierung, so schätzt es Frau Schulze ein, sei mittlerweile verloren gegangen. In dem Zitat wird noch einmal die Ziel- und Lehrorientierung aktualisiert und es wird deutlich, dass Lernen sogleich mit dem Erzielen von Erfolgen verbunden wird. Neue pädagogische Herangehensweisen verbindet sie damit, dass nun mehr Zeit vorhanden sei, um, wie sie sagt, „viel reinzubringen", also möglichst viele Wissensinhalte im Alltag zu vermitteln.

Im folgenden Abschnitt wurde die Erzieherin gefragt, ob die Zusammensetzung der überwiegend arbeitslosen Elternschaft einen Einfluss auf ihre pädagogische Arbeit im Alltag habe.

Zitat Z. 855-865:
I: hat das n einfluss auf die pädagogische arbeit?
Sch: ja man hat als erzieher oftmals das gefühl man kommt nich so richtig voran aber das is ebend dieses (.) zielorientierte was so in (.) uns drin steckt (.) ja, eigentlich äh (.) mh reicht es ja aus wenn man den kindern (.) das bietet was sie zu hause vielleicht nich bekommn (.) ja (.) wie zum beispiel (.) unsere angebote und dass sie sich hier ausleben könn und dass sie hier ihre freunde finden und (.) dass sie sich hier geborgen fühln (.) //mh// das is ja eigentlich so unser hauptanliegen; ja, die kinder da abzufangn wo sie stehn und dann ebend weiter zu bringn (.)//°mh°//in ihrem denken und (.) handeln (2,5)

---

[122] Möglicherweise spielt sie hier darauf an, dass in den skandinavischen Ländern wie bspw. Finnland ein Einheitsschulsystem vorzufinden ist, welches in den 1970er Jahren eingeführt wurde und in der äußeren Struktur dem der damaligen DDR ähnelt.

Frau Schulze antwortet mit einer distanzierten sprachlichen Form („*man*") und bestätigt einen Einfluss der sozialstrukturellen familiären Zusammensetzung der Kinder auf ihre Arbeit im Alltag. So stellt sie einen Zusammenhang her zwischen der Arbeitslosigkeit vieler Eltern und ihren Gefühl, mit den Kindern nicht „*voranzukommen*". Dabei kommt erneut ihre Lernzielorientierung zur Sprache (Z. 857). Anhand der Wortwahl „*man kommt nicht so richtig voran*" wird deutlich, dass sie einen gewissen Druck empfindet, Kindern etwas beizubringen, die nicht in ihrem Tempo mitarbeiten. Dass sie zielorientiert denkt, steckt aus ihrer Sicht ‚in ihr drin', was bedeutet, dass es ein Teil ihrer Persönlichkeit ist und nicht einfach abgestreift werden kann. Kindern etwas zu bieten, was sie zu Hause nicht bekommen, deutet sich als ihre Haltung zum Umgang mit sozial benachteiligten Kindern an. Sie konkretisiert den Einfluss des Kindergartens auf: (pädagogische) Angebote bieten, Freundschaftskontakte sowie das Gefühl von Geborgenheit. Diese Voraussetzungen biete sie allen Kindern, besonders jenen, die in einem ‚Mangelmilieu' auswachsen, würden jedoch besonders profitieren. Dabei geht sie davon aus, dass die betroffenen Kinder von selbst auf sie zukommen, um gemeinsamen Aktivitäten nachzugehen. Indem sie die Ressourcen im Kindergarten anbiete, wie sie sagt, verwehrt sie sich keinem Kind, muss sich aber auch nicht mit unterschiedlichen Bedürfnissen der Kinder auseinandersetzen.

Die wiederholte Verwendung des Wortes „*eigentlich*" deutet in diesem Zusammenhang darauf hin, dass sie diesen Zielen nur eingeschränkt zustimmen kann und im Grunde genommen enttäuscht ist, dass sie als Erzieherin nicht mehr Inhalte vermitteln kann. Als Hauptanliegen benennt sie das „*abfangen*" der Kinder und die weitere, individuelle Förderung. Die Kinder „*abzufangn*" meint in diesem Zusammenhang sicher, die Kinder an der Stelle aufzufangen, wo sie sich in ihrer Entwicklung befinden. Es kann jedoch in der von ihr gewählten Formulierung auch bedeuten, dass die Kinder von der Erzieherin abgebremst, aufgehalten und von ihrer eigentlichen Richtung abgehalten werden. Im folgenden Interviewabschnitt geht Frau Schulze auf die Wahrnehmung von Unterschieden zwischen Kindern ein.

Zitat Z. 270-285:
I: und nochmal zurück zu dieser selbstbildung, ähm (.) finden sie da (.) dass alle kinder das gleich gut von sich aus mitbringen diese fähigkeit, (.) sich bildung (.) also sich selbst zu bilden neue dinge sich anzueignen oder gibts da unterschiede.
Sch:na ich denke schon dass es da unterschiede gibt; weil das ja auch intressenabhängig ist//mh//ja wenn kinder˚ sich für irgendetwas sehr intressieren (.) dann werdn=se auch immer da dran bleiben//mh//das is: ganz normal; und dinge die die kinder nicht mögen na die werdn sie aus bequemlichkeit//mh//ebend dann nich mehr verfolgen; das is://mh//(.) das machen wir ja auch so//mh ja//ja und ich denke mal (.)

kinder äh sind da noch viel ehrlicher als wir; wir lassen uns vielleicht noch in so manche richtung undundund linie pressen; aber kinder nich.//mh//was die nich wolln wolln die ebend nich. ja
I: wo kommt das her dass die äh ganz unterschiedliche interessen haben?
Sch:na ich denke mal das is angeborn; ja? (.)//mh// (3)das is ganz einfach angeborn denk ich mir//mh//und dann kommts ähäh sicherlich darauf an (.) in welche familie werden die hineingeborn wie steht die familie zu dem kind; ja (.) waswaswas bieten die dem kind; an wissen undundund vom ersten tag an eigentlich//mh

Die Interviewerin stellt eine argumentationsfördernde Frage, inwiefern Kinder Unterschiede zeigen in ihrer Fähigkeit, sich selbst zu bilden. Frau Schulze antwortet, dass es durchaus Unterschiede gibt, die interessenabhängig sind. Wenn Kinder sich für etwas interessieren, würden sie ihr Wissen eigenmotiviert vertiefen, wenn sie kein Interesse haben, dann nehmen die Aktivitäten in dem Bereich ab. Diesen Zusammenhang beschreibt sie als „*ganz normal*", also selbstverständlich. In ihrem Normalitätsbezug stellt sie eine Verbindung zu sich und Erwachsenen im Allgemeinen her. Der einzige Unterschied sei hierbei, dass Erwachsene in ihren Interessen lenkbarer seien. In der „*wir*"-Form argumentiert sie, dass sie sich in eine bestimmte Richtung oder Linie „*pressen*" lassen, während Kinder dies nicht mitmachen würden. Das Generationsgefälle zwischen ihr und den Kindern vollzieht sie somit an der Anpassung an vorgegebene Strukturen und Interessen. In eine Richtung gepresst zu werden, bedeutet, sich gegen den eigenen Willen zu verhalten und sich schließlich, bedingt durch die wahrgenommene Überlegenheit des Druck vermittelnden Anderen, zu beugen. Anhand dieser Normalitätskonstruktion zeigt sich ihre Orientierung an Anpassung, die sie bei Erwachsenen voraussetzt.

Anschließend fragt die Interviewerin, worauf die Unterschiede in den Interessenlagen bei Kindern zurückzuführen sind. In erster Linie seien die Interessen angeboren, so Frau Schulze. Nachfolgend sei das familiäre Umfeld entscheidend, wobei die Bildung des Kindes von Geburt an für sie entscheidend ist. Indem sie Interessen zum einen als naturgegeben, genetisch bedingt, ansieht, und zum anderen den familiären Einfluss hervorhebt, wird deutlich, dass sie den Einfluss des Kindergartens und ihr eigenes Handeln als vergleichsweise gering einschätzt.

Zitat Z. 316-341:
Sch:also mit- mitunter (.) merkt man es.//mhm//mitunter merkt man es vor allen dingen in solchen familien, äh wo nich viel gesprochen wird//mh//ja, äh also ich hab in meiner gruppe ein kind, in der familie wird ganz wenig gesprochen//mh//und das merkt man dem kind ebend an
I: woran also?

Sch:ja weiß ich nich (.) mh: die die mutter spricht kaum mit uns der vater spricht kaum mit uns//achso//die sprechen wahrscheinlich auch nicht miteinander und schon gar nicht mit dem kind//mh//das werdn eben dann bloß befehle (.)//ja?// mach das (.) geh dahin (.) komm her//mhm//ja (.) so was äh hab ich in meiner gruppe. und da merke ich dann schon dass da in der familie mh n problem is aber das obliegt nich (.) meiner kompetenz da irgendwas zu erforschen oder//mh//die zeit hab ich gar nich//mh//ja (.) aber dem kind (.) dem gebe ich natürlich alle möglichkeiten (.) hier sich ausleben zu könn, reden zu könn mir zeit zu nehm für dieses kind (.) das gespräch zu suchen bilder anzukucken bücher vorzulesen

In diesem Abschnitt fragt die Interviewerin danach, inwiefern man den Kindern anmerkt, aus welchen familiären Hintergründen die Kinder kommen. Frau Schulze sagt, dass sie dies anhand der Sprache feststelle. Besonders auffällig sei dies in Familien, wo wenig gesprochen wird. In ihrer Gruppe beträfe das ein Kind. Die Interviewerin hakt nach, woran sie dies genau festmache. Sie merke dies im direkten Kontakt zu den Eltern, die kaum mit ihr sprechen würden. Sie geht davon aus, dass sie auch nicht mit dem Kind sprechen, sondern Befehle die hauptsächliche Kommunikationsform darstellen. Frau Schulze vermutet, dass es Probleme in der Familie gibt, und fügt sogleich hinzu, dass es aus Kompetenz- und Zeitgründen nicht zu ihren Aufgaben zählt, *„irgendwas zu erforschen"*. An dieser Stelle kommen zwei Dinge zum Vorschein. Zum einen führt Frau Schulze die Sprache als Differenzierungslinie an, zum anderen deutet sich ihr Umgang mit sozial benachteiligten Kindern und Familien an. So betrachtet sie es nicht als Aufgabe, Eltern, die in prekären Verhältnissen leben (hier beschrieben durch mangelnde Wärme, Aggressivität), Unterstützung zu bieten, um alternative Erziehungsmethoden auszuüben. Vielmehr vermittelt sie, dass sie dies nichts anginge. Dies erinnert an die Haltung von Frau Arndt, die zwar familiäre Probleme wahrnimmt, diese aber nach außen, außerhalb des Kindergartens verlagert.

Auch an einer anderen Stelle des Interviews betont sie einerseits die Arbeit mit Eltern als besonders wichtig, um Dinge umfassend zu verändern, andererseits wird ihre Erwartung durch das aus ihrer Sicht vorhandene mangelnde Interesse der Eltern immer wieder enttäuscht. (*„also das wünsch ich mir (.) also dass die (.) zusammenarbeit eigentlich (.) viel viel enger sein müsste//mh//denn ohne eltern geht ja eigentlich gar nichts (.) kann nich der eine hüh der andre hott machen; kommt nichts bei raus, ja//mh//deshalb vermittle ich eigentlich auch viel was wir machen (.)//mh//durch aushänge und und und//mhm//und wünsche mir ganz ganz oft rückfragen und ((seufzt)) (.) aber (2) da hoff=ich schon ganz lange drauf und s gelingt einfach nich;//mh//s gelingt nich."*, Z. 785-798). Es wird deutlich, dass Frau Schulze den Austausch mit Eltern als bedeutsam empfindet, dass es ihrer Meinung nach jedoch bisher nicht gelungen ist, diese Art der Zusammenarbeit herzustellen. Sie erhofft sich, dass die Eltern von allein auf sie zukommen und Fragen an sie stellen. Es deutet sich hier an, dass Frau Schulze nicht von sich aus den Kontakt zu den Eltern sucht. Stattdessen wartet sie und hofft darauf, dass die Eltern sie als Expertin um Rat fragen.

Im Argumentationsschema merkt Frau Schulze an, dass sie dem Kind nichtsdestotrotz Möglichkeiten biete, sich im Kindergarten auszuleben. Zu ihren Einflussmöglichkeiten zählt sie gemeinsame Gespräche und gemeinsam geteilte Zeit, bspw. durch das Vorlesen eines Buches oder das Ansehen von Bildern. Somit beschränkt sie ihren Einflussradius auf die Zeit des Kindergartenbesuchs. Alles was darüber hinaus vonstatten geht, blendet sie aus. Im Kontrast dazu steht die engagierte Haltung von Frau Emrich, die den Kontakt besonders zu den Eltern sucht, die Probleme haben. Frau Schulzes Haltung erinnert an die Orientierungen, die bei Frau Radisch herausgearbeitet wurden. Beide Erzieherinnen interagieren mit Kindern in einem großen hierarchischen Gefälle und demonstrieren Macht und Passivität. Während Frau Radisch jedoch ihren eigenen pädagogischen Einfluss völlig im Dunkeln ließ und statt dessen eine große Resignation und Hilflosigkeit zum Ausdruck kam, lässt sich bei Frau Schulze durchaus eine Positionierung ihrer professionellen Rolle im Hinblick zu sozialen Ungleichheiten finden. So ermöglicht sie den Kindern, die in prekären familiären Verhältnissen leben, Zustände, die sie zuhause nicht vorfinden. Dazu zählt sie – ähnlich wie Frau Winter (die Leiterin des Kindergartens) – nicht nur institutionelle Rahmenbedingungen wie die Möglichkeit, sich auszuleben, sondern auch beziehungsstiftende Aspekte wie gemeinsames Lesen.

An anderer Stelle des Interviews kommt ihre Haltung zum Umgang mit Benachteiligungen noch deutlicher zur Geltung: *„das war früher so und das wird immer so sein ja, dass es kinder (.) oder menschen gibt die eben (.) die das leben eben schwerer inn griff bekommn und und welche die (.) die meistern das ebend (Z.467-469)"*. Hier wird deutlich, dass Frau Schulze es als naturgegeben empfindet, dass Menschen bevorteilt oder benachteiligt sind. Dass sie diese Zusammenhänge als Tatsache beschreibt, impliziert, dass sie sich selbst oder dem Kindergarten keine nennenswerte Rolle bei der Herstellung von Chancengleichheit zuschreibt. Vielmehr entscheiden der Zufall, die familiäre Herkunft sowie der eigene Wille, was Kinder bzw. Menschen aus ihrem Leben machen. Nach diesen meritokratischen Gedanken[123] obliegt es vor allem dem eigenen Leistungsvermögen und Willen, das Beste aus den gegebenen Bedingungen zu machen. Dabei

---

[123]   vgl. Solga, Heike (2005): Meritokratie - die moderne Legitimation ungleicher Bildungschancen, in: P. A. Berger/H. Kahlert (Hg.), Institutionalisierte Ungleichheiten. Weinheim-München.

wird jedoch die Bedeutung strukturell bedingter Ungleichheiten völlig außen vor gelassen.

5.2.4.3 Zusammenfassende Betrachtung des Falls

Im Hinblick auf den Umgang mit Kindern und ungleichheitsrelevanten Faktoren sollen nun die zentralen Ergebnisse zusammengefasst und mit den Eckfällen Frau Emrich und Frau Radisch, gegenübergestellt werden.

Tabelle 12: Gegenüberstellung der drei Untersuchungsebenen im Fall Frau Schulze:

Leitungsebene	*Interaktionsebene*	*Interviewebene*
Zugrunde liegende Orientierung		
Wertschätzende, prozessorientierte Haltung	Ziel- und Erfolgsorientierung, Wissensvermittlung als pädagogische Orientierung Strukturierungs- und Disziplinierungsorientierung, Orientierung an Anpassung und Gemeinschaft	Ziel- und Erfolgsorientierung, Orientierung an Lehrperson Orientierung an Gemeinschaft
Umgang mit Kindern, Diversität		
Verständnis und Suche nach Strategien	Deutliches hierarchisches Gefälle zwischen ihr und den Kindern	Verantwortung wird nach außen verlagert, meritokratische, biologistische Orientierungen
Dimensionen der Differenzierung		
Abgrenzung zu sozial benachteiligten Familien Familiärer Hintergrund: Anregungsarm (arbeitslos) und anregungsreich (arbeitend)	Anpassungsfähigkeit, wahrgenommene Intelligenz familiäre und kulturell-ethnische Hintergrund	Sprache, familiärer Hintergrund

Bei der Betrachtung der Tabelle 12 wird deutlich, dass die Schnittmengen zwischen der Kindergartenleiterin Frau Winter und Frau Schulze geringer sind im Vergleich zu Frau Emrich. Gemeinsamkeiten zeigen sich jedoch in Ansätzen in der Haltung, sich benachteiligten Milieus gegenüber abzugrenzen. Am deutlichsten fallen Unterschiede sowohl auf der Interaktions- und auch auf der Interviewebene im Vergleich zu Frau Emrich auf. So vermittelt Frau Schulze in einem ausgeprägten hierarchischen Gefälle Disziplin und fordert Anpassung, während Frau Emrich vielmehr Anerkennung und Nähe zeigt. Auch in Bezug auf das Ausmaß des Engagements scheinen die beiden Erzieherinnen in ihren Haltungen stark voneinander zu divergieren. Diese großen Unterschiede zwischen Erzieherinnen in einem Kindergarten überraschen zunächst, doch bedenkt man, dass die Teamentwicklung durch den nicht weit zurück liegenden Leiterinnenwechsel noch mitten im Prozess ist, so erscheinen die Resultate im Lichte dieser Transformationsprozesse nachvollziehbarer.

Das Fordern von Anpassung und Unterordnen ließ sich ebenso bei Frau Radisch finden. Noch deutlicher als bei Frau Radisch und Frau Emrich kommt bei Frau Schulze eine Lernzielorientierung zum Vorschein. Hierbei sieht sich die Erzieherin als verantwortlich dafür, dass Kinder im Kindergarten Dinge beenden, die sie angefangen haben. Das Ziel ist am Ende immer ein Produkt, was vorgewiesen werden kann, bspw. durch das Aufsagen eines Gedichts.[124] Die Erzieherin initiiert dabei Themen, die bestenfalls zu einem einem fertigen Produkt als Indiz für Wissensaneignung beim Kind führen.

Diese Zusammenhänge ließen sich auch in anderen Situationen während der teilnehmenden Beobachtung feststellen. So initiierte Frau Schulze beispielsweise ein Spiel mit Liedern, bei welchen die Kinder anhand von nach oben gehaltenen Bildern die Namen der Lieder erinnern sollten. Auch hier bezog sich die Entscheidungsfreiheit der Kinder darauf, ob sie im Raum bleiben oder gehen wollen. Das Beschäftigen mit Musik dient in dem Falle vor allem der kognitiven Entwicklung, speziell der Merkfähigkeit.

In einer anderen Situation, bei der sich die Kinder passend zur Musik bewegen sollten, kam es dazu, dass Frau Schulze das Bewegungsverhalten und die Reaktionen der Kinder lenkte, indem sie zum einen vorgab, wie die Kinder zu tanzen haben (mit einem Tuch in der Hand, bewegend durch den Raum), zum anderen schloss sie Kinder (in dem Falle zwei Jungen) aus der Gruppe aus, die

---

[124] Diese produktorientierte Auffassung von Bildung gleicht dem *Typus 1*, den Müller (2007) in einer fallbasierten Studie zu subjektiven Theorien von Erzieherinnen herausgestellt hat.Als Typ 2 formulierte die Autorin „Bildung geht vom Kind aus", als Typ 3: „Bildung als allgemeine Lernfähigkeit-Erwerben einer Bildungshaltung".

nicht still waren und anders tanzten als erwünscht. In diesem Beispiel wird noch einmal die Anpassungs- und Strukturierungsorientierung von Frau Schulze deutlich.

Da sich sowohl Frau Radisch, als auch Frau Schulze in Bezug zu alten und neuen Orientierungen setzen, kann davon ausgegangen werden, dass der durch die Wende eingeleitete Transformationsprozess noch immer eine Rolle spielt.[125] Was diese Zusammenhänge für den Umgang mit Kindern und ungleichheitsrelevanten Dimensionen bedeutet, soll nachfolgend erläutert werden. Ähnlich wie Frau Radisch verkörpert Frau Schulze eine autoritäre Führungskraft, die für die Einhaltung von Regeln und Ordnung im Raum sorgt. Kinder werden dabei nicht als eigenständig denkende, sondern defizitäre Wesen betrachtet, die sich unterzuordnen haben. Indem Selbstentfaltungsprozesse dadurch behindert werden, kann dies negative Folgen für die Entwicklung eines stabilen Selbstwerts und eigener Interessen aller Kinder haben.

Als Differenzierungslinie kann, ähnlich wie bei Frau Radisch, ‚Anpassungsleistung/ Gehorsam' benannt werden, wobei bei Frau Schulze andere Ungleichheitsdimensionen zum Zuge kommen. So spielt bei Frau Schulze weniger das Geschlecht, als vielmehr der familiäre Hintergrund, verkleidet als sprachliche und intellektuelle Entwicklung, eine entscheidende Rolle. Kinder, die sie als sprachlich und intellektuell als weit entwickelt wahrnimmt, schenkt sie demnach mehr Beachtung und positive Bestärkung als Kindern, die ihrem Standard weniger entsprechen. Da der Migrationshintergrund der Kinder einen großen Einfluss auf die Sprachentwicklung hat, werden die Kinder zusätzlich als defizitär eingeschätzt, die – bedingt durch ihren vergleichsweise begrenzten Wortschatz – in Gruppensituationen eher zurückhaltend sind.

Es kann also festgehalten werden, dass Frau Schulze ein unreflektiertes, auf Alltagswahrnehmungen beruhendes Bewusstsein hinsichtlich der Auswirkungen familiär bedingter Ungleichheit auf Kinder inne hat, welches kaum zu professionellen und differenzierten Rückschlüssen auf den Umgang mit Kindern und damit auf die Relevanz der Institution des Kindergartens für die Entwicklung von Kindern führt.

---

[125] Die zielgerichtete Einflussnahme auf die Kinder erinnert an das Erziehungsprogramm der DDR (Erziehungsprogramm, 1986, zitiert durch Nentwig- Gesemann, 1999), wobei die Erzieherin die vollkommene Kontrolle über die Gestaltung pädagogischer Prozesse behält. Diese Prinzipien würden, so Nentwig-Gesemann (1999, S. 187), einer Förderung von Selbstentfaltung und Selbstständigkeit entgegenwirken. Die Orientierung an normgerechte Kompetenzen führe dazu, dass die Erreichung dieser Kompetenzen für die Erzieherinnen selbst zum Leistungsnachweis werde (ebd.).

5.3 Kindergarten Kapitän

5.3.1 Kontextinformationen

Der Kindergarten *Kapitän*, der als Vergleichskindergarten hinzugezogen wurde, ist eingebettet in ein kleines Neubaugebiet, welches nah am Stadtzentrum gelegen ist und sich in der Nähe der Universitätsklinik und kleineren Wohngebieten befindet. Der Kindergarten, der bereits seit 1990 besteht, ist ein Neubau der 1980-er Jahre. Seit dem Jahr 2000 wurden die Krippe und der Kindergarten zusammengelegt und seit 2005 gilt der Kindergarten als Integrationseinrichtung. Zu Beginn der Untersuchung arbeiteten 20 Erzieherinnen im Kindergarten. Insgesamt betrug die Anzahl der Kinder zum Untersuchungszeitraum 151, wovon 51 Krippenkinder waren. Die Räumlichkeiten verteilen sich auf drei Etagen, wobei der Keller Räume für Team- und Elterngespräche sowie die Küche bereithält. In den einzelnen Etagen befinden sich ‚Mottoräume‘, die einem inhaltlichen Schwerpunkt folgen. So gibt es beispielsweise einen ‚Bauraum‘, einen ‚Leseraum‘ sowie einen ‚Theaterraum‘. Die Leiterin, Frau Claus, wirkt im Erstkontakt freundlich, aber distanziert bei der Begrüßung. Sie ist 48 Jahre alt und ist Mutter drei Kinder. Sie sei bereits seit 1990 als Erzieherin in diesem Kindergarten tätig und seit 2004 Leiterin der Einrichtung. Zwar hätte sie damals Bedenken gehabt, als eine Kollegin „*von unten*" plötzlich „*Chefin*" zu werden, aber seitdem hätte sich das Team mit neuen Kollegen im Alter zwischen 25 und 50 Jahren völlig neu strukturiert, so die Leiterin. Nach Ansicht von Frau Claus sei es sehr wichtig, sich das Konzept der offenen Gruppen zunächst anzuschauen, bevor man Fragen stelle. Hin und wieder wies sie während des Rundgangs darauf hin, dass die Eltern erst noch von der Richtigkeit dieses Konzepts überzeugt werden müssen. Die Kinder ließen sich während des Rundgangs nicht stören und spielten ruhig weiter. Frau Claus kommentiert dies damit, dass sie es mittlerweile gewohnt seien, dass der Kindergarten auch ein Ort der Forschung sei, in dem häufig empirische Studien durchgeführt werden.

5.3.2 Leiterinnen-Interview

Das Interview fand im Büro der Leiterin statt. Im Hinblick auf die Erzählstruktur des Interviews fällt zunächst vor allem die dominante und sehr schnelle Erzählweise von Frau Claus auf. So wurde die Interviewerin bspw. während der Formulierung einiger Interviewfragen unterbrochen.

   Im Gespräch vor dem eigentlichen Interviewbeginn erklärt die Leiterin, dass sie dem Konzept der offenen Räume sehr positiv gegenübersteht und dass mittlerweile alle Erzieherinnen nach dem neuen Bildungsplan arbeiten würden. Dazu sagt sie im Interview: *„weils spaß macht. erstens machts wirklich spaß wenn man da so durchs haus geht und so die die beschäftigten kinder sieht und so sieht einfach wie die glücklich und zufrieden sind und nicht genervt und gelangweilt irgendwo jeden tag dasselbe machen"* (Z. 668-671). In dem Zitat kommt deutlich ihre Begeisterung zum Vorschein, die sie mit dem Konzept des Kindergartens verbindet. Als besonders positiv nimmt sie beschäftigte Kinder wahr, die auf sie glücklich wirken. Im negativen Vergleichshorizont beschreibt sie Kinder, die gelangweilt sind und jeden Tag das gleiche tun. Gefragt nach den Chancen des Kindergartens, äußert sich Frau Claus im Interview wie folgt:

> Zitat Z. 542-567:
> I: noch ne ganz triviale frage; was worin sehen sie die chancen ihres kindergartens oder kindergärten im allgemeinen für die kinder?
> C: selbstständige persönlichkeit zu werden, ich lerne selbstbestimmt zu werden flexibel zu werden sich schnell auf neue situationen einlassen zu können ich denke das ist wichtig heute; es wird niemand mehr nen arbeitsplatz auf lebenszeit irgendwann kriegen. ich denke die kinder werden lernen müssen zu switschen und hin und her zu springen und sich gedanken darüber zu machen und sich schnell auf neue situationen einzulassen. die beständigkeit die wir zu ddr zeiten hatten oder die letzten jahre noch hatten für unsere kinder (2) die wir sehr wünschenswert immer finden. ich denke es wird immer weniger werden und kinder können sollten gut lernen damit umzugehen. was jetzt eben (.) also was wir früher immer gerne gehabt haben also in der krippe alle zusammen im kindergarten zusammen möglichst in der schule zusammen und naja das ganze leben das wird nicht mehr das wird es nicht mehr geben. also kinder werden sich immer wieder in andere situationen einlassen können müssen und ich denke das ist gut wenn sie da also die voraussetzungen auch dafür lernen das zu können.

Die Leiterin bezieht die Chancen des Kindergartens auf die Förderung der Selbstständigkeit und Selbstbestimmtheit der Kinder. Vor dem Hintergrund der Entwicklung auf dem Arbeitsmarkt konstatiert sie, dass selbstbestimmtes, flexibles und offenes Denken heutzutage wichtig sei. Dadurch, dass es in Zukunft keine lebenslangen Arbeitsplätze mehr geben würde, müssten Kinder irgendwann lernen, sich schnell auf neue Situationen einzulassen. Mit einem vergangenheitsorientierten Blick stellt sie fest, dass die früher vorhandene Beständigkeit nun nach und nach verschwinden würde. Dass sie diese Bedingungen, die sie vor allem mit der damaligen DDR verbindet, als wünschenswert bezeichnet und hierbei nicht in der Vergangenheitsform spricht, deutet an, dass diese Werte für sie den positiven Vergleichshorizont darstellen. In diesem positiven Spektrum ordnet sie des Weiteren ein Gemeinschaftsgefühl zu, das sich damals über alle Bildungsstufen hinweg durch das ganze Leben zog. Ihre Gemeinschaftsorientierung zeigt sich in diesem Zitat auch sprachlich, indem sie nicht von sich und ihren Erfahrungen spricht, sondern in der ,wir'-Form erzählt, also auf kollektive Erfahrungen hinweist. Den negativen Vergleichshorizont bildet für sie die heutige Zeit, in der jedes Kind für sich lernen müsste, sich ständig auf neue Bedingungen einzulassen. In der Wortwahl „*hin und her zu springen*" deutet sich eine Rastlosigkeit und Unruhe an, die Frau Claus mit gegenwärtigen und zukünftigen Lebensumständen verbindet. Kinder sollten ihrer Ansicht nach bereits in diesem frühen Alter auf diese Bedingungen vorbereitet werden, ja, sie sollen sogar bereits jetzt lernen, später damit umzugehen[126]. Interessant ist, dass die Leiterin kaum auf pädagogische Inhalte eingeht. Das einzige was sie in dem Zusammenhang benennt, ist die Förderung einer selbstständigen Persönlichkeit. Diese Förderung verknüpft sie jedoch weder mit Kind-zentrierten Themen (wie bspw. das Nachgehen eigener Interessen), noch mit alltäglichen Praktiken der Erzieherinnen im Kindergarten, sondern sie verbindet die pädagogischen Ziele mit gesellschaftlichen Werten und Bedingungen.

Obgleich die Förderung von Selbstständigkeit mit den Zielen aktueller Bildungspläne zunächst passförmig erscheint, so deutet sich bereits in diesem Zitat ein deutlicher Bezug zu Normen und Werten der ehemaligen DDR an. Während Frau Winter mit einem starken Gegenwartsbezug sowohl äußere Rahmenbedingungen als auch Kriterien auf der Beziehungsebene benennt, die einen klaren Gegenwartsbezug haben, bewegt sich Frau Claus auf der Systemebene und stellt kaum Bezüge zur Handlungsebene des Kindergartens her. Gefragt nach der Zusammenarbeit mit Eltern antwortet Frau Claus, dass diese gut sei, fügt jedoch hinzu, dass sie intensiver sein könnte.

> Zitat Z. 385-401:
> I: ok die zusammenarbeit mit eltern; wie gestaltet sich die und was gibts da?
> C: zusammenarbeit mit eltern(.) is::t (.) is:t gut. (.) eltern können bei uns jederzeit immer und überall hin und können sich überall beteiligen (.) wird relativ (.) wenig genutzt, ist aber ich sag mal eigentlich auch normal. kinder die ihre eltern in ne einrichtung bringen haben meistens auch nen job (.) ne? und sind beschäftigt aber die eltern wissen eigentlich dass sie immer und überall mitmischen können mit reinkommen können ich denke oftmals ist es schon das wissen ich könnte dann was eltern genügt na wir haben auch in der vorbereitung auf die offene arbeit (2) ganz in-

---

[126] Möglicherweise bezieht sich die Leiterin an dieser Stelle auf ihre eigenen Transformationsprozesse, die für sie vermutlich mit einem rapiden Wandel der Bedingungen und Werte einhergingen.

tensiv mit eltern gesprochen und mit eltern vorbereitet, und auch die bedenken der
eltern auch sehr ernst genommen.
I: gabs da so nen treff hier so n elterntreff?
C: ja wir haben elternabende angeboten wo wir das auch vorgestellt haben was wir
vorhaben, wo dann um die eltern ins boot zu holen; wo wir auch dann einfach
manchmal auch ans vertrauen der eltern appelliert haben und einfach zu sagen lasst
uns machen wir sind die fachleute wir wissen was wir tun. ich frag meinen banker
auch nicht jeden tag was er mit meinem geld heute gemacht hat ne, ich denke das ist
auch (.) naja gewisse dinge das vielleicht muss man sich manchmal auch einfach
nehmen. ich mein eltern miteinander gut und schön aber ich sage wir sind die fachleute; das müssen wir (.) auch immer sagen also vertraut uns. (.)

Die Interviewerin thematisiert die Zusammenarbeit mit Eltern und zielt mit der
Frage auf eine Beschreibung der Gestaltung der Zusammenarbeit ab. Die Leiterin wiederholt einen Teil der Fragestellung und bewertet mehrfach die Zusammenarbeit als gut. Dieses argumentative Antwortschema überrascht nach der
eher beschreibungsgenerierenden Fragestellung. Im weiteren Verlauf des Interviews fällt auf, dass Frau Claus das Gesagte häufig bewertet. So verwendet sie
im Vergleich zu den anderen Erzieherinnen und Leiterinnen bspw. häufig das
Wort ‚normal'. Bereits hier deutet sich ein Rechtfertigungsmuster an, wobei sie
eigene und fremde Handlungen an einer von ihr festgelegten Norm misst. Auch
im Hinblick auf die Entwicklung von Kindern benennt sie an anderer Stelle
bspw. ‚normale' und ‚kranke' Kinder (vgl. auch Z. 620-636).

Doch zunächst soll das obige Zitat näher betrachtet werden. Anfangs benennt die Leiterin interessanterweise nicht konkrete, elternzentrierte Angebote,
sondern teilt mit, dass die Eltern generell immer im Kindergarten willkommen
sind. Sogleich schränkt sie ein, dass diese Möglichkeit kaum genutzt wird und
fügt hinzu, dass dies wohl an der Erwerbstätigkeit der meisten Eltern liege. In
einem Normalitätsentwurf beschreibt sie arbeitende Eltern als zu beschäftigt, um
sich mit den Belangen des Kindergartens auseinanderzusetzen. Interessanterweise machte die Leiterin des Kindergartens *Expedition* eine andere Erfahrung.
Dort waren es eher die erwerbstätigen Eltern, die sich aktiv am Geschehen des
Kindergartens beteiligten. Für Frau Claus sind Eltern, die sich nicht im Kindergarten einbeziehen, jedoch die Norm. Die Formulierung: *„kinder die ihre eltern
in ne einrichtung bringen haben meistes auch nen job"* kann sicher als ein Ver-
sprecher angesehen werden, indem sie die Wörter ‚Kinder' und ‚Eltern' ver-
wechselte. Würde man diese Formulierung jedoch ernst nehmen, so müsse man
davon ausgehen, dass Frau Claus die Kinder als Erwachsene betrachtet, die mit
ihr auf einer Stufe stehen, während sie die Eltern der Kinder als unmündig einstuft.

Eltern könnten ihrer Ansicht nach jeder Zeit *„mitmischen"*, also am Geschehen im Kindergarten aktiv teilnehmen. Indem sie sofort einräumt, dass diese Möglichkeit allein bereits Eltern beruhige, verdeutlicht sie, dass Frau Claus diese Option nicht favorisieren würde. Vielmehr scheint es, als ob sie es als Leiterin erlaube, dass Eltern prinzipiell Zugang zu den Räumlichkeiten haben, die ihre Kinder im Alltag nutzen. Im darauffolgenden Abschnitt wird dann deutlich, welche Rolle die Eltern in der pädagogischen Arbeit spielen. *„die eltern ins boot zu holen"* (Z.397) könnte bedeuten, will man in ihrer Metapher gedankenexperimentell weiter denken, dass den Eltern zunächst mitgeteilt wird, welchen Kurs das Boot einschlägt. Das Boot würde in diesem Fall die Einrichtung selbst sein mit allen Kindern und den Angestellten. Der Entscheidungsspielraum der Eltern würde darin bestehen, entweder mit in See zu stechen, also das Prinzip des Kindergartens mittragen zu wollen, oder lieber auf ein anderes Boot zu wechseln. Falls sie sich für den Kurs der Leiterin entscheiden, so würden sie als Matrosen auf ihre Plätze gebracht werden, wo sie auf das Kommando des Kapitäns, nämlich der Leiterin, warten würden und dem ggf. sofort Folge leisten würden. Frau Claus selbst bezeichnet sich und ihre Kolleginnen als *„fachleute"*, also als Experten für die Belange der Kinder. Anhand der darauffolgenden Fokussierungsmetapher *„ich frag meinen banker auch nicht jeden tag was er mit meinem geld heute gemacht hat"*, wird der Eindruck noch einmal verstärkt, dass sich Frau Claus als eine Art Managerin eines hoch spezialisierten Unternehmens ansieht, deren Macht auf Vertrauen und Gehorsam beruht. Der Vergleich des Vertrauens in die Kompetenzen der Erzieherinnen im Hinblick auf das Wohlergehen der Kinder mit dem Vertrauen in die Fähigkeiten der Bankangestellten macht zweierlei Dinge deutlich. Zum einen unterstreicht sie damit ihr berufliches Selbstkonzept, das mit einer hohen Professionalität als Erzieherin und Leiterin einhergeht. Zum anderen stellt sie damit jedoch einen Zusammenhang her zwischen der emotionalen Bedeutung einer Fremdbetreuung der eigenen Kinder für Eltern und der Bedeutung des Geldes als materiellen Wert. Die Gleichsetzung der Betreuung der Kinder mit der Betreuung des Geldes wirkt in diesem Zusammenhang irritierend und deutet darauf hin, dass sie die Ängste von Eltern als übertrieben einschätzt. Die Nachfragen der Eltern werden nicht als Interesse am Alltag ihrer Kinder gedeutet, sondern als ein Hinterfragen der Kompetenzen der Erzieherinnen. Durch die Formulierung *„eltern miteinander gut und schön"* wird darüber hinaus deutlich, dass sie das Herstellen von etwas Gemeinsamen, sei es in Form von Festen oder einem Austausch der Eltern untereinander, nicht als vordergründig ansieht. Ein offener Diskurs über Praktiken und Ziele des Kindergartens scheint somit nicht erwünscht zu sein. Letztendlich beschränkt sich der Einbezug der Eltern lediglich auf das, was in das Konzept der Leiterin passt. Sie appelliert dabei an das Vertrauen der Eltern in ihre Kompetenz, wobei sie das Wachsen von Vertrauen nicht als langjährigen Prozess (vgl. Frau Emrich), sondern als Bedingung für die gemeinsame Zusammenarbeit einfordert. Die Rolle der Eltern für die Wahrnehmung der Bedürfnisse der Kinder rückt damit in den Hintergrund. Da sie nicht als hinreichend kompetent eingeschätzt werden, sieht die Leiterin keine Notwendigkeit darin, die Eltern in Entscheidungen mit einzubeziehen. Unter dem Deckmantel der Offenheit scheint es demnach der Fall zu sein, dass Frau Claus – ähnlich wie Frau Arndt, der Leiterin des ersten Kindergartens – eine eher autokratisch-patriarchalische Umgangsweise mit Eltern hegt.[127]

Dass die Zusammenarbeit mit Eltern dennoch nicht bedeutungslos für Frau Claus ist, zeigt sich an einer anderen Stelle des Interviews, in der sie über ihre Enttäuschung berichtete, als nur sehr wenige Eltern zu den Elternabenden erschienen: „[...] *wir die elternabende angeboten haben in vorbereitung der offenen arbeit drei termine angeboten und alle eltern eingeladen. aushänge gemacht und und und. am ende haben wir ich glaube ein drittel von der kita erreicht mit den drei elternabenden. das war für mich nicht viel. da war ich geknickt ich war sauer ich denke was haben wir jetzt falsch gemacht warum ist das interesse so gering. und dann hab ich das irgendwann für mich gekippt und hab gesagt nee das interesse ist nicht so gering, die anderen die nicht kommen die vertrauen uns*" (Z. 484-487). Interessant ist, wie sie mit dem Problem der mangelnden Zusammenarbeit umgeht. So war sie zunächst enttäuscht und gekränkt, hat sich jedoch recht schnell damit abgefunden und positiv umgedeutet, indem sie den Eltern statt Desinteresse Vertrauen zuschrieb. Es scheint jedoch, als ob sie zu diesen Schlussfolgerungen nicht durch Gespräche mit einigen Eltern, auch nicht durch Gespräche im Team, sondern durch die Auseinandersetzung mit den eigenen Enttäuschungen gekommen ist. Hier unterscheidet sie sich von Frau Winter, der Leiterin des Kindergartens *Expedition*, die das mangelnde Interesse der Eltern als Problem für das Team definiert und eine eher nachforschende Haltung einnimmt, mit dem Ziel einer engeren Zusammenarbeit. Doch für Frau Claus scheint dies kein Ziel mehr zu sein – vielmehr scheint sie sich damit abgefunden zu haben und dies als normal einzustufen.

Im folgenden Zitat wird deutlich, wie die Leiterin Normalitätsvorstellungen entwirft, verknüpft mit ihrem Verständnis zu sozialen Ungleichheiten.

---

[127] Vgl.: Weber, Max: Wirtschaft und Gesellschaft, Kapitel III, Die Typen der Herrschaft, 1922.

Zitat Z. 620-636:
I: ich hab jetzt bloss noch eine frage: ähm merkt man das den kindern an aus welchen hintergründen die kommen?
C: (2) ja ich denke man merkts äh äh (.) man merkts in der praxis. ich hab gerade so
zwei drei kinder so vor augen (8) man merkt es zum beispiel kindern an die äh im
familiären umfeld zum beispiel vorm fernseher groß werden. //mhm//denen merkt
man (.) aber positiv und negativ also beide richtungen. also es gibt kinder denen
merkt man an dass zu hause nicht viel passiert, die sind bei uns wie ein
schwamm//inwiefern?// naja, die wollen alles mitnehmen, sind wissbegierig ohne
ende und wollen äh sind da (.) unheimlich agil und dann hat man och sicher auch
kinder die man erst mal wieder bissl in die normale spur lenken muss wenn die ne
woche zu hause waren und wo man dann merkt da ist ne woche außer (.) na dieser
komische schwammkopf da und und solche sachen ist da nichts passiert und (.) die
also auch zum teil sehr aggressiv sind weil sie schon sehr aggressive trickfilme kucken und so ( ) die kriegen sich aber auch wieder ein also ich würd nicht sagen also wenn das nicht wirklich ne <u>krankheitsbedingte</u> entwicklungsstörung ist. wo man
sagt also ein kind, das hat nur nen IQ von 80; das ist aber das ist krankheitsbedingt;
dann kann natürlich das interesse dann für das kind auch nicht so hoch sein wie bei
nem normalen (.) gesunden kind. aber trotzdem haben die genauso intressen. das ist
dann halt nur (.) reduzierter vielleicht. (2)

Die Interviewerin fragt danach, inwiefern die Leiterin familiäre Unterschiede bei
den Kindern wahrnehme. Die Leiterin entgegnet, dass sie dies im Alltag durchaus feststelle. Nach einer längeren Pause, die als Nachdenken gedeutet werden
kann, fügt sie den Fernsehkonsum der Kinder als Unterscheidungsmerkmal an.
Der Fernsehkonsum habe ihrer Ansicht nach sowohl positive, als auch negative
Auswirkungen auf Kinder. Als Gemeinsamkeit dieser Kinder beschreibt sie
mangelnde Freizeitangebote der Eltern und das Anregungsniveau in der Familie
(*„passiert nichts"*). Als positiven Vergleichshorizont führt sie Kinder an, die
wissbegierig sind *„wie ein schwamm"*. Den negativen Vergleichshorizont bilden
Kinder, die viel fernsehen und durch das Konsumieren gewaltvoller Trickfilme
selbst häufig aggressiv sind. Diese Kinder müsse man erst wieder *„in die normale spur lenken"*. Anhand dieser Formulierung kommen zweierlei Dinge zum
Vorschein. Zum einen ordnet sie im Kindergarten vorherrschenden Gegebenheiten als ‚normal' ein, die Erziehungspraktiken der Eltern demnach als ‚unnormal'.
Zum anderen wird hier noch einmal deutlich, dass ihre Strukturierungsorientierung, die sich im Umgang mit Eltern bereits zeigte, auch im Umgang mit Kindern widerspiegelt, indem Kinder nach den Vorstellungen der pädagogischen
Fachkräfte in bestimmte Richtungen gelenkt werden. Kinder, die am Wochenan-
fang als passiv wahrgenommen werden, werden aktiv in Interaktionen und pädagogische Angebote einbezogen. Ihrer Wahrnehmung nach ließen sich alle Kinder
für bestimmte Themen begeistern, es sei denn, sie sind entwicklungsgestört.

Auch hier ordnet sie Kinder in normal und unnormal ein. Als unnormal werden demnach Kinder betrachtet, die entwicklungsverzögert sind. In diesem Zusammenhang führt sie den Intelligenzquotienten als Maßstab an. Die Verwendung dieses Normwertes, der aus dem medizinisch-psychologischen Bereich entstammt, überrascht an dieser Stelle, da nicht davon ausgegangen werden kann, dass die Leiterin die Intelligenzquotienten aller Kinder im Kindergarten kennt, geschweige denn, dass alle Kinder in dieser Altersgruppe bereits einem Intelligenztest unterzogen wurden. Darüber hinaus hängen Entwicklungsverzögerungen nicht zwingend mit einer Intelligenzminderung zusammen. Es macht den Anschein, als ob durch den Rückgriff auf psychologische Begrifflichkeiten die Normalitätsvorstellungen der Leiterin legitimiert werden. So betrachtet die Leiterin entwicklungsverzögerte, intelligenzgeminderte Kinder, die desinteressiert sind oder zumindest stark begrenzte Interessen haben, als unnormal. Demgegenüber werden Kinder, die sich für verschiedene Dinge interessieren, aktiv sind und eine hohe Intelligenz aufweisen, als gesund und normal wahrgenommen. Nachfolgend wird der Umgang mit einem wahrgenommenen Problemkind thematisiert.

Zitat Z. 273-283:
I: und gibt es da welche die ausgegrenzt werden? oder ist das auch wie von alleine so dass die sich finden?
C: die finden sich schon. wir haben jetzt zum beispiel ein mädel das nicht spricht. (2) fällts natürlich schwer. die kannst de da müssen wir immer wieder am ball sein und versuchen zu integrieren, weil (.) wenn die kommunikation in, ab einem gewissen alter, die ist jetzt vier (2) na dann ist es natürlich schwierig. dann ist es auch für die kinder schwierig, dann fangen sie schon an zu hänseln und da müssen wir (.) wirklich immer gut gegensteuern, aber (.) sie selber ist auch nicht so der sie will auch gar nicht so die kontakte, also sie ist läuft so bissl (2) alleine (.) vor sich hin. da sind wir auch bisschen am überlegen und kucken ob wir was machen, ob das nicht vielleicht (.) ein integrationskind auch wird (   ) und ganz gezielt dann damit arbeiten.

Die Frage der Interviewerin richtet sich darauf, inwiefern es Kinder gibt, die ausgegrenzt werden bzw. sich selbst Gruppen zuordnen. Die Leiterin berichtet von einem Mädchen, das nicht spricht. Sie bewertet dies, indem sie hinzufügt, dass es ihr schwer falle, damit umzugehen. Ihre eigene Schwierigkeit, mit dem Problem der Sprachlosigkeit umzugehen, wird darüber hinaus damit legitimiert, dass auch die anderen Kinder darunter leiden. Frau Claus beschreibt den Umgang mit dem Problem damit, dass sie immer wieder „am ball sein" und das Mädchen integrieren müssten. Die Strategie der Erzieherinnen und der Leiterin scheint demnach zu sein, offensiv dafür zu sorgen, dass das Mädchen irgendwann wieder spricht, also in ihren Augen normal wird. Die Leiterin fügt hinzu, dass es ab einem gewissen Alter sonst Schwierigkeiten gebe. Das Mädchen sei jetzt vier Jahre alt und andere Kinder würden bereits anfangen, sie zu hänseln. Damit fokussiert die Leiterin vor allem auf soziale Probleme, mit denen das Mädchen konfrontiert sei. Obwohl Frau Claus das Mädchen so einschätzt, dass sie keine Kontakte zu anderen Kindern möchte, gibt sie an, dass sie (gemeint sind hier vermutlich die Erzieherinnen und sie selbst) immer gut gegensteuern müssten. Durch den Begriff des Steuerns wird erneut deutlich, dass die Leiterin eine dominante Lenkungsorientierung inne hat. Indem sie angibt, dass sie im Team überlegen, ob das Mädchen als Integrationskind eingestuft wird, wird zum einen deutlich, dass die Leiterin gemeinsam mit den Erzieherinnen über Probleme spricht, zum anderen schreibt sie sich und ihren Kolleginnen damit die Kompetenz und Legitimation zu, darüber entscheiden zu können, ob ein Kind einen erhöhten Förderbedarf hat oder nicht.

Falls das Mädchen so eingestuft werden würde, dann könnten sie „*ganz gezielt dann damit arbeiten*". Dies impliziert, dass es ganz bestimmte Ziele gebe, die das Mädchen dann erreichen müsste. Vermutlich wäre ein Ziel, dass das Mädchen im Kindergarten frei spreche und sich aktiv integriert. Die Bedeutung des Wortes „*damit*" ist an dieser Stelle unklares kann sowohl die Sprachlosigkeit des Mädchens, als auch das Mädchen selbst bezeichnen. Dies würde jedoch bedeuten, dass das Mädchen als Objekt, nicht als Subjekt betrachtet wird. In beiden Fällen macht es den Anschein, als ob nicht das Kind an sich als Individuum, sondern das Problem des Stumm-seins im Mittelpunkt steht. Darüber hinaus verdeutlicht das Wort „*arbeiten*", dass sie dann einen zielgerichteten, produktorientierten und anstrengenden Weg gehen würden. Hier bietet sich der Vergleich zu Frau Emrich an, die – gefragt nach der Bedeutung ihrer pädagogischen Arbeit – angab, dass sie diese zunächst nicht als Arbeit betrachte und einen eher emotionalen und beziehungsorientierten Zugang zu den Kindern suchte.

Aus Gesprächen während der teilnehmenden Beobachtung geht hervor, dass das Mädchen, Sofia, seit ca. einem Jahr die Einrichtung besuche und von den Erzieherinnen als verhaltensauffällig eingestuft wurde, wobei ihr Problem als ‚selektiver Mutismus' diagnostiziert worden sei. So gaben die Erzieherinnen an, dass das Mädchen zuhause völlig normal spreche und lediglich im Kindergarten stumm sei. Inwiefern das Mädchen außerhalb des Kindergartens bereits eine Förderung erhält bzw. wo die Diagnostik stattgefunden hat, konnte von den Erzieherinnen nicht benannt werden. Festzuhalten gilt an dieser Stelle, dass die Leiterin die mangelnde sprachliche Kommunikation als Problem wahrnimmt und eine aktive, steuernde Orientierung inne hat. Hier unterscheidet sie sich sehr deutlich von Frau Arndt, die vor allem passiv an Probleme der Kinder heranging. Im folgenden Zitat wird noch einmal die Strukturierungsorientierung der Leiterin deutlich, die sich im Angebot pädagogischer Veranstaltungen zeigt.

Zitat Z. 612-621:

C: wir machen dann zum beispiel also noch ne kollegin die macht jetzt äh (.) die macht yoga bietet yoga an und wenn die kinder die haben schnupperstunden ein zwei mal kuckt euch mal an was das ist, wer hat interesse, kommt mal mit. und wenn er dann sagt nee will ich nicht ist nicht meins, aber wenn ich denk mal wenn ein fünfjähriger dann sagt ja will ich mitmachen dann äh können wir ihn auch auf seiner eigenen entscheidung festnageln und sagen jetzt machst du die fünf mal oder zehn mal was weiß ich wie lang jetzt machst du die aber auch mit. um einfach das auch beizubringen wenn man was anfängt muss man es auch zu ende führen. und dann nicht sagen, ach nee heute hab ich doch keine lust. ( ) aber dann kommts vom kind. das kind hat sich selber dafür entschieden das mitzumachen und da kann man auch sagen, du hast dich selber dafür entschieden jetzt musst dus auch zu ende machen. na also um einfach diese: diese (.) diese ja (.) luftikus( ) ich denke das sind so dinge das sollten sie ab einem gewissen alter schon (.)oder zahlenschule. wir kriegen noch ne zahlenschule jetzt. das ist auch immer so ein kurs von acht veranstaltungen. ja und dann sagen so, die gruppe die das jetzt angefangen hat die bringt das auch gemeinsam zu ende. und dann ist die nächste gruppe dran. also immer so ( ) weil man immer so sagt es gibt keine regeln. es gibt ganz viele regeln. die regeln sind nur anders. das ist mehr an gruppen das ist alles mehr an gruppen gekoppelt. also an gruppen die ich zusammenstelle.

Frau Claus berichtet von einem Angebot im Kindergarten. Eine Kollegin biete Yoga an, wobei sich die Kinder nach ein oder zwei Schnupperstunden entscheiden könnten, ob sie dort mitmachen wollen. Ist die Entscheidung dafür erst einmal gefallen, so müssten die Kinder jedoch alle weiteren Termine wahrnehmen. Damit solle die Regel vermittelt werden, dass man Dinge, die man beginnt, auch beenden solle. Dies impliziert, dass das Lustprinzip dabei nicht im Vordergrund stehe. Der Kindergarten wird demnach von der Leiterin nicht als ein Ort des spontanen Nachgehens von Interessen und Lustempfindungen angesehen, sondern als eine Institution, die Interessen terminiert und bündelt. Dies gleicht dem Alltag von Schulkindern und Erwachsenen, die Verpflichtungen haben und Hobbys terminlich koordinieren müssen. In diesem Zusammenhang kommt ihre Altersnormorientierung zum Vorschein, indem sie hinzufügt, dass Kinder ab einem gewissen Alter diese Regel internalisiert haben sollten. Die betroffenen Kinder seien alle fünf Jahre alt. Dass die Erzieherinnen die Kinder auf deren einst getroffenen Entscheidungen „*festnageln*", verdeutlich sehr bildhaft, dass sie die Kinder auch gegen den Willen und die Neigungen dazu bringen, dass sie die einst zugesagte Entscheidung beibehalten. Der Entscheidungsspielraum der Kinder bestünde dementsprechend darin, an einem Kurs mit einer festgelegten Programmatik teilzunehmen oder nicht. Diesen von Erwachsenen geschaffenen

Rahmen können sie weder spontan verlassen noch verändern. An dem Beispiel der Zahlenschule, die bald eingeführt werden solle, zeigt sich darüber hinaus deutlich die Lehr-Lernorientierung, die als schultypisch bezeichnet werden kann. Auch hier müssen die Kinder gemeinsam bis zum Schluss an den Terminen teilnehmen. Indem die Leiterin betont, dass sie selbst die Gruppen zusammenstellt, wird noch einmal die führende, lenkende Orientierung im Umgang mit Kindern deutlich. Obgleich die Meinung vorherrsche, dass es kaum noch Regeln gebe, betont die Leiterin, dass es durchaus viele Regeln gebe, dass sich diese lediglich geändert hätten. Damit fasst sie ihre Orientierungen, die noch immer fest verankert sind mit den Erziehungswerten der DDR, treffend zusammen.

Nachfolgend sollen die Orientierungen der Leiterin in ihrer Relevanz für den Umgang mit Kindern und Heterogenität bei Kindern verdeutlicht werden. Hierbei wird auf die Leiterinnen der anderen beiden Einrichtungen Bezug genommen. Wie sich im Interview deutlich zeigte, unterliegt Frau Claus einem normorientierten Denken, bei welchem die individuellen Bedürfnisse der Kinder ausgeklammert werden. Die Leiterin sieht sich hierbei in einer Expertenrolle, wobei sich Eltern und Kinder in den engen, von der Leiterin initiierten Rahmen einfügen, sich also anpassen sollen. An mehreren Stellen des Interviews wurde deutlich, dass ihre Ziele sowohl an aktuelle Bildungsvorstellungen, als auch an alte pädagogische Prinzipien geknüpft sind. Dies kann als eine Diskrepanz zwischen ihren reflexiv vorhandenen Einstellungen und ihren zugrunde liegenden habituellen Orientierungen verstanden werden, wobei sie sich offenbar in einem Transformationsprozess befindet. Während sie Ihr berufliches Selbstbild eher aktuellen pädagogischen Einstellungen zuordnet, bleiben somit die habituellen Handlungsweisen trotz deutlicher Veränderungen und einer offenen, experimentierfreudigen Haltung weiterhin erhalten.[128] Dabei steht nicht die kindliche individuelle Entwicklungsdynamik, sondern zielgerichtetes Lenken im Vordergrund. Eltern werden dabei nicht als Partner im Erziehungsprozess der Kinder verstanden, sondern ebenfalls als zu lenkende Unwissende eingestuft, was dazu führt, dass kein offener Diskurs stattfindet. Die Orientierung an Normen deutet auf eine Angst vor dem Infragestellen der eigenen professionellen Kompetenz hin.

Für die Eltern kann dies bedeuten, dass sie sich in ihren Vorstellungen und Ängsten nicht ernst genommen fühlen und gewisse Hemmungen empfinden, das Gespräch mit der Leiterin zu suchen. Im Hinblick auf ungleichheitsrelevante Themen konnten im Vergleich zu Frau Arndt und Frau Winter keine so deutli-

---

[128] So ist die Orientierung an Altersphasen eng mit einer Zielorientierung verbunden, die auch im Erziehungsprogramm der DDR zu finden ist (vgl. Erziehungsprogramm,1986/Nentwig-Gesemann, 1999).

chen Zuschreibungen bildungsferner und bildungsreicher Familien festgestellt werden. Als Differenzierungslinie konnte lediglich das Aktivitätsniveau der Kinder sowie die wahrgenommene Intelligenz[129] aufgezeigt werden. Demnach werden Kinder als ‚unnormal' eingeschätzt, deren Entwicklungsdynamik nicht mit der Altersnorm der Leiterin einhergeht. Für den Umgang mit Kindern kann dies bedeuten, dass diese einem gewissen Entwicklungs- und Beschäftigungsdruck unterliegen. Besonders deutlich kam dies anhand des mutistischen Mädchens Sofia zum Vorschein, die durch ihre mangelnde Anpassung aufgrund des fehlenden Sprechens als störend empfunden wurde.

Tabelle 13: KIGA *Kapitän* - Institutionelle Ebene + Interview Leiterin

Konzept, Ausstattung KIGA:	Leiterin:

− kommunaler KIGA im Stadt-
  zentrum mit diverser Sozial-
  struktur der Familien
− offene Gruppen, Funktionsräume
	− 48-jährige Leiterin
	− Struktur- und Lenkungsorientierung
	− Differenzierung von Kindern anhand
	  Interessen und Aktivitätspotential
	− Kein Konzept zum professionellen Um-
	  gang mit Heterogenität bei Kindern
	
	→ Pädagogische Fachkraft als Expertin in
	  Sachen Erziehung, Entwicklung des
	  Kindes

5.3.3 Frau Seibt – „Die Bildungsorientierte"

Frau Seibt, 31, arbeitet im Kindergarten *Kapitän*, in welchem Frau Claus Leiterin ist und wurde in die Untersuchung einbezogen, da sie sich von anderen Erzieherinnen nicht nur durch ihr vergleichsweise junges Alter, sondern auch durch ihre ausgeprägte Bildungsorientierung unterschied. Zum Zeitpunkt des Interviews arbeitete sie seit einem Jahr in der Einrichtung. Gefragt nach ihrem schulischen und beruflichen Werdegang gab sie an, dass sie in der 10. Klasse das Gymnasium verließ, um eine Ausbildung als Sozialassistentin zu machen. An-

---

[129] Die Autorin unterscheidet zwischen dem Begriff ‚Intelligenz' als ein ‚objektives', messbares Maß, welches in Intelligenztests erworben wird und der ‚wahrgenommenen Intelligenz' als ein subjektiver Eindruck zur Begabung eines Kindes.

schließend absolvierte sie eine Ausbildung als staatlich anerkannte Erzieherin, wonach sie im öffentlichen Dienst tätig war. Währenddessen besuchte sie diverse Weiterbildungen und erlangte die Abschlüsse als Heilpädagogin, Kreativitätspädagogin sowie das Montessori-Diplom. Weiterbildungen besuche sie so oft es ihr möglich ist. Unter anderem bildet sie sich im sprachtherapeutischen Bereich weiter. Im Nachhinein bereue sie es ein wenig, kein Abitur zu haben, behalte sich jedoch vor, dennoch irgendwann zu studieren. Ihr Vater, der Mathematik studiert habe, sei in die damalige DDR eingewandert und habe fortan als Schlosser gearbeitet. Ihre Mutter sei bei der Eisenbahn tätig gewesen, ebenso wie ihre Großeltern. Ihr Mann, mit dem sie zwei Kinder hat, habe Medizin studiert.

5.3.3.1 Die Moderatorin für Lernprozesse in der Morgenrunde

Während der teilnehmenden Beobachtung wurde deutlich, dass sich die Kinder in dem Kindergarten viel allein beschäftigen, ohne die Mitwirkung der Erzieherin. Von der Kamera wurden sowohl eine Essensszene sowie eine Szene in der Morgenrunde aufgezeichnet. Die Morgenrunde findet immer Montag und Freitag früh statt, wobei die älteren Kinder (Fünf- bis Sechsjährige) von den jüngeren Kindern (Zwei- bis Vierjährige) räumlich getrennt werden. Ich habe mich für die Interpretation der Szene „*Morgenrunde*" entschieden, da sie für die Erzieherin typische Handlungsweisen aufzeigt und gleichzeitig den Umgang mit mehreren Kindern näher beleuchtet. Der gewählte Interpretationsausschnitt ist lediglich 54 Sekunden lang.

Frau Seibt sitzt mit 14 Kindern im Alter von zwei bis vier Jahren im Kreis. Jedes Kind wird in einem Begrüßungslied einzeln begrüßt, indem das Kind entscheidet, was die anderen Kinder als Begrüßungsgestik tun sollen. Beispielsweise wählt ein Mädchen das Klatschen. Sogleich fangen alle Kinder sowie die Erzieherin an, das Begrüßungslied für dieses Mädchen zu singen, während sie mit den Händen klatschen. Anschließend führt die Erzieherin das Thema Italien ein, indem sie auf typisch italienische Speisen hinweist, die sie bereits gemeinsam gegessen haben. Aus der teilnehmenden Beobachtung ist bekannt, dass in der Woche, in der die Videoaufzeichnung stattfand, das Thema Italien behandelt werden sollte, was eingebettet ist in ein größeres Vorhaben, die Länder Europas kennenzulernen. Bevor die ausgewählte, knapp ein-minütige, Szene beginnt, fragt die Erzieherin in die Runde, wer schon einmal in Italien war. Daraufhin rufen alle Kinder gleichzeitig, dass sie schon einmal dort waren. Die Erzieherin ermahnt nun die Kinder, dass sie nicht alle durcheinander schreien sollen und stellt anschließend Lukas Fragen.

Tabelle 14: Handlungsverlauf Szene *Morgenrunde*

Haupt-Sequenz	Physische Teilhandlungen					
	Kind 1	Kind 2	Kind 5	Kind 13	Kind 14	Erzieherin
0 – 54 Sek.	Sitzt im Kreis, hört zu	Sitzt im Kreis, hört zu	Sitzt im Kreis, hört zu	Sitzt im Kreis, erzählt, gestikuliert	Kniet sich hin, hört zu	Sitzt im Kreis, stellt Fragen
						Stellt Frage
			Antwortet			
					Legt sich in den Kreis	Zieht Kind weg

Kinder und Erzieherin sitzen im Kreis, Erzieherin stellt Fragen
Die Erzieherin kniet in einer aufrechten Körperhaltung im Kreis. Ihre Hände liegen auf ihren Oberschenkeln, in der rechten Hand hält sie einen Gegenstand (ein kleines Pappschild). Die Kinder verändern häufig ihre Sitzposition und albern mit anderen Kindern herum. Dann fragt Frau Seibt Lukas (K13), was er in Italien gesehen habe. Lukas, der nicht im Bild der Kamera ist, antwortet, dass er die hohen Berge gesehen hat. Während er antwortet, schauen ihn viele andere Kinder an. Beispielsweise blickt der neben der Erzieherin sitzende Junge abwechselnd zu ihr und zu Lukas. Seine Arme hängen dabei herunter, mit seinen Händen klopft er sich auf die Oberschenkel. Dann wippt er mit seinem Oberkörper hin und her, was insgesamt eine deutliche innere Unruhe ausstrahlt. Die Erzieherin fasst anschließend noch einmal laut und deutlich zusammen, dass er in den Bergen war und fragt, was er dort gemacht hat. Dabei ist ihr Mund gerade und die Lippen sind leicht aufeinander gepresst. Während sie spricht, zieht sie ihre Augenbrauen etwas nach oben und nickt leicht mit dem Kopf. Während der Junge spricht ("schneemann? schneemann gebaut da hab ich schön mitm schnee gespielt. und dann hab ich den buff hoch geschmissen"), blickt sie nur ihn an, nickt ab und zu mit dem Kopf und deutet ein Lächeln an. Schließlich kommentiert sie: "ihr wart also im winter in italien. toll."

In diesen kurzen Szenenausschnitt und den Kontextinformationen wird deutlich, dass Frau Seibt in ihrer pädagogischen Arbeit versucht, Bildungsprozesse direkt anzuregen. Die Morgenrunden dienen offenbar nicht lediglich dazu, das Befinden und die Erlebnisse der Kinder zu thematisieren[130], sondern sie werden funktional dafür eingesetzt, Wissen zu vermitteln und Interesse an neuen Dingen zu wecken. Die sonst eher im schulischen Bereich eingesetzte Funktionalität steht dabei im Kontrast zu der äußeren Sitzhaltung der Kinder. Diese ist im Vergleich zur Morgenrunde bei Frau Schulze recht bewegungsintensiv. Die Kinder schaukeln mit ihrem Oberkörper hin und her, liegen auf dem Fußboden und suchen den Kontakt zueinander. Im Kontrast zu Frau Schulze duldet Frau Seibt dies, scheint aber dennoch einen konkreten Plan zu verfolgen – nämlich das Land Italien mit den landesspezifischen Eigenheiten zu thematisieren (Bsp. Pizza).

Stellt Frage, Antwortet, Legt sich in Kreis, Zieht Kind weg
Frau Seibt wendet sich anschließend einem anderen Kind zu („Luise", K5) und fragt, was sie in Italien gesehen habe. Während das Mädchen in unvollständigen Sätzen antwortet, kneift die Erzieherin leicht die Augen zusammen und öffnet etwas den Mund. Vermutlich fällt es ihr schwer, die Worte des Mädchens zu verstehen. Das Mädchen wiederum wirkt durch das Bewegen des Körpers und gleichzeitigem Lächeln sehr aufgeregt und stolz, während sie spricht. Während das Mädchen antwortet, sitzt der Junge (K1) mit den Händen im Schoß und blickt zu dem Mädchen. Dann wippt er erneut mit seinem Oberkörper nach vorn und zurück, was erneut den Eindruck der Unruhe verschafft. Gleichzeitig bewegt sich das neben der Erzieherin sitzende Mädchen (K14) kriechend in Richtung Kreismitte und bleibt ausgestreckt auf dem Boden liegen. Auf dem Boden greift sie sich einen Gegenstand (vermutlich gebastelter Batman), der von dem Jungen (K1) sogleich zurückgefordert wird. Die Erzieherin fasst das Mädchen anschließend an die Hüfte und zieht es in einer schnellen Bewegung zurück neben sich. Dabei schleift der Oberkörper des Mädchens auf dem Boden. Während dieses Vorgangs blickt die Erzieherin fast durchgängig zu Luise und fordert sie auf, weiterzusprechen. Das Mädchen antwortet, dass sie wie Lukas in den Bergen war. In dieser Sequenz wird deutlich, wie die Handlungsroutine der Erzieherin unterbrochen wird. In dem gewählten Beispiel durchquert ein Mädchen die Struktur und damit die Ordnung der Erzieherin, indem sie die Konversation missachtet und sich in den Kreis legt. Die Erzieherin schreitet ein, indem sie körperlich reagiert und das Kind aus dem Blickfeld „entfernt". Dadurch kann

---

[130]   Dies war bspw. im Kindergarten *Expedition*, Stadt B, bei der Erzieherin Frau Heinz der Fall. Dort haben alle Kinder nacheinander von den Erlebnissen des Wochenendes berichtet.

gewährleistet werden, dass das eigentliche Thema, nämlich Erlebnisse der Kinder in Italien, nicht unterbrochen wird.

In dieser kurzen Sequenz deutet sich der positive und negative Gegenhorizont ihres Bildes vom Kind. Im positiven Spektrum befindet sich Lukas, der adäquat und freundlich auf die Fragen der Erzieherin antwortet. Den negativen Kontrast dazu stellt das Mädchen dar, das Bildungsprozesse unterbricht und offenbar kein Interesse daran zeigt. Die Strategie von Frau Seibt, mit Überschreitungssituationen umzugehen, scheint zu sein, dass die Störungen nicht die geplanten Bildungsprozesse unterbrechen sollen. Die Bedürfnisse der einzelnen Kinder haben sich demnach nicht nur nach der äußeren Struktur zu richten, sondern, sie haben sich dem Gemeinwohl unterzuordnen. Im Gegensatz zu Frau Schulze wird das ‚störende' Kind jedoch nicht vor den anderen Kindern bloßgestellt, sondern sie darf weiterhin in der Runde sitzen bleiben. Es handelt sich demnach nicht um einen vollkommenen Ausschluss, sondern um ein Beseitigen bzw. Ignorieren des störenden Verhaltens. Aus der teilnehmenden Beobachtung ist bekannt, dass das Mädchen, welches von der Erzieherin weggezogen wird, ein Integrationskind ist und erst seit geraumer Zeit den Kindergarten besucht. Die Eltern des Mädchens – so ist aus Gesprächen der teilnehmenden Beobachtung bekannt – seien beide arbeitslos. Die folgende Abbildung soll einen Eindruck über die Struktur der interpretierten Szene bieten:

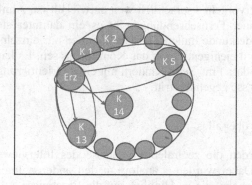

Abbildung 7:   Schematische Darstellung der Szene „*Morgenrunde*"

In der Abbildung 7 sind sowohl die Erzieherin, als auch die am Morgenkreis teilnehmenden Kinder schematisch dargestellt. Insgesamt nahmen 14 Kinder an der Morgenrunde teil. Dies deckt sich zufällig mit der Anzahl der Kinder in der Morgenrunde bei Frau Schulze. K1, K2, K5, K13 und K14 gingen in die Interpretationen ein. Indem sich alle Kinder am Thema ,Italien' beteiligen, kann die gesamte Gruppe als ein gemeinsam geteilter Interessenskreis angesehen werden. Darüber hinaus geht die Erzieherin auf die Kinder K13 und K5 besonders ein, indem sie ihnen Fragen stellt. Dass diese Fragen von der Erzieherin initiiert wurden, ist in der Abbildung durch Pfeile verdeutlicht. So zeigt sich, dass das Mädchen K14 von der Erzieherin in deren Handlung unterbrochen wird, dass beide jedoch keine gemeinsam geteilte Interaktion eingehen.

Zusammenfassend lässt sich für den Umgang mit Kindern sagen, dass Frau Seibt aktiv versucht, gemeinsame Bildungsprozesse herzustellen. Anhand der Gestaltung des Begrüßungslieds in der Morgenrunde zeigte sich, dass sie möglichst alle Kinder ansprechen und integrieren will. Die Kinder wiederum wirken dabei maximal kontrastierend im Vergleich zu den Kindern der Morgenrunde bei Frau Schulze. Sie müssen nicht still sein, dürfen sich untereinander austauschen, und wirken fröhlich. Dies vermittelt zunächst den Eindruck, als nehme sich die Erzieherin selbst stark zurück, im Gegensatz zu Frau Schulze. Demgegenüber kommt durch die Strukturierung der anschließenden Gesprächsthemen und Redeanteile ebenso wie bei Frau Schulze eine deutliche Strukturierungsorientierung zum Vorschein. Insgesamt passt für diese Szene der Vergleich mit einer Moderatorin, die im Rahmen einer begrenzten Zeit die Teilnehmenden in ihren Sprechakten leitet und gegebenenfalls unterbricht. Frau Seibt gestaltet die Morgenrunde, indem sie unter all den Kindern einen Jungen sprechen lässt, der - wie aus dem Interview hervorgeht - sprachlich weit entwickelt ist. Ähnlich wie bei einer Moderation in einer Fernsehsendung, gibt es ein dahinter stehendes Konzept (nämlich die Länderkunde Italiens) und es kommen nur einzelne Teilnehmer zur Sprache, nämlich diejenigen, die in das Konzept passen. Es kann demnach festgehalten werden, dass Frau Seibt Kindern mit einer Orientierung als Moderatorin für Bildungsprozesse gegenübertritt.

5.3.3.2 Bildung über alles

Nachfolgend werden die zentralen Ergebnisse des Interviews mit Frau Seibt wiedergegeben. Dabei wurden – analog zu den anderen Interviews – nur die Textstellen einbezogen, die im Hinblick auf die Ergebnisse auf der Interaktionsebene sowie im Vergleich zu den anderen Erzieherinnen einen Zuwachs an Informationen versprechen. Das Interview dauerte 48 Minuten und wurde im Elterngesprächsraum im Keller durchgeführt. Frau Seibt wirkte im Interview durch die schnelle Sprechweise und den recht langen Erzählpassagen sehr engagiert. Nachdem sie ihren beruflichen Werdegang kurz beschrieb, wurde sie von der Interviewerin zum neuen Bildungsplan befragt.

Zitat Z.86-93:
I: der neue bildungsplan sagt ja so n bisschen dass die kinder sich von (.) von selbst heraus (.) bilden, ähm so ihre fähigkeiten sich so auch selber (.) suchen oder aneignen ähm (.) könn sie da mitgehen? also gilt das für (.) für alle kinder (.) oder gibts da unterschiede;
S: (3) also ich denke wir sind ja ne integrative einrichtung s gibt sicherlich unterschiede (.) ob man jetz n integrativkind vor sich hat//°mhm°//oder (.) n kind was so (.) seinen bauplan verfolgt also sein zeitfenster auch wirklich nutzt (.) ich kann da mitgehn also das konstruierende kind da steh ich auch voll dahinter

Frau Seibt geht auf die Teilfrage der Interviewerin ein, inwiefern es Unterschiede zwischen Kindern gibt, in der Fähigkeit, sich selbst zu entfalten. Nach einer kurzen Pause erklärt sie, dass es durchaus Unterschiede gebe, die sich vor allem im Vergleich zwischen einem Integrationskind und einem normal entwickelten Kind zeigen. Bereits hier eröffnet sie einen positiven und negativen Vergleichshorizont, der an weiteren Stellen des Interviews noch zur Sprache kommen wird. Kinder, die ihren „*bauplan*" im richtigen „*zeitfenster*" verfolgen, beschreibt sie im positiven Spektrum, während Kinder, die auf ihre Hilfe angewiesen sind, als negativer Vergleichshorizont beschrieben werden. Die Wortwahl „*bauplan*" und „*zeitfenster*" deuten auf eine neuropsychologische Sichtweise hin, die oft im Zuge aktueller Weiterbildungen zum neuen Bildungsplan vermittelt wird. Dass Kinder Baupläne verfolgen, lässt darauf schließen, dass es eine Art festgeschriebenen inneren Plan gibt, der die genauen Bedingungen, Ziele und vorhandenen Mittel berechnet und in einzelne Arbeitsetappen einteilt. Die Wortschöpfung ‚Zeitfenster' mit der Verbindung von Zeit und Fenster suggeriert, dass Zeit in einen bestimmten Rahmen geformt werden kann, also begrenzt ist. Wenn dieses Zeitfenster nun geschlossen wird, dann, so die Logik, wird eine Weiterentwicklung erschwert. Frau Seibt bestätigt noch einmal im Hinblick auf die Inhalte der neuen Bildungspläne, dass sie dem zustimmt. Sie verbindet damit nicht nur Entwicklungsphasen, sondern auch „*das konstruierende kind*". Diese Formulierung kann konstruktivistischen Ansätzen zugeordnet werden, denen Vorstellungen zugrunde liegen, dass Kinder gemeinsam mit anderen Personen jegliches Wissen selbst konstruieren (vgl. bspw. Youniss, 1994, Völkel, 2002). Aus dem kurzen Zitat geht jedoch nicht hervor, was die Erzieherin unter dem Begriff versteht, da sie diesen nicht mit Inhalt füllt. Im nachfolgenden Zitat werden die Besonderheiten ihrer Bezugskinder beschrieben.

Zitat Z.590-627:
I: @(.)@ (.) und jetz nochmal zu den kindern? ähm (.) ich kenn die ja jetz alle noch überhaupt nich; aber so (.) ihre ihre elf kinder so (.) welche besonderheiten habn die, welche eigenheiten (.) was (.) was fällt ihnen da spontan zu den kindern so ein

S: äh (.) die sprachliche (.) entwicklungsverzögerung (.) die fällt mir da sehr dazu
ein also das sind bei mir (.) [...] also (.) bei mir is zum beispiel der ben (.) der hat äh
(.) lange nich gesprochen gar nich (.) der is etwas (.) kräftig (.)//°mh°//also n sehr
kräftiges kind (.) is so sehr zurückhaltend (.) erstmal fremden gegenüber aber eigentlich von seiner innerer inneren natur überhaupt nich (.) un- (.) der hat ganz lang gebraucht um wirklich aus sich raus zu kommn um hier n bisschen (.) so sein intresse
nachzugehn //mh//der hat sich immer ganz am anfang wirklich (.) viel an der Erzieherin gehangen (.) weil er sprachlich auch noch nich so weit war konnte sich nich
äußern (.)//°mh°//und kurz bevor er dann in n kindergarten gekommen is und (.) äh
(.) drei geworden is (.) isis bei ihm explodiert also der da hat man richtig gemerkt so
jetz gehts doch los (.)//mh//sie werdn ihn zwar jetz bestimmt n bisschen schlechter
verstehn mit ihnen würd=er auch gar nich reden (.) aber wenn sie vielleicht das
glück habn dass (un-) dass sie durch zufall mal mitbekommn wie er spricht (.) werdn
sie ihn nich verstehn aber ich versteh ihn schon gut und die mutti verstehn auch
gut.//okay//und äh (.) vielleicht habn sie auch die chance (.) (weil eben) unsre kinder
das schon so (.) gewöhnt sind zu sehn dass er (.) mh (.) wie er aus sich rausgehn
kann, aufm video hab ichs auch drauf dass er das kann (.)//°mh°//ja (.) da gestaltet
sich nämlich manchmal der wochenkreis auch schwierig;

Die Interviewerin lenkt das Thema auf die Bezugskinder von Frau Seibt. Die
gleiche Frage wurde bereits zuvor gestellt, die Erzieherin ging jedoch statt auf
die Beschreibung der Kinder hauptsächlich auf die Beschreibung des Beobach-
tungssystems ein, welches im Kindergarten etabliert wurde. Nun fragt die Interviewerin speziell nach Besonderheiten und fordert dazu auf, spontan das zu berichten, was zu den Kindern einfällt. Frau Seibt verbindet damit sofort sprachliche Entwicklungsverzögerungen der Kinder und stellt diese dann am Raster
dieser Defizite dar. So wird Ben als sehr zurückhaltend gegenüber Fremden
beschrieben. Er habe lange gebraucht, um aus sich heraus zu gehen und seinem
Interesse zu folgen. Da er sprachlich noch nicht weit entwickelt war und sich
somit nicht gut äußern konnte, habe er sich anfangs immer in der Nähe der Erzieherin aufgehalten. Erst mit dem Wechsel in den Kindergarten sei bei ihm der
Knoten geplatzt und er spreche nun mehr als am Anfang. Obwohl er für Außen-
stehende immer noch schwer zu verstehen sei, könne sie selbst und Bens Mutter
ihn mittlerweile gut verstehen. Die Erzieherin habe auch eine Videoaufnahme
davon, wie Ben aus sich herausgehen kann und bietet der Interviewerin an, sich
einen Eindruck davon zu verschaffen. Trotz jeglicher Fortschritte gestaltet sich,
bedingt durch die sprachlichen Barrieren, der Morgenkreis als schwierig, so Frau
Seibt.
Indem die Erzieherin den Jungen als erstes Kind in der Reihe der entwicklungs-
verzögerten Kinder vorstellt, wird deutlich, anhand welcher Kriterien Frau Seibt
die Kinder einordnet. Als problematisch ordnet sie demnach Eigenschaften wie
Schüchternheit, erhöhte Dauer der Eingewöhnungszeit sowie mangelnde Selbst-

ständigkeit ein. Dabei wird dem Medium Sprache eine besondere Rolle zugeschrieben. Kinder, die sich nicht (gut) ausdrücken können, werden kritisch betrachtet. Als positive Eigenschaften beschreibt Frau Seibt das Nachgehen eigener
Interessen sowie *„aus sich raus zu kommen"*. Aus sich heraus zu gehen, umschreibt sehr bildhaft die Art und Weise, eigene Selbstzweifel und Ängste abzu-
streifen und den Kern des Ichs, die wahren Bedürfnisse und Interessen frei zu
legen und nach außen hin zu zeigen. Das Gegenteil davon wäre, in sich gekehrt,
also introvertiert, zu sein. Bereits an dieser Stelle wird zwischen den Zeilen das
Idealbild eines Kindes entworfen, welches selbstständig und interessiert sowie
kommunikations- und kontaktfreudig ist. Als Gegenpol dazu werden Kinder als
problematisch eingeschätzt, die schüchtern sind, wenig reden und sich anderen
gegenüber nicht öffnen. Indem die Erzieherin darauf hinweist, dass sie seine
Fähigkeiten, aus sich heraus zu gehen, auf Video aufgezeichnet hat, wird nur
deutlich, dass sie seine Fähigkeiten als etwas Zeigenswertes, Besonderes ansieht,
sondern auch, dass sie diese von ihr beeinflusste positive Wandlung nach außen
hin beweisen möchte. Ihre Professionalität möchte sie nicht in Frage gestellt
sehen und Zweifeln damit aus dem Weg gehen. Videos und Fotos werden hierbei
als ‚objektives' Medium eingesetzt, um nachhaltig als besonders wichtig empfundene Momente festzuhalten. Frau Seibt empfindet die Gestaltung des Morgenkreises als zeitweilig schwierig. Im Zusammenhang mit den zuvor beschriebenen Defiziten verdeutlicht sich darin zum einen, dass sie spezifische Erwartungen an die Morgenkreise stellt, zum anderen werden Kinder mit sprachlichen
Defiziten somit als störend für die Morgenrunde empfunden. Als nächstes ‚prob-
lematisches' Kind wird Jonathan vorgestellt:

Zitat Z.627-684:
S: der jonathan spricht bei uns gar nich (.) das sin auch die eltern (.)//°mhm,°//die
das halt (.) nich so wahrhaben wolln (.) dass (.) ( )//°okay°//er gar (.) also er (.) äußert bloß laute (.) ((mit kinderstimme)) uuii? und dädädädä. so macht er noch und er
hat auch (.) bloß diesen (.) diesen (.) me- melodiefall in der stimme; mehr is da nich
gewesen //°mhm°//seit über nem jahr nich; da passiert nix also
I: wie alt is er?
S: der is (.) drei:::: unnviertel;//°mhm°//genau °dreiviertel° (.) also müsste wirklich
über die phase hinaus sein und müsste jetz langsam schon (2) sinnkomplette sätze
sprechen, (.) dreivierfünf-wort-sätze müssten jetz langsam kommn und da kommt
noch kein wort (.) die eltern habn gesagt sie er hat ja zu hause schon (.) ähm norwegisch gesprochen? die kommn aus (.) norwegen die eltern//aha//war aber bei uns gar
nich ich hab der mutti auch mal (.) so n paar worte sagen lassen um zu hörn ob ich
diese diesen (.)//ja// diese worte schonmal gehört hab bei ihm, hab ich aber nich; wir
wissen jetz nich inwiefern das wunschvorstellung is oder obs auch wirklich so wahr
(.) s kann man jetz nich sagen
I: sprechen sie norwegisch zu hause?

S: ja (.) sie sprechen norwegisch zu hause. am anfang haben sie so n mischmasch gemacht, da hatte dann (.) die frau claus auch mal drauf hingewiesen das besser is (.) sie sprechen wirklich <u>konsequent</u> in ihrer (.) muttersprache (.) jonathan würde das dann hier mitbekommn, das deutsche (.) also sprechen sie jetz konseque- konsequent in ihrer muttersprache; aber wir glauben trotzdem dass es nich ähm (2,5) dass es an der (.) bilingualen erziehung liegt das das glaubn wir nich. (.) also weil (.) s sind manchmal auch so dinge, man merkt dass er total möchte dass er das <u>unbedingt</u> möchte (.) er spricht auch total viel (.) das (.) wird ihnen vielleicht morgen auch im kreis auffalln//laute//ja (.) die ganze zeit macht die ganze zeit die laute ja er will sich verständigen er will sich mitteilen [...] und (.) da hä- hättn wir uns halt g- (.) vielleicht (.) im sinne von ( ) doch gewünscht; dass die eltern mal zum arzt gehn einfach (kuckn) ob organisch alles in ordnung is ob er (.) ob es so ankommt bei ihm (.) weil er hat so n ganz großen drang zu sprechen (.) und schaffts aber nich zum beispiel (2,5) na (.) ben oder¹ so (.) also so dinge (.) seinn freund ne? zu sagen ben//°mh°//das kommt nich (.) das (.) weil wir so von (.) von der (2) äh buchstabenfolge her einfacher;//mhm//oder mama (.) habn wir noch nie gehört von ihm. also er sagt dann so was ((mit hoher kinderstimme)) maa: so (.) so n (.) dass man wirklich bewusst dass er bewusst wenn die mutti kommt (.) ein mama hört (.) das habn wir noch nich so erlebt.//mh//genau (.) also so diese sprach(schwierigkeiten)

Dass Jonathan nicht spricht, wird als Folge von Fehlern der Eltern dargestellt. Frau Seibt kritisiert, dass die Eltern es nicht „*wahrhaben wollen*", dass ihr Kind nicht sprechen kann. Somit wird deutlich, dass sie sich selbst im Vergleich zu den Eltern eine höhere Kompetenz darin zuschreibt, sprachliche Defizite bei Kindern zu erkennen. Des Weiteren dokumentiert sich in der Formulierung „*nicht wahrhaben wollen*", dass die Eltern eigentlich die Defizite des Kindes kennen, es aber verdrängen und nicht anerkennen wollen. Indem Frau Seibt das Alter mit zwei Dezimalstellen genau benennt, wird deutlich, dass das Alter für sie eine große Rolle spielt. Sie hat klare Altersnormen im Kopf und spricht von Phasen. Demnach müsste Jonathan mit drei Jahren schon über die Phase der Laute hinaus sein und mindestens Dreiwortsätze sprechen. Dass die Eltern des Jungen beteuern, dass er bereits norwegisch zu Hause gesprochen habe, bezweifelt Frau Seibt. Sie verlässt sich auf ihre eigenen Beobachtungen und misstraut den Aussagen der Eltern. Durch die häufige Verwendung der Wörter „*müsste*" wird ein gewisser Erwartungsdruck deutlich, den die Erzieherin an das Kind und gleichzeitig auch an die Eltern stellt. Es kommt demnach eine Orientierung zum Vorschein, dass sie sich als eine Expertin für die Belange der Kinder ansieht, wobei Eltern ihre Vorschläge befolgen sollten. Damit schafft sie eine Distanz zu Eltern im Allgemeinen, und eine kritische Haltung gegenüber den Eltern, die nicht mit ihr übereinstimmen. Die Interviewerin fragt, inwiefern zu Hause norwegisch gesprochen wird, was Frau Seibt bestätigt. Nachdem die Eltern anfangs noch beide Sprachen durcheinander gesprochen hätten, habe Frau Claus ein konsequentes Sprechen der Muttersprache empfohlen. Darin zeigt sich, dass die Leiterin kritische Gespräche mit Eltern übernimmt. Dies deutet auf eine spezifische Kompetenz- und Rollenverteilung hin, bei der die Leiterin die Funktion hat, die Haltung des Kindergartens nach außen hin zu vertreten. Möglicherweise führt dann die Leiterin die Elterngespräche, wenn es um das Vermitteln bestimmter Erziehungs- oder Verhaltensweisen geht. Interessant ist, dass Frau Seibt häufig in der Wir-Form spricht und sich selbst somit sprachlich vom Inhalt distanziert, wenn es um das Formulieren von Haltungen und Bewertungen geht. Dies verdeutlicht zum einen, dass ihre Haltung mit der des Teams übereinstimmt, zum anderen verstärkt dies den professionellen Eindruck. Ihr Eindruck ist, dass Jonathan eigentlich sprechen möchte, aber dass möglicherweise organische Fehlentwicklungen eine Ursache dafür sind, dass er sich sprachlich schlecht äußern kann. Im Folgenden stellt die Erzieherin Sofia vor:

> Zitat Z. 684-689:
> S: das nächste kind is zwar jetz nich mein portfoliokind; aber auch in meinm morgenkreis das is sofia aber (.) bei ihr is der selektive mutismus jetz (.) festgestellt worden (.) sie spricht zu hause ganz normal und gut (.) und hier gar nich//mh//ja; das (.) also das (.) auch die sprache?

Sofia wird als mutistisch eingeführt. Die Diagnose sei *„festgestellt worden"*, was darauf hindeutet, dass nicht sie, sondern externe Fachleute dies übernommen haben. Es wird noch hinzugefügt, dass sie zwar zu Hause, aber nie im Kindergarten sprechen würde. Dies wird weder bewertet, noch näher ausgeführt. Was mögliche Umstände des Mutismus sein könnten oder wie sie dies für sich selbst bewertet, bleibt völlig im Dunkeln. Indem Frau Seibt hinzufügt: *„das (.) also das (.) auch die sprache?"* wird sichtbar, dass sie das Nicht-sprechen ebenfalls als sprachliches Defizit einordnet. Ein Zusammenhang mit der bilingualen Erziehung und möglichen anderen Gründen des Mädchens, nicht zu sprechen, werden nicht geäußert. Im folgenden Zitat wird Konstantin als ein weiteres problembehaftetes Kind beschrieben:

> Zitat Z. 689-714:
> S: wenn dann noch (.) konstantin (.) äh der is im kindergarten (   ) am ende der krippenzeit, mehr so im kindergarten dann (.) bei mir gewesen (.) und äh (.) er spricht schlecht, aber er spricht; also man versteht ihn ganz schlecht das sind aber auch so familienverhältnisse also er is halt beim vati, der vati is alleinerziehend mit tochter und sohn (.)//°mhm°//und er hängt auch <u>sehr</u> an der Erzieherin also er löst sich schlecht//°mh°//ihn kann man immer (.) begleiten? oder irgendwo hinbringen, und dann kurze zeit später is er wieder da;//°mhm°//da is er dann wieder (.) bei mir oder bei (.) es is auch nich so obwohls mein portfoliokind is, und ich diese eingewöhnungszeit mit ihm hatte, dass er unbedingt an mir jetzt hängt?//mh//da is er distanz-

los drückt alle is schnell (.)//okay//ähm (.) kontaktfreudig,//mh//und (.) ihm fällts aber ganz doll schwer sich auf ne sache zu konzentrieren//°mh°//auf ne ganz kurze sache (.) ich spreche jetz nich von (.) irgendwie fünf minuten beschäftigen müssen das nich, aber selbst schon (.) n- la- (.) ne zeit lang steine mal übernander zu setzen oder irgendwas zu sortiern so (.) es wird langsam besser? wenn wir uns mit ihm beschäftigen, und ihm ne anregung geben (.) aber so von alleine (.) is da, (.)//°mhm°//brauch=er ne weile. ja (.)

Die Sprachprobleme von Konstantin werden ebenso mit dem häuslichen Milieu in Verbindung gebracht. So vermutet Frau Seibt einen Zusammenhang zwischen der schlechten Aussprache des Jungen und der Tatsache, dass er beim Vater lebt. Möglicherweise kommt hier die Orientierung zum Vorschein, dass Kinder die beste Entwicklung genießen, wenn sie in einer Kernfamilie oder bei der Mutter groß werden. Allein erziehende Väter sind offenbar ein Hindernis für die Entwicklung der Kinder. Ihre implizite Theorie wird dadurch bestätigt, dass der Junge sehr an der Erzieherin hänge. Durch die negative Formulierung *„hängt auch sehr an der Erzieherin"* und *„löst sich schlecht"* wird noch einmal die eingangs formulierte Orientierung bestätigt. Zwischen den Zeilen wird das Gefühl von ‚Lästigkeit' deutlich. Wie ein Hund kommt der Junge ständig hinterher, nirgendwo hat man seine Ruhe vor ihm (Zitat: *„ihn kann man immer (.) begleiten? oder irgendwo hinbringen, und dann kurze zeit später is er wieder da"* Z. 697). So beschreibt sie ihn auch als *„distanzlos"*, verbessert sich jedoch gleich darauf, indem sie *„kontaktfreudig"* ergänzt. Indem sie *„distanzlos"* in der Beschreibung eher negativ verwendet, wird die Orientierung deutlich, dass die Einhaltung von Distanz eine Rolle für sie spielt. Kinder, die keine Distanz verspüren und zu nah an sie herankommen, werden als unangenehm empfunden. Darüber hinaus wird seine mangelnde Konzentrationsfähigkeit angesprochen. Er habe große Probleme, sich mit etwas zu beschäftigen und benötige immer Unterstützung von den Erzieherinnen. Auch hier kommt die Orientierung eines normalen Kindes zum Vorschein, das sich selbst beschäftigen kann und nicht auf die Zuwendung und Hilfe Erwachsener angewiesen ist. Nachfolgend thematisiert Frau Seibt Kinder, die im positiven Vergleichshorizont wahrgenommen werden:

Zitat Z. 714-464:
S: ansonsten hab ich auch sehr (.) sprachgewandte und äh (.) entdeckungsfreudige kinder sind zum beispiel die nicola, de is schon immer auch im krippen- (.) in der krippenzeit//°mh°//schon (   ) kindergarten alleine gegangen is; und ihren intressen nachgegangen is (.)//mh//auch sehr g- gut weiß was sie möchte (.) und wie sie das (.) selbst (.) organisieren kann//°mh°//also schon sehr autonom handelt (.) […] lukas (.) der is grad zurzeit leider nich da aber der kommt dann wieder? der is auch sehr intressiert an allem,//mh//war immer viel an andern sprachen schon intressiert; wenn wir irgendwie//°mh°//in der bibliothek mal englisch vorgelesen haben

oder (.) französische oder spanische lieder gesungen und so//°mhm°//das hatn schon
sehr intressiert auch im krippenalter schon (.) der trommelt sehr gut is sehr musika-
lisch//mhm//hat auch unheimlich gute kreative ideen (.)//mhm//also (.) da muss man
ihm- fast immer ver- also nich bremsen aber wenn er jetz mal (.) mit mathematik-
matrialien irgendwelche sachen tut dass man sagt (.) och schau doch mal woanders
jetz schau doch mal dort und dorthin da, (.) is genau das matrial da was du jetz hier
suchst.//mh//genau (.)

Beginnend mit dem Mädchen Nicola stellt Frau Seibt nun die Kinder vor, die im
positiven Spektrum liegen, also den positiven Gegenhorizont bilden. So wird
Nicola als sprachgewandt, entdeckungsfreudig und selbstständig eingeschätzt,
was einen Gegenpol zu den negativen Eigenschaften wie Schüchternheit, Un-
selbstständigkeit, Anhänglichkeit (siehe Konstantin) darstellt. Es kommt an dieser Stelle also die Orientierung zum Vorschein, dass normale, ideal entwickelte
Kinder selbstständig ihren Interessen nachgehen, also genau wissen, was sie
wollen.

Lukas wird als das Idealkind schlechthin beschrieben. Eigenschaften wie:
Interesse an Fremdsprachen, musikalische Begabung und Kreativität lassen darauf hindeuten, dass er den maximalen Kontrast zu Konstantin darstellt. Offenbar
ist Lukas das Kind, das am besten zu ihrer eigenen Orientierung passt. Er wird
als bildungsinteressiert, sprachbegabt und musikalisch beschrieben mit einem
Hang zu mathematischen Zusammenhängen. Darüber hinaus wird eine Handlungspraxis deutlich. So scheint es eine Bibliothek im Haus zu geben, in der die
Kinder an kulturelle Güter wie Bücher herangeführt werden. In dieser Bibliothek
sind die Kinder offensichtlich nicht nur alleine, sondern es wird ihnen vorgelesen. Dass den Kindern sogar englische Bücher vorgetragen werden, zeigt zwischen den Zeilen die hohe (schulische) Bildungsaspiration in dem Kindergarten,
die von Frau Seibt offenbar übernommen wurde. Im folgenden Abschnitt des
Interviews wurde Frau Seibt gebeten, dazu Stellung zu beziehen, was ihr in der
pädagogischen Arbeit mit Kindern wichtig sei:

Zitat Z.960-981:
S: mh (.) wichtig (.) also wichtig is (2) is mir (.) wichtig is mir auf jeden fall dass ich
(.) empathisch bin?//°mh°//ich hoffe ich bins auch immer? (.) bestimmt nich aber ich
hoffes (.) also dass ich die kinder richtig deute (.) wenn ich sie (.) irgendwie beobachte. wichtig is mir dass ich die kinder nich überrumple (.) also dass ich nich (.)
brechend bin willensbrechend (.)((tür im hintergrund)) ich würde mich sehr freun
wenn (.) die kinder alle sehr stark sind und (2,5) äh (.) das auch vertreten könn. auch
ganz ruhige kinder (.)// °mh°//dass ich das nich fehldeute das is immer so meine (.)
größte (.) dass man so i- aus der hektik heraus oder so n kind übergeht (.)//mh// und
damit irgendn schluss: (.) bei den kindern zieht wo sie denken sie müssen das jetz so
machen (.) also sie wirklich ganz feste stabile persönlichkeiten werden, (.) um ein-

fach (.) wenn sie dann (.) älter sind oder größer sind (.) wirklich selbstbewusst sind gut selbstbewusst sind (.)//mh// und glücklich sind (.) nich dass man irgendwie (.) dass sie irgendwie mal (2,5) denken sie müssen irgendwas zum gefallen anderer tun und gehen andre wege falsche wege und kommn nich zurecht oder, (.) sind halt un- glücklich. das is mir so das wichtigste (.) und für mich selbst noch? dass ich (.) im- mer noch die zeit hab (.) und die kraft oder auch so die (.) möglichkeit (.) mich wei- terbilden zu könnn einfach um (.) mich ständig zu reflektiern um nich geistig (.) ab- zufalln oder in son trott zu geraten

Nach der Aushandlung der Fragestellung, die auf sprachlicher Ebene (durch Pausen und Lachen) auf eine Unsicherheit von Frau Seibt hindeutet, antwortet Frau Seibt, dass es ihr in der Arbeit mit den Kindern wichtig ist, empathisch zu sein. Indem sie einräumt, es zwar zu hoffen, aber vermutlich nicht zu sein, deutet sich an, dass sie ihrem eigenen Anspruch nicht gerecht wird im Alltag. In ihrer Sorge, Kinder fehl zu deuten, zeigt sich einerseits eine große Unsicherheit hin- sichtlich ihrer Rolle, andererseits, dass sie hohe Ansprüche an sich selbst stellt. Sie möchte immer empathisch sein, alle Kinder im Alltag richtig und fachgerecht beurteilen und keinesfalls deren Willen brechen, indem sie zu dominant ist. Da- rin verdeutlicht sich, dass sie keinen direkten Einfluss auf die Entwicklung der Kinder nehmen will, sondern aus einer Beobachterrolle heraus eine Art Expertin für die Interessen der Kinder sein will. Obgleich es ihr wichtig erscheint, Kin- dern zu einer stabilen Persönlichkeit zu verhelfen, bleibt unklar, wie sie dies im Alltag erreichen will. Umso klarer scheint für sie zu sein, was sie nicht machen will – nämlich Kinder in ihrem eigenen Willen zu beeinflussen oder falsch zu beurteilen.

Zu ihrem professionellen Selbstbild gehört auch, dass sie die Entwicklung der Kinder weit über die Kindergartenzeit hinaus fördert. Sie sollen zu glückli- chen, selbstbewussten Menschen heranwachsen, die unabhängig von Anderen ihren eigenen Weg gehen. Sie selbst befürchtet, ihre Kinder in bestimmte Rich- tungen zu beeinflussen. Interessant ist, dass Frau Seibt bei der Frage nach be- deutsamen Kriterien in der Arbeit mit Kindern auf ihre eigene Weiterentwick- lung zu sprechen kommt. An einer anderen Stelle des Interviews (Z.508-589) ist ein ähnliches Muster zu erkennen, indem die Erzieherin auf eine Frage nach den Besonderheiten der Kinder mit Erläuterungen zu den systematischen Beobach- tungsleistungen des Teams antwortet. Auch an dieser Stelle bleibt Frau Seibt nicht bei Interaktionen mit Kindern, sondern sie selbst mit ihrer persönlichen Entwicklung steht nun im Fokus. Die Weiterbildungen möchte sie vor allem für sich selbst nutzen, um nicht „*geistig abzufalln*" oder in einen Arbeitstrott hinzu- geraten. Hier zeigt sich noch einmal ihre hohe Bildungsaspiration.

5.3.4 Zusammenfassende Betrachtungen des Falls

Der folgende Abschnitt dient dazu, die zentralen Ergebnisse sowohl auf der Leitungs-, als auch auf der Interaktions- und Individuum-Perspektive zusammenzuführen und zu reflektieren. Zunächst werden alle Ebenen in der Tabelle 13 auf der nachfolgenden Seite gegenübergestellt.

Tabelle 15: Gegenüberstellung der drei Untersuchungsebenen - Fall Frau Seibt

Leitungsebene	Interaktionsebene	Interviewebene
Zugrunde liegende Orientierung		
Orientierung als Expertin, Strukturierungsorientierung, starker Normalitätsbezug	Ziel- und Erfolgsorientierung, Strukturierungsorientierung, Orientierung als Moderatorin für Bildungsprozesse	Ziel- und Erfolgsorientierung, defizitorientiert Orientierung als Expertin Hohe Bildungsaspiration
Umgang mit Kindern, Diversität		
Strukturierungsorientierung, Transformation zwischen gemeinschaftsorientierten, alten und neuen gesellschaftlichen und pädagogischen Werten	Wertschätzender Umgang mit Kindern, Moderation von gemeinsamen Interaktionsprozessen	Entwicklungspsychologische, normorientierte Orientierungen Ziel- und Erfolgsorientierung
Dimensionen der Differenzierung		
Familiärer Hintergrund: Anregungsarm und anregungsreich Wahrgenommene Intelligenz, allg. Entwicklungsstand + Sprache (familiärer Hintergrund)	Sprachliche Entwicklung, Erfahrungshintergrund	wahrgenommene Intelligenz, Interesse, Selbstständigkeit sprachlicher Entwicklungsstand (familiärer Hintergrund)

Betrachtet man die Übersicht, so fallen viele Gemeinsamkeiten zwischen den einzelnen Ebenen auf. Sowohl die Leiterin Frau Claus als auch die Erzieherin

Frau Seibt weisen eine Orientierung als Expertin für die Entwicklung von Kindern auf. Mit dieser passförmigen Haltung präsentieren sie in den Interviews ihre Normvorstellungen, die mit entwicklungspsychologischen Ansätzen in Verbindung gebracht werden können.[131] Dies kommt im Interview besonders an der Stelle zum Vorschein, als Frau Claus anregungsarme und anregungsreiche Eltern im positiven und negativen Vergleichshorizont gegenüberstellt. Auch das genaue Benennen des normgerechten Alters für das Sprechen von Sätzen scheint sprachlichen Entwicklungstheorien entnommen.[132]. Den familiären Kontext als primären Bezugspunkt bezieht Frau Claus jedoch nur ein, wenn es konkrete Probleme gibt, die in ihren Augen die Entwicklung des Kindes negativ beeinflussen. Durch die von Frau Seibt und Frau Claus dominant durchscheinenden Steuerungsorientierungen, die mit klaren Selbstzuschreibungen als Expertinnen einhergehen, unterscheiden sie sich stark von dem eher passiv-resignativen Haltungen von Frau Arndt und Frau Radisch, sowie von den eher prozess- und beziehungsorientierten Einstellungen von Frau Winter und Frau Emrich.

Darüber hinaus zeigt Frau Claus eine Zielorientierung, die gesellschafts- und wettbewerbsorientiert ist. Dabei steht die Vorbereitung des Kindes auf das spätere Leben im Vordergrund. Die Aktivität des Kindes soll dabei auf interessengebundene Ziele gelenkt werden. So wird das Kind nicht mehr seiner eigenen Entwicklungsdynamik überlassen, sondern es unterliegt konkreten Anregungsprozessen, die zielgerichtet auf die Erlangung spezifischer vergleichbarer Kompetenzen ausgerichtet ist. Lernen wird dabei – ebenso wie bei Frau Radisch, Frau Schulze und Frau Emrich – mit kognitiver Förderung gleich gesetzt.

So kann geschlussfolgert werden, dass mit dem Deckmantel des Expertenstatus, der zeitgemäße pädagogische Vorstellungen suggeriert, eigene z.T. unreflektierte persönliche Werthaltungen legitimiert werden. Eltern werden dabei nicht als gleichberechtigte Partner, sondern als Lernende betrachtet, die sich dem Wissen der Lehrenden anzupassen haben. Dies führt zusätzlich dazu, dass die Entscheidungsmacht der pädagogischen Fachkräfte unhinterfragt aufrechterhalten bleibt.

---

[131] Grundlegend ist dort die Annahme, dass die Menge an (von außen herangetragenen) Reizen entscheidend ist für die Entwicklung der Leistungsfähigkeit (Schenk-Danzinger, Rieder, 2008).

[132] Doch Entwicklungspsychologen gehen mittlerweile von fließenden Grenzen der Entwicklungsstufen aus, wobei Altersangaben nicht als Maßstab für Entwicklungsschritte oder Fehlentwicklungen, sondern als ungefähre Alterspanne für mögliche Entwicklungssprünge zu verzeichnen sind (vgl. Berger 2010:204) sowie Schenk-Danzinger/ Rieder (2008). Des Weiteren wird das Vollziehen individueller Entwicklungsschritte in entwicklungspsychologischen Ansätzen meist in Bezug zu den Einflüssen des direkten Umfelds gesetzt (vgl. bspw. Ahnert, 2008).

Im Hinblick auf die Fragestellungen der Studie kann für den Umgang mit Kindern, insbesondere für die Bedeutung des Umgang mit Gleichheit/ Verschiedenheit folgendes festgehalten werden: Zunächst werden alle Kinder als Lernende angesehen, die sich durch Anregung von außen weiterentwickeln. Dabei werden Kinder, die besonders wissbegierig und aktiv sind, besonders positiv betrachtet, während Eigenschaften wie Passivität bei Kindern negativ bewertet werden. Die Kinder unterliegen somit einem gewissen Erwartungs- und Entwicklungsdruck. Das systematische Beobachten der Kinder scheint dafür da zu sein, mögliche Defizite herauszuarbeiten, die dann im Anschluss abzuarbeiten sind. Die Interessen der Kinder werden dabei instrumentalisiert für die Bildungs- und Lernprozesse, die als geeignet erscheinen. Der Kindergarten wird somit nicht zu einem Ort der Entfaltung, sondern vielmehr zu einem Ort des Erreichens von Entwicklungsstufen. Als Differenzlinien dienen dabei der allgemeine Entwicklungsstand mit der (wahrgenommenen) Intelligenz, der Ausdrucksweise, sowie die Selbstständigkeit der Kinder.

Obgleich der familiäre Hintergrund nicht als vordergründige Dimension der Differenzierung zur Sprache kam, wie dies bei den pädagogischen Fachkräften der anderen beiden Einrichtungen der Fall war, kann dennoch von einem indirekten Einfluss dieser Kategorie ausgegangen werden.[133] So konnte eine hohe Bildungsaspiration von Frau Seibt herausgearbeitet werden, die fest mit ihren impliziten Werthaltungen verankert ist. Demnach werden Kinder, die an bildungsnahen Themen wie bspw. Lesen, Singen, Sprache interessiert sind (vgl. Lukas), nicht nur als intelligenter, sondern auch als passförmiger (im Sinne von: näher dran an eigenen Vorlieben) wahrgenommen. Im Hinblick auf die Entstehung und Aufrechterhaltung von Chancengleichheit kann dies für den Kindergarten bedeuten, dass Kinder, die familiär bedingt bereits privilegiert sind und bildungsnahe Verhaltensweisen zeigen, bevorzugt werden, indem Erzieherinnen mehr mit ihnen sprechen, sie mehr Lob erfahren und ihnen mehr zugemutet wird.

---

[133] Bezieht man bspw. die Analysen Bourdieus ein (vgl. Kap. 2.2.1.2.), so wird deutlich, dass Fähigkeiten wie Sprache und Kreativität vor allem mit kulturellen, milieuspezifischen Gewohnheiten zusammenhängen, die durch die Herkunftsfamilie vermittelt werden (Bourdieu, Passeron (1971, 1973).

6 Kontrastierung der Fälle

Nachdem der Leser einen direkten Eindruck vom Material und damit zusammenhängenden Interpretationsschritten gewinnen konnte, soll nun vor diesem Hintergrund eine systematische Zusammenführung der Ergebnisse vorgenommen werden. Hierbei werden keine Interpretationen der Fälle mehr präsentiert, vielmehr soll Ziel dieses Kapitels sein, die zentralen Ergebnisse fallübergreifend darzustellen und mögliche Typen des Umgangs mit Heterogenität und ungleichheitsrelevanten Bereichen herauszuarbeiten[134]. Mit Blick auf die Fülle an Ergebnissen, die sich aus den einzelnen Ebenen der Institution, der Interaktion sowie des Individuums extrahieren ließen, stellt ein solches systematisierendes Kapitel eine besondere Herausforderung dar.

6.1 Vielfalt des Umgangs mit Heterogenität bei Kindern

Legt man die zentralen Ergebnisse nebeneinander, so fallen sowohl einige Gemeinsamkeiten, als auch viele Unterschiede auf. Im Hinblick auf den Umgang mit Heterogenität bei Kindern geht aus den Fallbeschreibungen hervor, dass relevante Differenzlinien vom familiären Hintergrund bis hin zum Geschlecht gezogen werden, die jeweils unterschiedliche Interaktionsmuster nach sich ziehen. So wird bei der Betrachtung der Ergebnisse des Kindergartens *Linienschiff* deutlich, wie sich eine ,prekäre Interaktionskultur' von der Leitungsebene (vgl. Frau Arndt, Z. 323-334) bis hin zur alltäglichen Interaktionsebene mit den Kindern durchzieht (vgl. Frau Radisch, Szene 1 „*Schubsen, kein Eingreifen (1)*"). Ein sozialer Ausschluss von sozial benachteiligten Kindern durch andere Kinder wird damit nicht nur ignoriert, sondern auch toleriert und mehr oder weniger aktiv mitgestaltet. Während die Ergebnisse des Kindergartens *Linienschiff* mit Frau Radisch als Erzieherin auf das Vermitteln eines starken hierarchischen Gefälles in allen drei Ebenen hinweisen, zeigen sich bei Frau Emrich des Kindergartens *Expedition*, vor allem beziehungsstiftende Einstellungs- und Verhal-

---

[134] Die Kontrastierung ist eng an Bohnsacks „sinngenetische Typenbildung" angelegt (vgl. Kap. 4.2). Eine soziogenetische Typenbildung kann - wie bereits in Kap. 4.2 beschrieben – aufgrund der Anzahl der Fälle an dieser Stelle nicht erfolgen.

tensweisen in einem weitaus geringeren hierarchischen Gefälle. Obwohl beide Kindergärten mit ähnlichen sozialstrukturellen Ausgangsbedingungen konfrontiert sind, nehmen die Erzieherinnen maximal kontrastierende Positionen auf dem Spektrum von Anerkennung und Nähe ein. Frau Emrich, die sich der sozialen Lage der Bezugskinder bewusst ist, befindet sich hierbei in dem eher anerkennenden, Nähe vermittelnden Spektrum (vgl. Szene 2, „*Erzieherin lobt Kinder*"), während Frau Radisch eher missachtende, passive bis ignorierende Verhaltensweisen zeigt. Darüber hinaus zeigen sich auch im Umgang mit Eltern zentrale Unterschiede. So werden Probleme, die im Kindergarten auftreten, bei Frau Radisch vollständig aus ihrem Handlungsspektrum ausgelagert. Das Scheitern der Mütter bestätigt sie eher in ihrem eigenen Scheitern, als neue Impulse für den Umgang mit als schwierig empfundenen Kindern freizusetzen (Z.148-160). Der zentrale Unterschied zu Frau Emrich ist demnach das Verantwortungsgefühl gegenüber den Bedürfnissen des Kindes, welches bei Frau Radisch sehr gering ausgeprägt ist. Zwischen diesen Polen können Frau Claus und Frau Seibt des Kindergartens *Kapitän* eingeordnet werden, die – obgleich sie sich nach außen hin als Expertinnen für die Bedürfnisse der Kinder präsentieren – in ihren impliziten Denkmustern ebenfalls selektive Handlungspraxen aufweisen.

Trotz der vielen augenscheinlichen Unterschiede zwischen den Erzieherinnen lassen sich auch Gemeinsamkeiten in den pädagogischen Orientierungen innerhalb der Institutionen erkennen. Diese Passförmigkeit überrascht nicht, wenn man mit den Worten Bohnsacks von „Gemeinsamkeiten der Erlebnisaufschichtung" ausgeht (Bohnsack, 2009: 17). So ist in gemeinsamen ‚Erfahrungsräumen', wie sie innerhalb eines Kindergartens vorliegen, die Wahrscheinlichkeit recht hoch, habituelle Übereinstimmungen zu entwickeln, die sich bspw. in pädagogischen Rollenzuschreibungen und Alltagsroutinen zeigen. Frau Emrich und Frau Schulze im Kindergarten *Expedition* scheinen hierbei eine Ausnahme darzustellen. Doch durch den erst kürzlich zurückliegenden Leiterinnenwechsel und der fortwährenden Weiterentwicklung des pädagogischen Konzepts kann hier von einem Transformationsprozess ausgegangen werden, der noch nicht abgeschlossen ist.

Auch zwischen den Institutionen fallen Gemeinsamkeiten in den Orientierungen der Erzieherinnen auf. So zeigen alle Erzieherinnen des Samples eine Lernzielorientierung, die mit einer Macht- und Steuerungsorientierung einhergeht. Am deutlichsten ist diese auf der Handlungsebene bei Frau Schulze zu erkennen, die bei mangelndem Gehorsam und Anpassung an selbst initiierte Interaktionsprozesse Kinder (in dem Falle ein Mädchen mit Migrationshintergrund) sozial ausschließt. Demgegenüber scheint Frau Emrich die Person mit der geringsten Macht- und Steuerungsorientierung zu sein. Doch finden hier ebenso – wenn auch in einem geringeren Ausmaß – Distinktionsprozesse statt, die einer genaueren Analyse bedürfen. Wie im Kapitel 7 noch zu sehen sein wird, kann die „ambivalente Logik der Anerkennung" (Balzer, Ricken, 2010) ebenso zu einer (indirekten) Formung normgerechten Verhaltens führen, indem Handlungen nur dann bestärkt werden, wenn sie in den Augen der Erzieherin anerkennungswürdig sind. So kann davon ausgegangen werden, dass die Orientierung einer Wissen vermittelnden Lehrperson, wie sie in unterschiedlichen Formen bei Frau Emrich und Frau Seibt zugrunde lag, trotz weniger vorhandenen Disziplinierungsmechanismen ebenso zu distinktiven Kommunikations- und Handlungsmustern führt. Auch wenn Macht- und Steuerungspraktiken offenbar nicht zwingend mit direkten Ausschließungsprozessen einhergehen, so scheint dennoch die Frage zentral zu sein, *welche Kinder wie und vor welchem normativen Bedeutungshorizont angesprochen werden.*

Als weitere Gemeinsamkeit ist eine Orientierung an Gemeinschaft erkennbar, die bei allen Erzieherinnen – mit Ausnahme von Frau Seibt – mehr oder weniger stark ausgeprägt ist. Bei Frau Radisch, Frau Schulze und der Leiterin Frau Claus geht diese Orientierung mit der Bezugnahme zu früheren Werten und Normen der damaligen DDR einher. Dies kann zu der Annahme verleiten, dass der mit der politischen Wende eingesetzte Transformationsprozess noch immer eine tragende Rolle für das professionelle Selbstbild und habitualisiertes Handeln spielt. Es ist durchaus denkbar, dass Reformen wie die Einführung der jetzigen Orientierungs- und Bildungspläne zu einem erneuten Abgleich mit den einst internalisierten Normen und Werten führen können. Pädagogische Prinzipien wie der Gemeinschaftssinn stellen in diesem Kontext teilweise einen positiven Horizont (vgl. Leiterin Frau Claus) oder zumindest einen Orientierungspunkt (Frau Radisch, Frau Schulze) dar.[135]

Schließlich kann das fehlende Bewusstsein eines professionellen Umgangs mit dem Thema Heterogenität bei Kindern als weitere Gemeinsamkeit angeführt werden. So scheint das Thema mit seinen unterschiedlichen Facetten weder in pädagogischen Konzepten des Kindergartens eine Rolle zu spielen[136], noch geben die Handlungspraxen Hinweise darauf, dass implizit den Anforderungen der unterschiedlichen Voraussetzungen der Kinder Rechnung getragen werden. Besonders in Wohngebieten, in denen die meisten Familien von Prekarisierung

---

[135] Inwiefern hierbei eine Alterstypik zum Tragen kommt, muss an dieser Stelle offen bleiben. Auf diesen Aspekt wird im Kap. 8.2. noch einmal näher eingegangen.

[136] Beispielsweise ließen sich keine Konzepte zur Integration von Kindern und Eltern mit Migrationshintergrund finden. Im Kindergarten *Expedition* ist es eine gängige Praxis, dass Kinder nebenbei die deutsche Sprache erlernen und Übersetzungsleistungen bei Gesprächen zwischen Erzieherin und den Eltern übernehmen.

betroffen oder bedroht sind, überrascht dieser Aspekt. Wie sich im Material zeigte, gewinnt nicht nur die ungleichheitsgenerierende Dimension des familiären Hintergrundes in alltäglichen Interaktionen an Bedeutung, sondern es wurden auch Themen wie Gender, Migration und körperlich-geistige Behinderung relevant, wenn Ausschließungs- und Disziplinierungsprozesse sichtbar wurden.

Lediglich Frau Emrich scheint im Hinblick auf soziale Benachteiligungen eine positiv-diskriminierende Einstellung zu haben, indem sie Kindern, die aus problembelasteten Elternhäusern kommen, also *„in ihrer Familie benachteiligt"* sind (Z. 802), besonders viel Zuwendung schenkt. Im Folgenden sollen nun die wesentlichen Unterschiede zwischen den Fällen herausgearbeitet werden. In der Abbildung 8 wurden zu diesem Zweck die Fälle kontrastiv dargestellt.[137]

In der Abbildung sind die vier ausführlich dargestellten Fälle abgebildet, die in die Auswertungen eingingen. Hierbei wurde der Versuch unternommen, eine Übersicht zu erstellen, die sowohl die Ergebnisse der Handlungsebene, als auch die Ebene des Individuums integriert.

Wie aus den Interpretationen auf der Handlungsebene hervorgeht, ist weniger die Steuerungsorientierung als vielmehr der Disziplinierungsgrad i.S. einer Symbolisierung des hierarchischen Gefälles vordergründig, wenn es um die Identifikation wesentlicher Unterschiede zwischen den Erzieherinnen geht. So wurden Frau Schulze und Frau Radisch im oberen Ende dieses Disziplinierungsspektrums zugeordnet, während Frau Seibt und Frau Emrich in einem weitaus geringerem Ausmaß das Machtgefälle symbolisierten. Darüber hinaus wurden die Erzieherinnen anhand ihrer Handlungspraktiken eingeordnet, die auf einen differenzorientierten Umgang schließen ließen. Hierbei geht es ausdrücklich nicht darum, die Erzieherinnen statischen Kategorien zuzuordnen, vielmehr sollen Tendenzen aufgezeigt werden, die auf gewisse graduelle Unterschiede des Umgangs mit Kindern verweisen. Ohne diese Betrachtungsweise würden die darauf aufbauenden Analysen wenig nachvollziehbar sein, und, es würde die Gefahr einer verzerrten Darstellung der realen Begebenheiten nach sich ziehen.

---

[137] Hierbei ist davon auszugehen, dass die Abbildung die Ergebnisse nicht vollständig und exakt widergeben kann, vielmehr wird der Versuch unternommen, die zentralen Ergebnisse vereinfacht zu visualisieren.

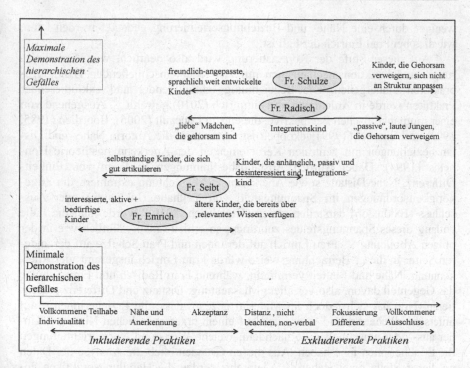

Abbildung 8: Zuordnung der Fälle anhand der Einstellungs- und Handlungspraktiken

Wenn man Frau Radisch oder Frau Schulze auf der einen und Frau Emrich auf der anderen Seite betrachtet, so wird deutlich, dass generell unterschiedliche Umgangsweisen mit Kindern zum Vorschein kommen. Frau Emrich zeigt wesentlich mehr Anerkennung im Sinne von Bestätigung und allgemeiner Wertschätzung, während Frau Radisch und Frau Schulze Kinder meist zu disziplinarischen Zwecken mit einer Verkörperung von Distanz ansprachen. Während der soziale Ausschluss jedoch bei Frau Radisch von Kindern z.T. verweigert wurde (vgl. Szene *„Kinder spitzen Stifte an"*, UT 1) und diese meist mit Distanz und Ignoranz ‚bestraft' wurden, so vollzog Frau Schulze im Morgenkreis einen sozialen Ausschluss, der durch die Gehorsamkeit des ausgeschlossenen Mädchens auf eine große Machtfunktion der Erzieherin hinweist. Ungefähr in der Mitte des Diagramms wurde Frau Seibt positioniert, die insgesamt viele Kinder anerkennt und wertschätzt, diese Anerkennung jedoch eher in Form von Akzeptanz und weniger durch eine Nähe- und Beziehungsorientierung gedeutet werden kann, wie dies bei Frau Emrich der Fall ist.

Auf dieser Stufe der Kontrastierung wird also deutlich, wie Disziplinierungs- und Sanktionsmechanismen mit aus- oder einschließenden Handlungspraktiken einhergehen. Die Bezeichnung inkludierender und exkludierender Praktiken wurde in Anlehnung an Hummrich (2010) gewählt[138]. Ausgehend von einer raumanalytischen Perspektive, die eng an Foucault (2006), Bourdieu (1985, 1999) und Simmel (1999) gekoppelt ist, kombiniert die Autorin Nähe- und Distanzbeziehungen mit zentralen Kernelementen der Anerkennungstheorie Honneths (1994). Dabei wurden Abstandsbestimmungen in Form von Einheit-Differenz, Nähe-Distanz sowie Anerkennung-Missachtung extrahiert, die Zugehörigkeitsordnungen im Spannungsfeld von Teilhabe (Inklusion) oder Ausschluss (Exklusion) darstellen sollen (Hummrich, 2010). Würde man die Fälle entlang dieses Spannungsfeldes zuordnen, so erhielte man - ähnlich wie in der obigen Abbildung 8 - Frau Emrich auf der einen und Frau Schulze auf der anderen Seite. In dieser Betrachtungsweise würde Frau Emrich insgesamt viel Anerkennung, Nähe und Einheit vermitteln, während Frau Radisch und Frau Schulze das Gegenteil davon, also vor allem Missachtung, Distanz und Differenz präsentieren. Nun hat sich jedoch im Material gezeigt, dass alle Erzieherinnen – auf unterschiedliche Art und Weise und auf einem unterschiedlichen Niveau – Kinder aus- oder einschließen, je nachdem, welche Wert- und Normorientierungen die Erzieherinnen inne haben. Aus diesen Gründen blieb die Analyse der Daten an dieser Stelle nicht stehen[139]. Vielmehr wurden die Handlungspraktiken anschließend mit den Orientierungsrahmen der Erzieherinnen-Interviews kombiniert, die zum einen auf der Basis eines positiven und negativen Vergleichshorizonts auf das Bild eines ‚idealen' oder eines ‚defizitären' Kindes hinweisen und zum anderen Homologien zu den Videosequenzen aufweisen konnten. So wurde bspw. deutlich, dass Frau Schulze und Frau Radisch Kinder als ideal ansehen, die sich gehorsam den gegebenen Strukturen anpassen. Bei Frau Schulze betrifft

---

[138] An dieser Stelle soll ausdrücklich darauf hingewiesen werden, dass die Begriffe Inklusion und Exklusion weder dem Forschungsfeld der inklusiven Pädagogik zuzuordnen sind, noch im Sinne der Systemtheorie verwendet werden. Vielmehr werden sie als analytische Kategorien für die Betrachtung von Zugehörigkeit und Fremdheit im Sinne von Simmel (1992) und Hummrich (2010) verstanden.

[139] Auch Hummrich (2010) rät von einer schlichten Zuordnung der Spannungsverhältnisse auf einer Achse ab. Sie räumt jedoch ein, dass dies eine empirische Frage sei. Die Diskussion, inwiefern die drei Begriffspaare zum einen trennscharf sind und zum anderen in unterschiedlicher Gewichtung auftreten, kann an dieser Stelle nicht zufriedenstellend erfolgen und muss in anschließenden wissenschaftlichen Arbeiten ergründet werden.

dies Kinder, die ruhig und freundlich sind und von ihr als besonders intelligent oder sprachbegabt eingeschätzt werden. Bei Frau Radisch spielt die wahrgenommene Intelligenz der Kinder ebenfalls eine Rolle, wenn auch eine untergeordnete. Vielmehr dominieren geschlechtsstereotype Einstellungen, wobei Mädchen als lieb und Jungen als laut und anstrengend zugeordnet werden (Z. 251-266). Daneben konnte herausgearbeitet werden, dass Kinder, die nicht an gemeinschaftlichen Aktivitäten teilnehmen (wollen), im negativen Vergleichshorizont wahrgenommen werden. Frau Seibt, die selbst sehr bildungsorientiert ist und damit im Vergleich zu den anderen Erzieherinnen einen Kontrast darstellt, nimmt Kinder als besonders positiv wahr, die bildungsnahen Interessen nachgehen (wie bspw. lesen, Fremdsprachen, Musik) und dabei kreativ und unabhängig sind (Z. 714-764). Sprache in Form von Ausdrucksfähigkeit wird dabei eine entscheidende Rolle zugeschrieben. Schüchterne, anhängliche und „distanzlose" Kinder werden demgegenüber als defizitär wahrgenommen werden (Z. 689-714). Zudem greift sie in familiäre Strukturen ein und weist sich durch ihre Rolle als Expertin für die Entwicklung der Kinder aus. Frau Emrich zeigt hingegen eine Alters- und Entwicklungsorientierung, die dazu führt, dass Kinder als besonders förderbedürftig erscheinen, die noch jung sind und in ihren Augen Wissensdefizite haben. Kinder, die zum einen aktiv sind und etwas herstellen (das den Vorstellungen der Erzieherin entspricht), zum anderen als bedürftig angesehen werden, schenkt sie Anerkennung in verschiedenen Formen wie Lob, Lächeln sowie körperliche Nähe (Szene 2, „*Gemeinsames Basteln*").

In Bezug auf die Verknüpfung der Handlungs- und Interviewebene sei gesagt, dass sich oftmals ähnliche Orientierungen zeigten. Diese waren selbstverständlich nie deckungsgleich, sondern ergänzten sich vielmehr und führten so zu einem Informationszuwachs. Dies überrascht wenig, wenn man bedenkt, dass die Daten erstens materialübergreifend mit der dokumentarischen Methode ausgewertet wurden und zweitens das Interviewmaterial selektiv im Anschluss an die Videointerpretationen ausgewählt wurde. Dennoch zeigten sich bei Frau Emrich deutliche Diskrepanzen zwischen der beobachteten Handlungspraxis und den Orientierungen, die sich aus dem Interviewmaterial ergaben. Auf der einen Seite haben wir es mit deutlichen Erwachsenenzentrierten, Wissen vermittelnden Haltung zu tun, auf der anderen Seite kamen im Interview ganz deutlich kindzentrierte Orientierungen zum Vorschein, die ebenfalls auf (erzählten) Handlungspraxen beruhten. Eine abschließende Erklärung kann an dieser Stelle nicht zufriedenstellend vorgenommen werden. Möglicherweise dokumentieren sich anhand dieser Diskrepanz jedoch die noch immer stattfindenden Transformationsprozesse, die das reflexiv vorhandene Selbstkonzept als (noch) abgelöst von habituell verankerten Handlungspraxen aufzeigen.

6.2 Typologie des Umgangs mit Heterogenität im Kindergarten

In der folgenden Übersicht (Abb.9) werden nun die (sinngenetischen) Typen dargestellt, die aus den dargestellten Fällen gebildet werden konnten.

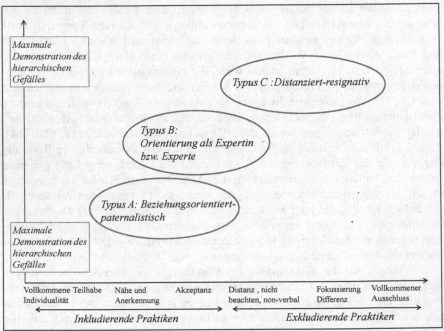

Abbildung 9:   Typologie der Einstellungs- und Handlungspraktiken

In der Abbildung, die auch an dieser Stelle keine exakte Wiedergabe der Realität darstellen kann, sondern vielmehr zum Visualisieren der groben Zusammenhänge gedacht ist, sind die drei verschiedenen Typen abgetragen, die sich aus dem Material ergaben[140]. Dabei ging Frau Emrich als beziehungsorientiert-paternalistischer Typus A, Frau Seibt und Frau Claus als Typus B und Frau

---

[140] Natürlich sind auch weitere Muster oder Typen denkbar. So konnte in diesem Sample beispielsweise keine Erzieherin gefunden werden, die alle Kinder inkludierte, also gemäß ihrer Bedürfnisse in Interaktionen einbezog und dabei keinerlei Strukturierungs- und Disziplinierungstendenzen zeigte.

Schulze, Frau Radisch und Frau Arndt als distanziert-resignativer Typus C ein. Es ist zu erkennen, dass die beiden Typen A und B eher mit inkludierenden Praktiken und mit einem geringeren Disziplinierungsgrad einhergehen als dies bei Typus C der Fall ist. Dieser passiv-resignative Typus zeigt sich Kindern gegenüber mit einem hohen Maß an Disziplinierungspraktiken i.S. der Demonstration des hierarchischen Gefälles und schließt Kinder aus sozialen Prozessen aus. In der folgenden Tabelle werden nun die einzelnen Typen im Hinblick auf die Fragestellung gegenübergestellt.

Tabelle 16: Gegenüberstellung der Typen

	Typus A: Beziehungsorientiert-paternalistisch	**Typus B:** Orientierung als Experte/Expertin	**Typus C** distanziert-resignativ
Grad der Demonstration des hierarch. Gefälles	Niedrig	Eher niedrig bzw. versteckt bis ambivalent	Hoch
Vordergründige Praktiken	Initiieren von gemeinsamen Aktivitäten Aufgreifen von Themen der Kinder Lob, Bestärkung, Teilen von Emotionen	Moderieren von Bildungsprozessen Anerkennung im Zusammenhang mit Bildungsprozessen	Bestrafung durch Ignoranz Sozialer Ausschluss Anerkennung eher selten
Handlungsleitende Orientierungen	Beziehungsorientierung und Mentoring	Erfolgs- und Bildungsorientierung	Orientierung an Gemeinschaft und Anpassung, Lernzielorientierung
Überwiegende Inklusions- und Exklusionskultur	Wertschätzend, kompensatorisch	Willkürlich	Prekär
Passungsverhältnis Erzieherin-Kind	Passförmigkeit bei aktiven, kreativen + bedürftigen Kindern Gefahr: Exklusive Inklusion – bedürftige Kinder erhalten mehr Anerkennung und Unterstützung als andere Kinder	Passförmigkeit bei bildungsnahen, sprachgewandten Kindern Gefahr: Normalisierungs- und Bildungsdruck	Passförmigkeit bei Unterwerfung an gegebene Ordnungsstrukturen Gefahr: Praxis des Wegschauens- bedürftige Kinder erhalten keine Anerkennung und Unterstützung

Wie in der Tabelle 15 sichtbar wird, vermittelt der Typus A in einem stärkeren und intensiveren Ausmaß Anerkennung, als dies bei den anderen beiden Typen der Fall ist. Um die verschiedenen Formen der Anerkennung geltend zu machen, die sich im Material zeigten, soll die Anerkennungstheorie von Axel Honneth (1994) zu Hilfe genommen werden.[141] Mit Bezug auf Hegel und dessen Denkmodell eines ‚Kampfes um Anerkennung' entwickelte dieser eine normativ orientierte Theorie, die als zentrale Basis für das Zusammenleben in Gesellschaften das Erringen von Autonomie anhand der Qualität von dialektischen Anerkennungsverhältnissen ansieht. Mit jeder Stufe der Anerkennung, so Honneth, wächst auch das Maß an persönlicher Autonomie. Die sozialen Anerkennungsverhältnisse differenziert er als drei verschiedene Formen: die erste Form wird als emotionale, affektive Sozialbeziehung beschrieben, die als *Liebe* bezeichnet werden kann. In diesem Muster der Anerkennung erlangen Individuen aufgrund ihrer Bedürftigkeit emotionale Anerkennung. Die Qualität der frühkindlichen Beziehungs- und Bindungserfahrungen beeinflussen – so Honneth – die Entwicklung des Selbstvertrauens. Wird die emotionale Anerkennung verwehrt und stattdessen Missachtung vermittelt, so kann dies negative Folgen auf die leibliche Integrität und das Selbstvertrauen haben (Honneth, 1994). Die zweite Form, die moralische Anerkennung, bezieht sich auf das Prinzip der Gewährung gleicher *Rechte*. Die Wahrnehmung als ‚Rechtssubjekt', also als gleichberechtigte Person, solle dazu führen, dass sich Individuen in einer Gesellschaft geachtet und akzeptiert fühlen. Demgegenüber führe eine ‚Entrechtung' zu einer Aberkennung moralischer Zurechnungsfähigkeit. Voraussetzung für die Entwicklung moralischer Anerkennung sei das Wissen über normative Erwartungen und Verpflichtungen (ebd.). Im dritten Muster der Anerkennung, der *Solidarität*, wird die soziale Wertschätzung hervorgehoben, die sich, wenn gelungen, in einem stabilen Selbstwertgefühl niederschlägt. Hierbei spielen die Fähigkeiten und allgemeinen Leistungen eines Individuums eine Rolle, die für eine Gemeinschaft von Wert sein können. In modernen Gesellschaften herrsche jedoch ein permanenter Kampf, die eigenen Fähigkeiten und Eigenschaften als allgemeingültig und verbindlich anzusehen (ebd. S. 205f.). Beleidigungen und Entwürdigungen führen bei diesem Muster der Anerkennung zu einem Mangel an persönlicher Wertschätzung.

Führt man sich vor diesem Hintergrund die Fälle dieser Studie vor Augen, so wird die Relevanz von Honneths Thesen für die Bewertung der Ergebnisse

---

[141] Hierbei kann nur auszugsweise vorgegangen werden. Für ein umfassendes Verständnis seiner theoretischen Ausführungen sei an dieser Stelle auf entsprechende Literatur hingewiesen (z.B. Honneth, 1994, Schäfer, Thompson, 2010)

sehr deutlich. Betrachtet man den Typus A, wird ersichtlich, dass Anerkennung auf allen drei Ebenen vermittelt wird. Im Vordergrund steht dabei die soziale Anerkennung (siehe Muster *Solidarität*), die über erbrachte Leistungen bspw. im Basteln oder Malen vollzogen wird. Diese Form der Anerkennung hat Frau Emrich allen am Tisch sitzenden Kindern vermittelt (Szene 2, „*Gemeinsames Basteln*"). Darüber hinaus kommt eine emotionale Anerkennung zum Ausdruck, wenn Kinder als bedürftig angesehen werden (Muster *Liebe*). Im vorliegenden Sample wurden diese beiden Formen der Anerkennung miteinander verknüpft. So wurde Nicole von Frau Emrich nicht nur sprachlich gelobt, sondern es wurde auch auf der körperlichen Ebene Zuneigung ausgedrückt (durch Umarmen, über Kopf streicheln, Loben). Dies kann bei dem Mädchen zum einen zu einer folgenreichen Verkoppelung von Zuneigung und Leistung führen. Zum anderen kann sich so eine ‚exklusiven Inklusion' verfestigen, indem Kinder im Zusammenhang mit der (selektiven) Wahrnehmung bestimmter Kriterien besonders, also speziell behandelt werden. Die Spannung zwischen einer in diesem Muster der Anerkennung typischen symbiotischen Verschmelzung und der Ermöglichung der Selbstentfaltung, birgt jedoch auch Gefahren wie bspw. die Entwicklung einer (wechselseitigen) Abhängigkeit und eine Brüchigkeit der Beziehung bei emotional-affektiven Enttäuschungen. Für Kinder, die in problembelasteten Elternhäusern leben, kann die Erzieherin jedoch so zu einer ‚signifikanten Anderen' werden und negative Erlebnisse teilweise ausgleichen.[142] Die überwiegende Inklusions- und Exklusionskultur kann im Falle des Typus A als demnach wertschätzend-kompensatorisch bezeichnet werden.

Im Typus B haben wir es mit ambivalenten Praktiken zu tun, die auf den ersten Blick scheinbar nicht zusammenpassen. Einerseits wird ein geringes hierarchisches Gefälle vermittelt[143], welches im Kontrast dazu steht, dass im Hintergrund ein festes Bildungs-Programm abläuft, in welchem die Erzieherin zielgerichtet moderiert. Die Erzieherin sieht sich selbst dabei in der Rolle einer Expertin für die Entwicklungsprozesse der Kinder. Dies kann dazu führen, dass sich eigene Normen zunehmend und graduell von allgemein gültigen pädagogischen Maßstäben ablösen und eine eigene Machtfunktion einnehmen. Zudem führt die Betonung des Expertenstatus dazu, dass komplexe Zusammenhänge wie bspw.

---

[142] In diesem Zusammenhang sei auf Roßbach (2005) hingewiesen, der eine gute Beziehungs- und Betreuungsqualität der Erzieherin als kompensatorisch wertvoll im Hinblick auf den möglicherweise negativen Einfluss einer wenig feinfühligen Mutter ansieht.

[143] So vermittelte die Morgenrunde bei Frau Seibt - vor allem im Kontrast zu Frau Schulze – auf den ersten Blick eine gleiche Ebene zwischen Erzieherin und Kindern mit einer losen äußeren Struktur im Hinblick auf Themen und Regeln.

Sprachstörungen bei Kindern unterschätzt und familiären bzw. milieuspezifischen Einflüssen zu wenig Raum gegeben wird. Durch die äußere Struktur des Kindergartens *Kapitän,* in welchem die Kinder je nach Interessenlagen Räume eigenständig besuchen dürfen, wird der steuernde Effekt sicherlich etwas abgemildert. Dennoch besteht hier die Gefahr eines (verdeckten) Normalisierungs- und Bildungsdrucks bei Kindern. Familial benachteiligte Kinder, die emotionale Anerkennung suchen, könnten es im Vergleich zu Typus A aufgrund des ambivalenten hierarchischen Gefälles schwer haben.

Im Typus C wird zwar moralische Anerkennung in Form der Vermittlung eines Regelsystems, jedoch kaum emotionale und individuelle Anerkennung geschenkt. Dadurch, dass die Erzieherin verkennt, wenn ein Kind mit seinem (als negativ empfundenen) Verhalten lediglich Beachtung und Aufmerksamkeit im Sinne einer sozialen Wertschätzung sucht und statt dessen Distanz und Missachtung vermittelt, wird zum einen die Bedeutung der familialen Beziehungen enorm, und zum anderen kann dies durch die immer weiter verfestigten Handlungskreisläufe zu einer Integration in das Selbstkonzept führen[144]. Durch die Überlagerung von rigiden Normvorstellungen, passiv-resignativen Einstellungen und einem Externalisieren von Problemen kann hier von einer ‚prekären Inklusions- und Exklusionskultur‘ gesprochen werden. Prekär deshalb, weil Gemeinschaft nur unter der Bedingung einer individuellen Bedürfnisbeschneidung vollzogen wird, wobei diejenigen Kinder von Ausschluss bedroht sind, die sich nicht auf die Regelorientierung der Erzieherinnen einlassen oder die dafür notwendigen Voraussetzungen nicht mitbringen[145]. Zusätzlich führt die ‚Praxis des Wegschauens‘ dazu, dass Ausschließungsprozesse toleriert werden, was besonders für bedürftige Kinder (wie bspw. Jan) verheerende Folgen haben kann. Die Wahrscheinlichkeit, dass stereotype Annahmen (wie bzgl. Des Geschlechts) handlungsleitend werden, ist bei diesem Typus besonders wahrscheinlich.

Die Eltern der Kinder werden sowohl bei Typus B als auch bei Typus C außen vor gelassen, wenn es um Entscheidungsprozesse und gemeinsame Aktivitäten geht. Während bei Typus B dies unter dem Deckmantel des Expertenstatus geschieht, führt bei Typus C eher das grundsätzliche Misstrauen zu einer emp-

---

[144]   Diese negative Verhaltensspirale wurde in den Interaktionen zwischen Frau Radisch und Kevin sehr deutlich, indem das positive Verhalten Kevins von der Erzieherin unbeachtet blieb und der Junge lediglich durch sein als negativ bewertetes Verhalten Aufmerksamkeit erzielte.

[145]   Im Falle des Mädchens Joanna (vgl. Frau Schulze: *Morgenrunde Lied,* 2. Untersequenz) kann nicht ausgeschlossen werden, dass sie die Anweisungen der Erzieherin sprachlich nicht verstanden hat. Selbst wenn dies der Fall wäre, bestünde immer noch die Wahrscheinlichkeit, dass sie inhaltlich nicht verstanden hat, warum ihre Puppe nun die anderen Kinder im Kreis stören sollte.

fundenen Irrelevanz der Zusammenarbeit mit Eltern. Erzieherinnen des Typus A setzen in der Elternarbeit vor allem auf den Aufbau einer persönlichen Beziehung zu den Eltern. Hierbei können insbesondere Eltern profitieren, die sich in problematischen Lebenslagen befinden.

7 Theoretische Betrachtungen – Erzieherinnen im Umgang mit Benachteiligungen im Kindergarten

Die hier vorliegende Studie hatte das Ziel, Einstellungs- und Handlungsmuster von Erzieherinnen zu untersuchen, die Einblicke in den alltäglichen Umgang mit Differenz bei Kindern zulassen. Wie in den beiden vorherigen Kapiteln deutlich wurde, kann im Kindergarten wohl nicht ohne weiteres von einer Chancengleichheit aller Kinder ausgegangen werden. Obgleich es sich hier lediglich um vier Fallbeispiele handelt, so breitete sich im Laufe der Interpretationen ein recht großes Spektrum an Interaktionsmustern aus - von sozialem Ausschluss bis hin zu einer kompensatorischen Zuwendung einzelner Kinder. Offenbar haben wir es hier mit einer Kluft zwischen Anspruch und Wirklichkeit zu tun. Während Bildungsforscher oft auf immense Chancen des Kindergartens hinweisen, finden alltägliche Ausschließungsprozesse statt, die auf unreflektierte und teilweise hilflose Verarbeitungsmuster hinweisen. Immerhin lassen sich in diesem Punkt deutliche Gemeinsamkeiten der Erzieherinnen und Leiterinnen erkennen. Keine der pädagogischen Fachkräfte war sich ihrer eigenen Wirksamkeit und der ihrer Einrichtung im Hinblick auf die Herstellung von Chancenungleichheit bewusst. Vielmehr wurden herkunftsbedingte und geschlechtsspezifische Differenzen mit dem Anspruch einer frühen Förderung und Bildung aller Kinder ausgeklammert, oder es kamen stereotype Äußerungen zum Vorschein, die sich auch auf der Handlungsebene widerspiegelten. Zudem wurde die eigene Zuständigkeit nach außen auf andere Institutionen oder die Familie verlagert.

Im Hinblick auf die teilweise brisanten Ergebnisse soll nun nach einem Weg gesucht werden, diese theoretisch einzubetten. Der Theoretisierungsgrad kann hierbei jedoch aus zeit- und forschungspragmatischen Gründen nicht vollständig ausgeschöpft werden, Ziel dieses Kapitels soll vielmehr sein, die Ergebnisse der Arbeit in größere theoretische Zusammenhänge einzuordnen, um mögliche Anschlüsse an zukünftige Forschungsthemen darzulegen.

7.1 Anerkennung, Normalität und Macht – Wer wird wie anerkannt?

Die Wahrnehmung von Ungleichheiten ist – dies dürfte anhand der bisherigen Ausführungen deutlich geworden sein – direkt an die Zuschreibung von Gleichheit, Differenz und Normalitätsvorstellungen gekoppelt. Ähnlich wie dies in der Migrationspädagogik diskutiert wird, kann demnach auch hier von einer Relevanz der Wahrnehmung von Zugehörigkeit gesprochen werden (vgl. bspw. Mecheril, 2005), die bei Erzieherinnen dazu führen kann, Kindern im Sinne eigener Werthaltungen und Normalitätsentwürfe (bewusst oder unbewusst) Beachtung zu schenken. Mit diesem Blickwinkel und dem Fokus auf der Verknüpfung von Alltagshandlungen und habituellen Orientierungen gelang es, das Thema der sozialen Ungleichheiten im Kindergarten nicht verkürzt darzustellen (bspw. lediglich durch die Achse der familial bedingten Ungleichheit), sondern der Komplexität und Verwobenheit des Themas Rechnung zu tragen.

Es wurde bereits herausgearbeitet, dass die Erzieherinnen in diesem Sample nicht nur unterschiedliche Positionen im Spannungsverhältnis von Anerkennung – Missachtung, Nähe – Distanz und Einheit – Differenz einnehmen, sondern, dass die jeweilige interaktive Ausformung mit unterschiedlichen Zuschreibungen von Eigenschaften von Kindern einhergeht. Im Laufe der Interpretationen wurde so die Frage zentral, mit welchen Charaktereigenschaften oder Handlungen Kinder als positiv wertgeschätzt, also anerkannt werden oder eher als defizitär, also im negativen Spektrum wahrgenommen werden. Der sich daraus ergebende Zusammenhang zur Herstellung von Chancengleichheit oder Ungleichheit soll nun im Folgenden erörtert werden.

Aufgrund der verwendeten und durchaus erhellenden Begrifflichkeiten von Anerkennung etc., die sich an Honneth (1994) orientieren, soll der Bedeutungsvielfalt des Begriffes noch einmal Rechnung getragen werden. Wie Balzer und Ricken (2010) treffend formulieren, wird der Begriff der Anerkennung nicht nur im Alltagsgebrauch, sondern auch im wissenschaftlichen Kontext für recht unterschiedliche Phänomene benutzt. Im alltagssprachlichen Gebrauch kann Anerkennung zweierlei bedeuten – zum einen ‚Bestätigung' im Sinne einer Zustimmung bzw. Zuordnung[146] und zum anderen ‚Bekräftigung' im Sinne einer Wertschätzung, bspw. durch loben, würdigen, achten (ebd, S. 39). Zudem gehe es meist darum, als was etwas oder jemand bestätigt wird, was durch die Gleichung „x anerkennt y als z" ausgedrückt werden kann (Halbig, 2006, zit. durch ebd.). Überwiegend wird der Begriff der Anerkennung den Autoren zufolge „im Sinne von Ermutigung und Lob, Wertschätzung und Würdigung, Achtung und Ehre vorrangig als eine – ein positives Werturteil ausdrückende – Bestätigung einer Person oder Personengruppe bzw. ihrer Leistungen, Taten, Eigenschaften und

---

[146] Hier wird z.B. die Anerkennung des Opfer-Status im juristischen Bereich genannt (Balzer, Ricken: 40).

Fähigkeiten" benutzt (Balzer, Ricken, S. 41). Auch im wissenschaftlichen Diskurs werde der Begriff der Anerkennung ähnlich wie im alltagssprachlichen Gebrauch verwendet, meist sogar „moralisch-ethisch aufgeladen" (ebd.). Honneth (1994) weist mit der Ausformulierung einer normativen Stufenlogik der Anerkennungsverhältnisse auf deren Einfluss auf die Entwicklung von Selbstverwirklichung hin (vgl. Kap. 6.2)[147]. Ohne Anerkennung auf verschiedenen Ebenen – so Honneth – wird die Entwicklung einer stabilen Persönlichkeit und einem autonomen Handeln stark gefährdet.[148] Ähnlich wie Helsper und Lingkost (2002) die verschiedenen Muster der Anerkennung auf den schulischen Bereich übertrugen, kann dies auch für die beobachteten Interaktionen im Kindergarten geleistet werden (vgl. auch Kap. 6.2). So zeigte sich, dass die Kinder bei Frau Emrich größere Mitspracherechte (entspricht moralischer Anerkennung) hinsichtlich ihrer Freizeitgestaltung haben als die Kinder in der Gruppe von Frau Radisch. Die in der Szene „Gemeinsames Basteln" deutlich gewordene besondere Zuwendung dem Mädchen Nicole gegenüber kann anhand der symbolisierten Zuneigung durch das Umarmen, über den Kopf streicheln und Loben als Ausdrucksform des Musters Liebe gedeutet werden, während das Loben aller am Tisch sitzender Kinder für die geleisteten Bastelarbeiten als Muster der sozialen Wertschätzung bzw. Solidarität gelten kann.

Anhand eines Exkurses von entwicklungspsychologischen Ansätzen bis hin zu wissenschaftsgeschichtlichen Zusammenhängen kommen die Autoren dann zu der Ansicht, dass der Begriff der Anerkennung mit ambivalenten Bedeutungsinhalten versehen ist (Balzer, Ricken, 2010). Einerseits scheint er unmittelbar mit der Identitäts- und Selbstwertbildung zusammenzuhängen, andererseits kann er mit gewissen Machtprozessen in Verbindung gebracht werden. So kann die Suche nach Anerkennung interaktiven Aushandlungsprozessen unterliegen, die

---

[147] Auf eine kritische Auseinandersetzung mit der Anerkennungstheorie nach Honneth muss an dieser Stelle aus forschungspragmatischen Gründen verzichtet werden und stattdessen auf weiterführende Literatur hingewiesen werden (siehe bspw. Helsper, Sandring und Wiezorek, 2005/ Schäfer, Thompson, 2010).

[148] Gerade kleine Kinder sind auf die Vermittlung von Anerkennung angewiesen, wenn wir davon ausgehen, dass sie sich diese nicht selbst zukommen lassen können. So wies Honneth (1992) mit Bezugnahme auf René Spitz (1976) auf die negativen Folgen fehlender emotionaler Anerkennung hin, die sich insbesondere bei Heimkindern zeigte, die durch die mangelnde emotionale Zuwendung deutliche Entwicklungsrückstände und schließlich körperliche Defizite zeigten. Das Bedürfnis nach emotionaler Nähe und Unterstützung ist wohl im frühen Kindesalter am größten. Der Kindergarten kann hierbei eine wichtige Funktion einnehmen, indem eine generelle Wertschätzung allen Kindern gegenüber und im Falle emotionaler Vernachlässigung in den Primarbeziehungen darüber hinaus die Form der emotionalen Anerkennung durch Erzieherinnen teilweise gewährt wird.

Desintegration und Exklusion zur Folge haben. Dies wäre insbesondere dann der Fall, wenn durch positive Anerkennung von Differenz immer auch eine Zuschreibung von Gleichem und Anderem einhergeht. Indem bspw. Frau Winter (Leiterin Kindergarten *Expedition*) wertschätzt, dass Eltern aus bildungsfernen Milieus „es schwer haben" und „nicht schaffen", ihre Kinder früh in die KITA zu bringen, gleichzeitig aber diese Gruppe von Eltern als Andere beschreibt und das Anders-sein mit dem Unvermögen, früh am Morgen Termine einzuhalten, verbindet, schafft sie eine grundlegende Distanz.[149] In dieser zunächst völlig logisch erscheinenden Folgerung auf soziale Verhältnisse der ‚Gruppe der Erwerbslosen' wird gar nicht mehr in Betracht gezogen, dass es möglicherweise Eltern gibt, die früh am Morgen keinem Zeitdruck unterliegen (dies kann bspw. auch bei selbstständigen Erwerbstätigen der Fall sein) und sich gleichzeitig diesem auch nicht unterwerfen wollen. Dass der Begriff der Anerkennung mit teilweise nicht intendierten, distanzierenden Zuschreibungen einhergeht und deshalb ambivalent erscheint, wird von einigen Autoren gestützt (vgl. bspw. Hummrich, 2010/ Mecheril, 2005/ Balzer & Ricken, 2010/ Helsper, Sandring, Wiezorek, 2005). So vermittelt Anerkennung einerseits eine Wertschätzung gegenüber einer Person oder Tätigkeit, andererseits kann diese aber offenbar zu einer Missachtung der Persönlichkeit und Bedürfnisse aufgrund der ‚Besonderung' bestimmter zugeschriebener Eigenschaften führen. Indem Frau Radisch ein Mädchen anspricht und es auf geschlechtsstereotypische Eigenschaften wie ‚lieb sein' und ‚schön aufräumen' reduziert, bekommt ihr Lob eine Funktion der Einverleibung geschlechtsspezifischer Zuschreibungen und damit zusammenhängenden Verhaltensweisen. Das Mädchen lernt demnach, dass es beachtet und gelobt wird, wenn es lieb ist und schön aufräumt. Nach Schäfer und Thompson (2010) besteht genau in der Verbindung von Anerkennung und Macht an der Stelle ein Problem, „wo sich gesellschaftliche Praktiken der Marginalisierung und Missachtung finden lassen, die oft genug im Namen der Anerkennung operieren" (ebd., S. 24).

Führt man sich diese Dynamik vor Augen, so wird schnell klar, wie bei den Erzieherinnen der beiden Typen A und B Anerkennung mit Macht verknüpft wird. So basieren im Typus A die Beziehungen zwischen Kindern und Erzieherin vor allem auf einer engen emotionalen Basis, wie sie vornehmlich in Primarbeziehungen zu finden sind. Obwohl eine generelle Wertschätzung in viel höherem Ausmaß als im Typus C vermittelt wird, kommen diese impliziten

---

[149] Frau Winter: „wir merken es halt dass es viele eltern nicht schaffen, eher ihre kinder zu bringen weil sie selber halt auch in so nem rhythmus drin sind da se halt nicht (um sieben) ins bett kommen, um es mal so zu sagen. also es sind halt andere lebensrhythmusse die die familien halt hier schon haben.

Machtprozesse hier ebenfalls zum Zuge. So werden Kinder bei Frau Emrich dann individuell anerkannt, wenn sie etwas aktiv herstellen, basteln, was in den Augen der Erzieherin lobenswert ist. Im Falle des Mädchens Nicole zeigte sich, dass Frau Emrich vor allem dann Anerkennung vermittelt, wenn das Produzierte (in dem Fall das gemalte Bild) der (von ihr empfundenen) Realität entspricht. Auf diesem Wege wird also die durch die Erzieherin generierte Vermittlung von Wissensbereichen wie bspw. menschliche Körperproportionen mit spielerischen, kreativen Handlungen der Kinder verknüpft. Es handelt sich bei diesem Typus aus zweierlei Gründen um einen ambivalenten Anerkennungstypus: Zum einen, weil die emotionale und soziale Anerkennung dann vermittelt wird, wenn Kinder sich an die Erwartungen der Erzieherin anpassen und zum anderen, weil es durch die Verknüpfung von emotionaler und individueller Anerkennung auch zu einer Kränkung der Person kommen kann, wenn die erwartete Anerkennung ausbleibt. Dies wäre gerade dann prekär, wenn Kinder – wie dies bei Nicole der Fall war – nicht genügend Wärme und Zuwendung durch Eltern erfahren und auf die emotionale Anerkennung der Erzieherin angewiesen sind.[150]

So gesehen wird mit den Worten von Balzer und Ricken „Anerkennung immer kulturell codiert und inhaltlich gefüllt, so dass sie gerade nicht bloß formal – als positive Wertschätzung von was auch immer – gedacht werden kann" (Balzer/ Ricken, 2010, S. 60). Als Lösung für den Umgang mit dem Begriff der Anerkennung wird vorgeschlagen, Anerkennung als Machtproblematik zu verstehen, in der die Zweischneidigkeit offen gelegt wird (ebd.: 63). Dem oder der Anerkennenden wird auf diese Weise ein großes Machtpotential zugesprochen, denn derjenige, der sich überlegen fühlt, kann andere bewerten und anerkennen. Macht wird in dieser Sichtweise nicht statisch als Zuschreibungen ungleicher Positionsverhältnisse in Organisationen verstanden, sondern (in Anlehnung an Foucault, 1987 und Schäfer/Thompson, 2009) als ein interaktiver Prozess, bei dem Akteure einen Einfluss auf das Denken und Handeln Anderer einnehmen.[151] In den Fallbeispielen zeigte sich dies bspw. in der Szene *„Stifte anspitzen"*, als Frau Radisch einen Jungen mit autoritätsbehafteten Symbolen wie dem Fingerzeig auffordert, aufzuräumen, dieser jedoch opponiert, indem er ihre Gestik

---

[150] Zur Erinnerung: Nicoles Eltern leben getrennt, das Mädchen (5 Jahre alt) hat bereits viele Gewalterfahrungen in ihrer Familie machen müssen, nach Angaben der Erzieherin.

[151] Während sich der Machtbegriff auf jegliche soziale Beziehungen übertragbar ist, wird im erziehungswissenschaftlichen Kontext oft auf den Begriff der Autorität zurückgegriffen (vgl. Schäfer & Thompson, 2009: 16f).[151] Da Autorität als ein „anerkanntes Führungsverhältnis" bezeichnet wird (ebd: 7), die Autorin jedoch davon ausgeht, dass Führungsverhältnisse auch dann weiterbestehen können, wenn diese nicht anerkannt werden oder nicht bewusst wahrgenommen werden, erscheint der Begriff Macht tragfähiger.

kopiert und den Auftrag an ein anderes Mädchen abwendet. Bei der gleichen Erzieherin reagiert ein Mädchen in der Szene „*Gruppensituation - freies Spielen*" sofort auf die Aufforderung der Erzieherin, aufzuräumen, obwohl dieses Mädchen sich nicht als Urheberin der ‚Unordnung' ansieht. Im ersten Fall wurde das Führungsverhältnis nicht anerkannt, im zweiten Fall jedoch vollkommen.

Während man von der Schule als ein „Ort der Erfahrung von Autorität" spricht (Fend, 1998, zit. durch Helsper, 2009a)[152], so wird das Machtgefälle in der Erzieherin-Kind-Beziehung meist nicht offen gelegt, sondern stillschweigend zur Kenntnis genommen oder sogar negiert. Vielmehr werden pädagogische Konzepte entworfen, die von einer wechselseitigen Konstruktion von Wissen ausgehen, wobei dieses Wissen nicht mehr von der Erzieherin vorgegeben wird (vgl bspw. Laewen, Andres 2002:25). Wie in Kap.2.1.2 bereits deutlich wurde, werden Erzieherinnen im Zuge der Verbreitung der neuen Bildungspläne jetzt als „Begleiterin, Beobachterin, Freundin, Partnerin oder Unterstützerin der Kinder" angesehen (Mienter & Vorholz, 2007). Betrachtet man jedoch den gesetzlichen Auftrag von Erzieherinnen, so wird deutlich, dass dieser mit ambivalenten Anforderungen verbunden ist[153]. Das zu leistende Tätigkeitsprofil spannt sich demnach zwischen der Ermöglichung der Selbstentfaltung der Kinder und der allgemeinen Aufsichtspflicht auf. Auch innerhalb der Selbstentfaltungsanforderung stecken Ambivalenzen, indem die Erzieherin einerseits lediglich unterstützen, begleiten und beobachten, andererseits jedoch auch Defizite kompensieren soll. Darüber hinaus herrschen in Kindertagesstätten jeweils unterschiedliche Regeln, denen sich Kinder unterordnen müssen[154]. Ohne die Anerkennung von Macht oder Autorität wären diese doch recht formenden Prozesse kaum möglich. Indem diese Seite der pädagogischen Arbeit jedoch nicht zur Sprache kommt, wird der Machtanteil in den Interaktionen zwischen Erzieherin und Kind verhüllt und bleibt somit im Verborgenen[155]. Fokussiert man auf diese Weise auf Bildungs-

---

[152] So sei die pädagogische Beziehung zwischen Lehrer und Schüler strukturell durch Ungleichheit gekennzeichnet, da Kinder und Jugendliche auf Erwachsene treffen würden, die mehr wissen, können und verstehen (Helsper, 2009, S. 71).

[153] Die gesetzlichen Grundlagen befinden sich im SGB VIII (Kinder- und Jugendhilfegesetz KJHG - Artikel 1 des Gesetzes vom 26. Juni 1990, BGBl. I S. 1163) und in den jeweiligen Kita-Gesetzen der Länder. Die Aufsichtspflicht ist nach § 1631 Abs. 1 BGB Teil der Personensorge, die die Eltern während der Betreuungszeit an die pädagogischen Fachkräfte übertragen.

[154] Beispielsweise durch Essenszeiten, Zuordnung von Tätigkeiten zu speziellen Räumen, Einhaltung von Ordnung, Körperhygiene etc.

[155] Führt man sich die Einschätzung der Lehrerautorität nach Helsper (2009) vor Augen, so wird deutlich, dass sich diese Sachverhalte auch auf die Autorität der Erzieherinnen beziehen lassen: „Ihre Tätigkeit ist im Kern als personalisierte Sachautorität zu fassen, die ihre Sache im fachli-

prozesse im Kindergarten, gerät die Person der Erzieherin als ‚black box' jedoch völlig aus dem Blickwinkel.

Gehen wir nun davon aus, dass im Kindergarten Machtunterschiede zwischen Erzieherin und Kindern vorherrschen – sei es strukturell bedingt (bspw. durch die Rechtslage), generationsbedingt, charismatischen Ursprungs oder aufgrund der Verschränkung dieser Aspekte[156], dann stellt sich die Frage, wie Erzieherinnen die von ihnen als legitim empfundene Ordnung herstellen. Die Vermittlung von Autorität muss dabei keinesfalls mit dominanten Unterwerfungs-Symboliken einhergehen, sondern ist ebenso anhand von gezieltem Lob und Anerkennung zu erkennen. So zeigten sich im Material Interaktionen, die von Bestrafung durch sozialen Ausschluss (vgl. Frau Schulze), über Ignorieren (vgl. Frau Radisch) bis hin zur Vermittlung von Nähe und Anerkennung (Frau Emrich) gekennzeichnet waren. Als entscheidend wurden im Laufe der Interpretationen die Differenzierungslinien herausgestellt, die im Sinne von Normalitätsvorstellungen an die Kinder herangetragen werden. Auch hierbei ist davon auszugehen, dass wohl kaum eine Beziehung und Interaktion ohne Normvorstellungen und Erwartungen auskommt. Für die professionelle Rolle der Erzieherin scheint es jedoch grundlegend wichtig, die eigenen Werthaltungen im Laufe der beruflichen Tätigkeit zu reflektieren, denn sonst besteht die Gefahr, dass sich eigene Normalitätsvorstellungen nicht mehr mit gängigen, empirisch bestätigten Vorstellungen zur Entwicklung von Kindern decken und die oftmals von Stereotypen durchzogenen Differenzlinien selbst zu Machtinstrumenten werden.

In der hier vorliegenden Studie konnten folgende Differenzlinien über alle Fälle hinweg herausgearbeitet werden:

1. Die Bedeutung von *Sprache* als Differenzmerkmal kam in vielen Interviews zum Vorschein. Dabei wurde die als zentral angesehene Sprachentwicklung von Kindern synonym für Ausdrucksfähigkeit verwendet. Kinder, die sich nicht gut ausdrücken können, werden hierbei im negativen Vergleichshorizont als defizitär wahrgenommen. Gefragt nach den Besonderheiten ihrer Kinder, kommt Frau Seibt bspw. sofort auf ‚Sprachentwicklungsverzögerungen' zu sprechen (590-627). Die Ursache für eine mangelnde Sprachfähigkeit sieht sie entweder in körperlichen Störungen (Z. 675-684) oder in

---

chen Wissen, in pädagogischem Können und in der regelgenerierenden Kompetenz besitzt" Helsper, 2009: 73).

[156] Zu unterschiedlichen Autoritätsformen sei an dieser Stelle auf Paris, R. (2009) hingewiesen.

Familienverhältnissen[157]. Auch in der polarisierenden Wahrnehmung von anregungsreichen und anregungsarmen Familien von Frau Winter, der Leiterin des Kindergartens *Expedition*, wird deutlich, dass Sprache eine entscheidende Rolle spielt bei der Wahrnehmung von Gleichem oder Anderem. Diese *„anderen"* Kinder unterscheiden sich – so die Leiterin – bspw. durch spezielle Ausdrucksformen, einer mangelhaften sprachlichen Versiertheit, sowie durch die Lautstärke und Durchsetzungsfähigkeit. Geht man davon aus, dass die Sprache als ‚primärer Effekt' immer von der sozialen Herkunft abhängt (Boudon, 1974), wird deutlich, dass die Wahrnehmung der Ausdrucksfähigkeit immer auch die Gefahr einer impliziten Verstärkung ‚sekundärer Effekte' mit sich bringt, indem Kinder, die den eigenen Vorlieben (in dem Fall: gute Ausdrucksfähigkeit, gutes Benehmen) näher sind, eher als positiv wahrgenommen werden.[158] Auf der Ebene der Wahrnehmung der Ausdrucksfähigkeit der Kinder fließt, so ließe sich schlussfolgern, auf indirektem Wege der familiäre Hintergrund als Differenzierungskriterium ein. Dies ist auch bei Frau Emrich der Fall, wenn sie die Sprachfähigkeit als besonders wichtig für die Kinder in dem Wohngebiet ihres Kindergartens betrachtet[159]. In dem Fall ‚besondert' sie die Kinder in dem Wohngebiet als Andere, die es besonders nötig haben, eine angemessene Kommunikationskultur zu erlernen. Die Sprachfähigkeit von Kindern wird demnach verknüpft mit stereotypen Wahrnehmungen und bekommt so eine wichtige Funktion als Bindeglied zwischen alltäglichen Interaktionsprozessen und Ungleichheitsmechanismen.

2. Als weitere differenzgenerierende Eigenschaften kamen im Interviewmaterial die *Aktivität* und die *Selbstständigkeit* von Kindern zum Vorschein. Besonders Frau Seibt thematisiert die Selbstständigkeit als grundlegend für die ‚gelungene' Entwicklung von Kindern, wobei sie die Kinder anhand deren

---

[157] „[...] und äh (.) er spricht schlecht, aber er spricht; also man versteht ihn ganz schlecht das sind aber auch so familienverhältnisse also er is halt beim vati, der vati is alleinerziehend mit tochter und sohn (.)" (Frau Seibt, Z. 690-693).

[158] „lukas (.) der is grad zurzeit leider nich da aber der kommt dann wieder? der is auch <u>sehr</u> intressiert an allem//mh//war immer viel an andern sprachen schon intressiert; wenn wir irgendwie//°mh°//in der bibliothek mal englisch vorgelesen haben oder (.) französische oder spanische lieder gesungen und so//°mhm°//das hatn schon <u>sehr</u> intressiert auch im krippenalter schon (.)" (Frau Seibt, Z. 719-724).

[159] „dass es <u>gut</u> sprechen kann das is eigentlich das wichtigste <u>sprache. sprache sprache</u> sprache is für <u>die</u> kinder hier in unserm einzugsgebiet das wichtigste.//mh//dass sie <u>probleme</u> ansprechen könn, aussprechen (.) drüber diskutiern (.) was in unsern kinderrunden immer wichtig is (.) dass sie ihre (.) gefühle formuliern könn" (Frau Emrich, Z. 1207-1211)

Fähigkeiten zur Selbstständigkeit unterschied[160]. Kinder, die wenig selbstständig sind, werden als anhänglich und distanzlos beschrieben und damit im negativen Spektrum wahrgenommen (Bsp. Frau Seibt: *„und er hängt auch sehr an der Erzieherin also er löst sich schlecht//°mh°//ihn kann man immer (.) begleiten? oder irgendwo hinbringen, und dann kurze zeit später is er wieder da"* (Z.693-695)). Als ‚normal‘ gelten demnach Kinder, die sich selbst beschäftigen, nicht auf die Hilfe Erwachsener angewiesen sind und kreative Ideen haben. Bei Frau Emrich lässt sich dies anhand der als aktiv und kreativ bezeichneten Kindern erkennen, die an Bau- und Bastelaktivitäten teilnehmen (Z. 277-301). Auch hier kann davon ausgegangen werden, dass Kinder eher Anerkennung erfahren, die bereits durch ihr Herkunftsmilieu die Erfahrung gemacht haben, ihren Interessen nachzugehen und eigene Bedürfnisse zu artikulieren.[161]

3. Demgegenüber ordnen Frau Radisch und Frau Schulze die *Anpassungsfähigkeit* von Kindern an gegebene Strukturen als Differenzierungskriterium ein. Mit einer grundlegenden Orientierung an Gemeinschaft bevorzugt Frau Radisch Gruppensituationen, in denen möglichst viele Kinder in einer ruhigen Atmosphäre teilnehmen. Dabei werden Kinder, die sich nicht für die von ihr hervorgebrachten Themen und Spiele interessieren, von der Erzieherin als defizitär betrachtet[162]. Auch Frau Schulze gibt eine Ordnung vor, die für alle Kinder gelten soll. Unterbrechen Kinder diese Ordnung (in dem Falle das Erlernen eines Liedes während der Morgenrunde) oder erfüllen sie nicht die an sie gerichteten Erwartungen, so werden sie aus der Gruppe ausgeschlossen (vgl. Frau Schulze, *Morgenrunde Lied*).

4. Darüber hinaus zeigte sich die wahrgenommene *Leistung* der Kinder als ein weiteres Differenzmerkmal. So werden bereits im Kindergartenalter Kinder nach ihrer Intelligenz und Leistungsfähigkeit beurteilt (vgl. Frau Radisch, Z.113—169). In dieser Betrachtungsweise werden Kinder jedoch mit einem defizitären Blick als noch zu Lernende, Unwissende behandelt, die eine

---

[160] „der hat ganz lang gebraucht um wirklich aus sich raus zu kommn um hier n bisschen (.) so sein intresse nachzugehn //mh//der hat sich immer ganz am anfang wirklich (.) viel an der Erzieherin gehangen (.) weil er sprachlich auch noch nich so weit war konnte sich nich äußern" (Frau Seibt, Z. 599-602).

[161] Wie Hock et. al. (2000) in einer eigenen Studie feststellten, nehmen Kinder aus armen familiären Verhältnissen tatsächlich seltener an Gruppengeschehen teil und äußern seltener ihre Meinung.

[162] „manche kinder die sind lieber für sich alleine spielen die muss man da mal ran nehmen. also es gibt kinder die überhaupt keine lust haben da sag ich dann immer so jetzt machste mal hier mit also wenn sich ein kind *nur* ausschließt das find ich nicht gut weil irgendwie muss es ja auch mal lernen sich mit einzubringen und mal mitzumachen", Frau Radisch, Z. 94-98.

Steuerung der Bildungsprozesse durch die Erzieherin rechtfertigt. Auch hier geraten unterschiedliche Ausgangslagen und Lebensverhältnisse schließlich aus dem Blick. Prekär wird dies, wenn Normalitätsvorstellungen bezüglich Interessen und Entwicklungsstadien von Kindern zu Intelligenzzuschreibungen führen, die einerseits kaum auf einer professionellen Grundlage aufbauen, andererseits jedoch aus einer nicht zu hinterfragenden, selbst zugeschriebenen Expertenrolle geäußert werden (vgl. Typus B).

Sicherlich gebe es noch weitere Kriterien, anhand derer Erzieherinnen und Leiterinnen Kinder im Alltag differenzieren und mit unterschiedlichen Zuschreibungen in Verbindung bringen (bspw. Alter, Körpergröße, Körpergeruch). Die Auseinandersetzung mit der Äußerung von Differenzlinien sollte an dieser Stelle verdeutlichen, dass diese nie losgelöst von anderen, zugrunde liegenden Werten und Erwartungen sind. Die Frage nach sozialen Praktiken des Ein – oder Ausschlusses setzt demnach immer eine Wahrnehmung von dem ‚Anderen', ‚Fremden' oder ‚Unnormalen' voraus. Anerkennung nimmt hierbei nicht nur eine positive, wertschätzende Funktion ein, sondern bringt auch eine Normalitätsstruktur hervor, indem „die Anderen erneut als Andere und nur als Andere zur Geltung" gebracht werden (Mecheril, 2005: 325).[163]

Die Abbildung 10 auf der folgenden Seite soll zur Visualisierung der eben genannten Zusammenhänge dienen. Anhand der Illustrierung sollen die aus den Fallbeispielen gewonnenen Differenzkriterien mit ungleichheitsbedingenden weiteren Faktoren in Verbindung gebracht werden. Diese in der zweiten Peripherie angesiedelten Faktoren kamen in den Fallbeispielen entweder auf direktem oder indirektem Wege zur Sprache und gelten in der gängigen Ungleichheitsforschung als unmittelbare Einflussgrößen auf die Produktion und Reproduktion sozialer Ungleichheit.

---

[163] Siehe auch folgendes Zitat: „Bildungsprozesse produzieren und reproduzieren Ungleichheiten, wenn Differenzen nicht erkannt und anerkannt werden, zugleich aber kann ein anerkennender pädagogischer Umgang mit Differenz die Dominanz-, Macht- und Ungleichheitsverhältnisse bedingenden symbolischen Ordnungen und Normen stützen und verstärken" (Mecheril, Plößer, 2009 zit. durch Balzer, Ricken, 2010: 62)

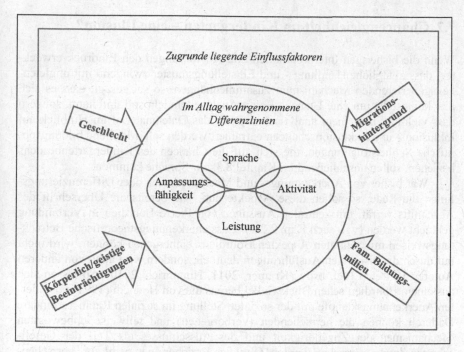

Abbildung 10: Differenzlinien und ungleichheitsrelevante Dimensionen

Als Zwischenfazit kann an dieser Stelle festgehalten werden, dass die Vermittlung von Anerkennung im Sinne von Wertschätzung im Kindergarten durchaus unterschiedliche Ausmaße und Formen annehmen kann. Grundsätzlich ist davon auszugehen, dass ein hohes Ausmaß an Anerkennung (vgl. Frau Emrich) eher zu einer Ausbildung eines stabilen Selbstwerts führen kann, als dies im Erleben von Missachtung, Ausschluss und Ignoranz der Fall ist (vgl. Frau Radisch, Frau Schulze). Dennoch muss darauf aufbauend analysiert werden, wie die als selektiv zu bezeichnenden sozialen Anerkennungsprozesse (vgl. Helsper, Sandring, Wiezorek 2005) bei pädagogischen Fachkräften im Kindergarten zur Herausbildung von habituellen Ausprägungen bei Kindern führen können, die ebenso mit Differenzerfahrungen einhergehen.

7.2 Chancengleichheit im Kindergarten – eine Illusion?

Wenn die bisherigen Interpretationen und Ausführungen den Eindruck erweckten, dass alltägliche Handlungs- und Einstellungsmuster zwingend mit ungleichheitsgenerierenden Mechanismen zusammenhängen, so sei gesagt, dass es sich hier keinesfalls um eine Ursache-Folge-Analyse handeln soll und kann, sondern dass vielmehr mit einem analytischen Blick das Datenmaterial im Hinblick auf Inklusions- und Exklusionschancen extrahiert werden soll. Mögliche bildungspolitische Schlussfolgerungen, die sich auf die Chancen des Kindergartenbesuchs beziehen, sollen anschließend im Kapitel 8.3. zur Sprache kommen.

War bisher von Anerkennungs- und Machtprozessen oder Differenzierungslinien die Rede, so sollen diese Aspekte nun, wie bereits die Überschrift des Abschnitts verrät, mit zentralen Aussagen von Pierre Bourdieu in Verbindung gebracht werden (vgl. auch Kap. 2.2.1). Dass anerkennungstheoretische Betrachtungsweisen mit zentralen Aspekten Bourdieus einhergehen können, wird nicht nur durch die bisherigen Ausführungen deutlich, sondern wird auch von anderen Autoren vertreten (vgl. bspw. Kramer, 2011, Hummrich, 2010). So lassen sich aus einem Bourdieu`schen Blickwinkel heraus die von Honneth (1994) postulierten Anerkennungskämpfe mit der sozialen Stellung im sozialen Raum verbinden. Dadurch können die herrschenden (verborgenen) und teilweise unbewussten Mechanismen der Zugehörigkeit und des Ausschlusses als Teil der Gesellschaftsordnung angesehen werden. Obgleich Erzieherinnen nicht zur ,herrschenden Gruppe' innerhalb der Gesellschaft zählen, sondern eher Arbeitnehmermilieus zuzuordnen sind, stehen sie dennoch in einem ungleich verteilten Machtgefälle gegenüber den Kindern. Folgt man nun Bourdieu, unterliegen jegliche pädagogische Handlungen den Interessen der herrschenden Gruppen oder Klassen (Bourdieu, Passeron, 1973)[164]. So würde Bourdieu davon ausgehen, dass Fähigkeiten wie Sprache und Kreativität vor allem mit kulturellen und milieuspezifischen Gewohnheiten zusammenhängen, die durch die Herkunftsfamilie vermittelt werden (Bourdieu, Passeron, 1971, 1973). Die so genannte These der kulturellen Passung beschreibt den Zusammenhang zwischen ,antrainierten' Verhaltensweisen von Kindern in Abhängigkeit ihres Herkunftsmilieus. Die grundlegende Aussage ist dabei, dass die Verhaltensweisen bei Kindern als positiv wahrgenommen werden, die den Wertvorstellungen der pädagogischen Fachkräf-

---

[164] „Damit entspricht der jeweils dominante Modus des pädagogischen Handelns in der *Durchsetzungsweise*, in den *Inhalten*, die durchgesetzt werden, und in der *Adressierung* jener, bei denen die Inhalte durchgesetzt werden, den Orientierungen dieser herrschenden Gruppen" (Kramer, 2011:70)

te am ähnlichsten, also passförmig sind. Obgleich sich Bourdieu auf das (französische) Schul- und Hochschulwesen bezieht, lassen sich diese Zusammenhänge auch auf die Einstellungs- und Verhaltensweisen von Erzieherinnen übertragen. Bspw. konnte eine hohe Bildungsaspiration von Frau Seibt herausgearbeitet werden, die fest mit ihren impliziten Werthaltungen verankert ist. Dabei wurden Kinder, die an bildungsnahen Themen wie bspw. Lesen, Musik, Sprache interessiert sind (vgl. Lukas), auf der kommunikativen Ebene im Interview positiv als intelligent, interessiert und somit passförmiger (im Sinne von: näher dran an eigenen Vorlieben) wahrgenommen. Im Hinblick auf die Entstehung und Aufrechterhaltung von Chancengleichheit kann dies für den Kindergarten bedeuten, dass bspw. Kinder, die familiär bedingt bereits privilegiert sind und bildungsnahe Verhaltensweisen zeigen, besonders ‚behandelt' werden, indem Erzieherinnen mehr mit ihnen sprechen, sie mehr Lob erfahren und ihnen mehr zugemutet wird. Kinder, die sich an die Orientierungen und Normen der Erzieherinnen anpassen, gelangen so möglicherweise häufiger in Gelegenheiten, in denen sie Anerkennung erfahren. Indem Kinder auf familiär vermittelte, bildungsnahe Verhaltenskodexe zurückgreifen und sich gut artikulieren können, sind sie demnach bereits im Kindergartenalter privilegiert gegenüber anderen Kindern. Die Kinder aus sozial benachteiligten Milieus unterliegen damit der Gefahr einer doppelten Benachteiligung: zum einen durch die Familie (primäre Effekte), die wenig Unterstützungsleistungen bieten kann, und zum anderen durch das pädagogische Fachpersonal (sekundäre Effekte). Als Folge dessen ist die Wahrscheinlichkeit, von Exklusionsprozessen im Kindergarten bedroht zu sein, bei Kindern höher, die eine gewisse Einstellungs- und Milieudistanz zu vorherrschenden Normen und Werten aufweisen[165]. So verhalten sich Kinder, die in familialen Beziehungen oft Missachtung und Zurückweisung erfahren, wahrscheinlich auch in anderen Beziehungen in diesem, ihnen bekannten, Muster. Dadurch unterliegen sie jedoch immens der Gefahr, erneut zurückgewiesen zu werden (vgl. Interaktion Radisch – Kevin, Szene „*Gruppensituation freies Spielen*"). Statt diesen Kreislauf der immer fortwährenden Zurückweisung bei unerwünschten Verhaltensweisen zu unterbrechen, erfährt Kevin möglicherweise im Kindergarten eine Fortsetzung des Scheiterns, was sich unmittelbar auf seine spätere (schulische) Entwicklung auswirken kann.

---

[165] Nach Bourdieu können zwei Formen des symbolischen Kampfes vorherrschen - der Akt der Beleidigung und Beschimpfung mit einer Verweigerung von Anerkennung (in abgeschwächter Form bei Frau Schulze, Frau Radisch), oder der Akt der symbolischen Durchsetzung und Ausübung legitimer symbolischer Gewalt auf der Grundlage bereits bestehender Anerkennungsverhältnisse (Bourdieu/Passeron 1973, zit. durch Kramer, 2011)

Wie bereits ausführlich dargelegt, ist bei den Interaktionsprozessen zwischen Erzieherinnen und Kindern nicht nur das Ausmaß des hierarchischen Gefälles entscheidend, sondern auch, welche Handlungen und Charaktereigenschaften als positiv wahrgenommen und anerkannt werden. Dies hängt von den jeweiligen Einstellungsmustern der Erzieherinnen ab. Wenn die herausgearbeiteten Differenzlinien auf eine dominante Einflussnahme des familiären Hintergrundes hinweisen, so kann dieser Einfluss auch umgekehrt gelten. Es zeigte sich in den hier vorliegenden Fallbeispielen von Frau Radisch und Frau Schulze, dass vor allem sozial angepasste, stille Kinder, die ihre Bedürfnisse den Interessen und Vorgaben der Erzieherin unterordnen, anerkannt werden, während Kinder, die ihre Bedürfnisse kundtun, ignoriert oder missachtet werden. Es ist leicht vorstellbar, dass Kinder, die egalitär, partnerschaftlich erzogen werden, sich diesem autoritären Verhältnis zur Erzieherin nicht unterordnen wollen und infolge dessen so genannte Anpassungsprobleme auftreten. Dabei stellt sich die Frage, inwiefern sich die Berufsgruppe der Erzieher und Erzieherinnen zu anderen sozialen Milieus zuordnen lassen als dies bei der Lehrerschaft der Fall ist.[166] Möglicherweise lassen sich so auch Zusammenhänge zwischen der Milieuzugehörigkeit und Rollenstereotypen feststellen.[167]

Nach diesen Ausführungen sollte nun deutlich geworden sein, dass es bei der Betrachtung von Chancengleichheit oder -ungleichheit im Kindergarten – im Gegensatz zur Institution Schule – nicht (oder nicht vorrangig) um das Zusammenspiel von elterlichen Entscheidungen und institutionellen Bedingungen geht[168], sondern um die komplexe Verwobenheit von familial erworbenen Verhaltensweisen von Kindern und den Einstellungs- und Handlungsmustern der Erzieherinnen. Wie sich zeigte, gehen die drei herausgearbeiteten Typen im

---

[166] Zieht man die Analysen Vesters zu ostdeutschen Milieus heran (Vester, Hofmann, Zierke, 1995/ Vester 2006), so könnten Frau Radisch und Frau Schulze – mit einiger Vorsicht – durch die Disziplin- und Ordnungsvorliebe dem ‚kleinbürgerlichen Arbeitnehmermilieu' und Frau Seibt durch die Bildungsorientierung dem ‚bürgerlich-konservativen Milieu' zugeordnet werden. Um dies genauer zu bestimmten, wären jedoch andere methodische Zugänge erforderlich gewesen.

[167] So hat Buchmann (2007) in einer repräsentativen Schweizer Studie festgestellt, dass der Berufswunsch von Jugendlichen direkt vom Ausbildungsniveau der Eltern abhängt. Ein hohes Ausbildungsniveau geht einher mit nicht traditionellen Rollenbildern. Da Erzieherinnen häufig ebenfalls eine niedrige bis mittlere Ausbildung durchlaufen haben, können Geschlechtsstereotype möglicherweise in dieser Berufsgruppe verbreiteter sein als bspw. bei Gymnasiallehrern. Dies müsste jedoch erst empirisch untersucht werden.

[168] Der Einfluss des Milieus zeigt sich dennoch anhand des Zugangs zum Kindergarten und anhand der Wahl des Kindergartens hinsichtlich der Programmatik.

Muster A, B oder C mit jeweils unterschiedlichen Umgangsweisen mit Differenzen bei Kindern einher, die ungleichheitsrelevant werden können.

Der Kindergarten kann demnach als ein Ort der Aushandlung spezifischer Regel- und Normsysteme angesehen werden, wobei jegliche pädagogische Interaktionen mit Distanz – und Nähe generierenden Erfahrungen einhergehen. Diese Erfahrungen sind mit Normalitätsvorstellungen der Erzieherinnen verwoben und werden meist nicht bewusst gesteuert, sondern habituell verankert und weitervermittelt. Der Umgang mit dem höchst relevanten Thema der Chancengleichheit ist eng mit der Person der Erzieherin verbunden, mit dem persönlichem Engagement und den vorhandenen Unterstützungsleistungen[169]. Ein professioneller Umgang mit Diversität konnte in dieser Studie nicht festgestellt werden. Vielmehr dominierten ein mangelndes Bewusstsein hinsichtlich der Relevanz eigener Einstellungen und Handlungen, die Auslagerung des Themas sozialer Ungleichheiten und im Falle des Kindergartens „Linienschiff" ganz klare Benachteiligungsaspekte, die mit Ignoranz und Ausschluss einhergingen.

Wenn wir den Bildungsauftrag ernst nehmen, dass Kindergärten „sich zu Orten entwickeln (sollen), an denen alle Kinder Gelegenheiten haben, Anerkennung und Lerngelegenheiten zu finden und gleichberechtigt an allen Prozessen im Alltag beteiligt" sein sollen (Sächsischer Bildungsplan, 2007: 405, Hervorhebung im Original), dann sollte die professionelle Rolle der Erzieherin und der Erzieher verstärkt auf eigene Werte und Normvorstellungen fokussiert werden.

---

[169] Hier können noch einmal die maximal kontrastierenden Fälle Frau Radisch und Frau Emrich vor Augen geführt werden. Während Frau Radisch mit einem unterdrückenden Arbeitsklima und gleichzeitig ungünstigen Arbeitsbedingungen konfrontiert war, stand Frau Emrich besseren Rahmenbedingungen gegenüber und demonstrierte darüber hinaus eine Verschmelzung von persönlichem und beruflichem Engagement.

8 Fazit und Ausblick

Während im vorherigen Kapitel die Diskussion und die theoretische Einbettung der Ergebnisse im Vordergrund standen, sollen in diesem Kapitel die zentralen Ergebnisse noch einmal zusammengefasst (8.1.) und ein Ausblick geboten werden, der insbesondere auf methodische Fragen eingeht und mit möglichen Perspektiven für die Professionalisierung von Erzieherinnen schließt (8.2.).

8.1 Fazit

Die vorliegende Studie soll als Beitrag zur Rekonstruktion von Mikroprozessen sozialer Ungleichheit im Kindergarten verstanden werden. Durch die Verknüpfung von Video- und Interviewdaten konnte der Versuchung entgegengewirkt werden, jegliche Interaktionen zwischen Erzieherinnen und Kindern vorschnell als habituelle, ‚inkorporierte‘ Handlungspraxis zu begreifen. So wurden erst im Zusammenspiel von impliziten Wissensstrukturen und Handlungsmustern Rückschlüsse zu möglichen Typen des Umgangs mit Diversität gezogen. Festzuhalten sind hierbei folgende zentrale Ergebnisse:

- Die Videoanalysen weisen auf ein breites Spektrum an Interaktionsmustern zwischen sozialem Ausschluss bis zu einer kompensatorischen Zuwendung einzelner Kinder hin. So wurde im Kindergarten *Linienschiff* deutlich, wie sowohl auf der Leitungsebene mit einem autokratisch-patriarchalischen Leitungsstil als auch in den Handlungspraktiken und Wahrnehmungen der Erzieherin des Kindergartens eine ‚Praxis des Wegschauens‘ vorherrschte. Als ein Kennzeichen dieser Praxis wurde das Ignorieren von Kindern, die einem sozialen Ausschluss ausgesetzt waren, herausgestellt (vgl. Frau Radisch – Integrationskind Jan). In den Interviews zeigte sich, dass diese Praxis eng mit Stereotypen verbunden ist, die als ungleichheitsrelevant in Bezug auf den familiären Hintergrund, das Geschlecht sowie körperlich-geistigen Beeinträchtigungen gelten. Des Weiteren wurde im Interview mit der Erzieherin Frau Radisch eine subjektiv empfundene große Belastung und Überforderung hinsichtlich des Umgangs mit einigen Kindern und der eigenen Rolle als Erzieherin deutlich. Im Kap. 6.2. flossen diese Aspekte in den *distanziert-resignativen Typus C* ein.

- Als maximal kontrastierend stellte sich demgegenüber der *beziehungsorientiert-paternalistische Typus A* dar, der sich vorrangig aus den Ergebnissen des Falls Frau Emrich des Kindergartens *Expedition* zusammensetzte. Während im Typus C ein regelrechter Anpassungsdruck mit Missachtung und sozialem Ausschluss einherging, kennzeichnet den Typus A ein hohes Maß an Anerkennung und Nähe. Dieser verständnis- und beziehungsorientierte Umgang mit Kindern wurde sowohl in der Interview- als auch auf der Interaktionsebene deutlich. Mithilfe der Anerkennungstheorie von Honneth (1994) konnte gezeigt werden, dass in diesem Typus alle drei Formen der Anerkennung (emotionale, soziale, moralische) vermittelt wurden.

- Im *Typus B* führte der selbst zugeschriebene Expertenstatus dazu, dass Normalitätsvorstellungen unreflektiert vermittelt werden und ein großer Anpassungsdruck entsteht. Im Falle des Kindergartens *Kapitän* wurde dies als Normalisierungs- und Bildungsdruck ausformuliert. Im Hinblick auf die Form der Anerkennung stand hierbei die soziale Anerkennung für gelungene Bildungsprozesse im Vordergrund.

- Darüber hinaus wurde deutlich, dass – über alle Fälle hinweg – nicht die Steuerungsorientierung, sondern der Grad der Hierarchisierung durch die Demonstration von Macht und Autorität als Differenzierungsmerkmal entscheidend ist.

- Anerkennung und Missachtung wurden in dieser Studie als antinomische Prozessvariablen aufgefasst, wobei aufgezeigt werden konnte, dass der Begriff der Anerkennung selbst mit widersprüchlichen Erscheinungen einhergeht. So bewirkt Anerkennung neben einer Identitäts- und Selbstwertförderung auch die Zuschreibung von selektiven Eigenschaften, die ebenfalls über die räumliche Verteilung von Zugehörigkeit und Fremdheit Aufschluss geben können. Die dabei freigelegten Normalitätsvorstellungen gehen kaum auf bewusste Einstellungen zurück, sondern resultieren vielmehr aus habituell verankerten, nicht reflexiv vorhandenen Wertvorstellungen.

- Die Interviewergebnisse über alle Fälle hinweg gaben Aufschluss über vorhandene Normalitätsentwürfe. Als Differenzierungsmerkmale dienten dabei die Wahrnehmung von Sprache, Intelligenz, Selbstständigkeit sowie die Anpassungsfähigkeit. Es wurde deutlich, dass diese Wahrnehmung nicht nur mit der Zuschreibung von Normalität und Zugehörigkeit verbunden ist, sondern auch indirekt soziale Ungleichheiten verstärkt.

- Mithilfe der Triangulation auf den drei Ebenen Institution, Interaktion und Individuum wurde deutlich, dass weder die Erzieherinnen, noch die Leiterinnen der drei Kindergärten ein differenziertes Verständnis hinsichtlich ihrer eigenen Handlungsrelevanz aufweisen konnten. Kinder sozial benachteiligter Milieus wurden entweder kategorial als ‚Andere' wahrgenommen, verknüpft mit der Zuschreibung des Kindergartens als besonders förderlich für diese Kinder, oder die Differenzen und ungleichheitsgenerierende Ausgangslagen wurden schlichtweg ignoriert. Selbst wenn Marginalisierungsprozesse zwischen Kindern zur Sprache kamen (vgl. Frau Arndt, Z. 323-334), blieb die eigene Einflussnahme völlig im Dunkeln.

▪ Obgleich viele Übereinstimmungen in den pädagogischen Orientierungen und Normalitätsvorstellungen zwischen Leiterin und den Erzieherinnen eines Kindergartens festzustellen waren, so zeigte sich jedoch auch Gegenteiliges. So wurde im Kindergarten *Expedition* im direkten Vergleich der Erzieherinnen Frau Emrich und Frau Schulze deutlich, dass sie zwar im gleichen Kindergarten arbeiten, jedoch im Spannungsfeld von inklusiven und exklusiven Einstellungs- und Handlungsmustern maximal voneinander entfernte Plätze einnahmen. Welche Formen der Ein- oder Ausschlusses im Alltag gezeigt wurden, muss demnach nicht zwingend mit dem pädagogischen Konzept des Kindergartens oder mit den Werthaltungen der Leiterin in einem direkten Bezug stehen. Als Einflussgröße wurde im vorherigen Kapitel der möglicherweise noch bestehende Teambildungsprozess dieses Kindergartens benannt. Darüber hinaus wurden als zentrale Unterschiede zwischen Frau Schulze und Frau Emrich das persönliche Engagement sowie das hierarchische Gefälle in der Beziehung zu den Kindern herausgestellt.

Die Ergebnisse erscheinen gerade im Hinblick auf die mangelnde Reflexionsfähigkeit zum Thema Diversität und Ungleichheiten bei Kindern als prekär und alarmierend. Die Verlagerung der Verantwortlichkeit nach außen sowie die unprofessionellen Differenzzuschreibungen sind dabei zwei Masken oder Ausdrucksweisen dieser passiven Umgangsweise mit dieser Thematik. Ähnlich wie Rabe-Kleberg (2010) konstatiert, dass „Neutralität gegenüber der gesellschaftlichen Lage der Kinder dabei als angebliche Gleichbehandlung aller Kinder praktiziert" wird (ebd.: 501), geben die Ergebnisse Hinweise auf ein bisher unzureichendes Verständnis hinsichtlich der eigenen professionellen Rolle im Entstehungs- und Aufrechterhaltungsprozess sozialer Ungleichheiten. Somit kann diese Arbeit als ein Aufruf für die vorurteilsbewusste Wahrnehmung von Diversität bei Kindern angesehen werden.

8.2 Grenzen der Studie und Bilanzierung

8.2.1 Methodische Grenzen

Die hier vorliegende Studie hat durch die Einzelfallanalysen einen eher explorativen Charakter. Die Ergebnisse dieser Studie sind somit nicht generalisierbar. Sie können jedoch aufgrund der mangelnden Forschungslage als ein erster wichtiger Schritt betrachtet werden, sich dem Thema der Herstellung von Chancengleichheit im Kindergarten zu nähern. Eine soziogenetische Typenbildung mit einer breiteren Sampleauswahl (bspw. hinsichtlich sozialräumlicher Lage des Kindergartens, Profil des Kindergartens, Alter, Geschlecht, Milieu) könnte sicherlich zu weiterführenden Ergebnissen hinsichtlich der Erklärungszusammenhänge unterschiedlicher Umgangstypen mit Diversität führen. Möglicherweise lassen sich auf diese Weise Fälle finden, die sowohl auf der Basis eines geringen hierarchischen Gefälles auf einer partnerschaftlich-kooperativen Beziehungsebene als auch vorrangig inkludierende Handlungspraxen aufweisen.

Bilanzierend kann die praxeologische Wissenssoziologie als eine fundierte methodologische Grundlage angesehen werden, um an die inkorporierten handlungsorientierenden Wissensbestände zu gelangen. Die Kombination von Interview- und Videodaten hat sich hierbei als besonders fruchtbar herausgestellt[170]. Obgleich die Videoanalyse gut geeignet erscheint, um alltägliche Handlungspraxen zu rekonstruieren, bedarf es noch einiger methodischer Überarbeitungen. Hier ist einzuwenden, dass Bohnsack, der in dem Bereich der Videoanalyse einen grundlegenden Beitrag leistete (vgl. Bohnsack, 2009), vor allem auf die Interpretation von Videodaten als einen habituellen Ausdruck der Produzenten selbst fokussiert (vgl. Kap.4.2.1). Die Anwendung der Methode der Einzelbildanalyse in Form von Fotogrammen scheint dabei folgerichtig für diese Art von Forschungen zu sein, jedoch weniger gut geeignet für das Einsetzen der Methode als Erhebungsinstrument im freien Feld, wie dies in der vorliegenden Studie der Fall war.[171] Da die angewendete sequenzielle Bearbeitung der Videoszenen ein recht umständliches und zeitintensives Verfahren darstellt, ist der Bedarf an einer Weiterentwicklung und Überarbeitung der Methode für qualitative Forschungs-

---

[170] Eine weitere Möglichkeit im Zusammenhang mit der Verknüpfung von Interview- und Videomaterial wäre gewesen, die Erzieherinnen im Anschluss an Beobachtungen mit dem Videomaterial zu konfrontieren und auf diesem Wege Erklärungsmuster herauszufiltern. Dies erschien jedoch für die vorliegenden Fragestellungen nicht adäquat.

[171] Wie bereits im Kapitel 4.2.3 deutlich wurde, spielt die ikonologische Interpretation mit der Analyse der formalen Elemente des Bildes (Bsp. Planimetrie) eine weniger bedeutsame Rolle.

designs noch immer groß. Gut bewährt hat sich in dieser Studie die Trennung von formulierender und reflektierender Interpretation, wobei die Sequenzialität kleinerer Videosequenzen in der formulierenden Interpretation und die rekonstruktiven Analysen in der darauf aufbauenden reflektierenden Interpretation vorgenommen wurden. Anschließend wurden die Orientierungsrahmen zunächst innerhalb eines Falls, und dann fallübergreifend verglichen. Würde man lediglich die Methode der Videografie anwenden, so empfiehlt es sich, kleinere Sequenzeinheiten (Bsp.: Fingerzeig oder Ermahnen) über alle Fälle hinweg zunächst auf der Ebene der formulierenden Interpretation zu untersuchen.[172] Der Einbezug des Kontextwissens, welcher von Bohnsack nicht unbedingt empfohlen wird, gestaltete sich jedoch für diese Studie als hilfreich, um Informationen und Eindrücke mit der Konzeption des Kindergartens in Verbindung zu bringen. Als möglicher Nachteil kann bei dieser Vorgehensweise natürlich die Lenkung und Beeinflussung des Forschers hinsichtlich erwünschter beobachtbarer Handlungen sein. Da dieser Aspekt jedoch durch die Selektion von Szenen immer gegeben sein wird, wenn mit Videoaufzeichnungen gearbeitet wird, empfiehlt es sich, einen systematischen Einbezug des Kontextwissens aus teilnehmenden Beobachtungen vorzunehmen und gleichzeitig eine interpersonale Interpretation des Datenmaterials zu gewährleisten, bei welchem der oder die Beobachtende möglichst nicht anwesend sein sollte.[173]

Eine detaillierte Analyse von Mimik und Gestik konnte in dieser Studie aufgrund mangelnder technischer Voraussetzungen und adäquater Interpretationsmöglichkeiten leider nicht vorgenommen werden. Hier könnten zukünftige Forschungen durch die systematische Analyse kleinster Mimikeinheiten eine große Lücke schließen.[174] Bisher ist der Forscher bzw. die Forscherin recht sprachlos, was die Suche nach differenzierten, beschreibenden Worten für das Beobachtete angeht.

Darüber hinaus stellt noch immer die Präsentation der Daten ein Problem dar, da es mit der Frage der Anonymisierung einhergeht. Hier wäre es wünschenswert, adäquate und leicht zu bedienende Programme zu entwickeln, die kleinste Bewegungseinheiten wiedergeben und gleichzeitig die Anonymität ge-

---

[172] Da der Fokus in dieser Studie auf der Verknüpfung verschiedener Analyse-Ebenen und Methoden lag, wurde jedoch von dieser Herangehensweise Abstand genommen.

[173] Dies konnte jedoch aufgrund mangelnder zeitlicher und finanzieller Ressourcen in dieser Arbeit nicht systematisch gewährleistet werden.

[174] Auch Bohnsack (2009) spricht der Entwicklung einer genaueren Beschreibungssprache ein großes Entwicklungspotential zu und empfiehlt eine Orientierung an der „whole body conception" in Anlehnung an Birdwhistell.

währleisten. Darin liegen nicht nur konzeptuell, sondern auch in der technischen Anwendung noch große Potentiale[175]. Letztendlich soll die Arbeit im Anschluss an Hietzge (2010) dazu ermutigen, Videografie nicht verengt als schon bestehendes Methodengerüst anzuwenden, sondern im Sinne der Forschungsfrage zu adaptieren.

8.2.2 Bilanzierende Anmerkungen aus hermeneutisch-rekonstruktiver Perspektive

Das Vorgehen dieser Studie, die im Rahmen erziehungswissenschaftlicher Forschung zu sozialen Praktiken im Kindergarten einzuordnen ist, kann als empfehlenswert für weitere Forschungen angesehen werden. Zum einen, da der Blick nicht verkürzt auf hypothetische Schlussfolgerungen der Interviewergebnisse auf das soziale Handeln beschränkt ist, wie dies in der erziehungswissenschaftlichen Forschung oft üblich ist, sondern auf praxeologische Zusammenhänge geweitet wurde. Zum anderen, weil auch auf der Handlungsebene von einer bloßen Beschreibung der beobachtbaren Kategorien abgesehen wurde. Vielmehr lag der Schwerpunkt auf der Analyse der Videosequenzen, wobei systematisch das Interviewmaterial hinzugezogen wurde.

Im Hinblick auf die Anwendung der Anerkennungstheorie nach Honneth (1994) und der erweiterten Form von Hummrich (2010) zeigte sich, dass die Gegensatzpaare von Anerkennung-Missachtung, Nähe-Distanz und Einheit-Differenz gute Möglichkeiten bieten, das Material systematisch zu fassen und nicht einseitig zu betrachten. Hierbei stellte sich im Laufe der Interpretationen jedoch die Frage, inwiefern die drei Gegensatzpaare, die Hummrich (2010) theoretisch herleitete, in der Tat drei unterschiedliche Dimensionen widerspiegeln, oder ob nicht vielmehr Anerkennungs- und Missachtungsprozesse im Vordergrund stehen und in den anderen beiden Dimensionen implizit enthalten sind. Inwiefern die drei Spannungsverhältnisse tatsächlich als trennscharf zu bezeichnen sind, kann jedoch an dieser Stelle nicht zufriedenstellend diskutiert werden und sollte in anknüpfenden Untersuchungen weiterverfolgt werden.

Die Frage, inwiefern sich die Anerkennungstheorie von Honneth auch auf pädagogische Beziehungen übertragen lässt, die grundsätzlich asymmetrisch verteilt sind (vgl. Helsper, Sandrig und Wiezorek, 2005), kann hier nicht ab-

---

[175] Hietzge (2010) verweist bspw. auf eine Perspektivenerweiterung sowie Variationen in Schnitt und Zeitwiedergabe. Die als vielversprechend bezeichnete Software ‚anvil' wies zum Zeitpunkt der Untersuchung noch erhebliche technische Mängel auf.

schließend beantwortet werden. Es zeigte sich jedoch, dass die drei postulierten Dimensionen nicht getrennt voneinander (Liebe, Recht, Solidarität) auftraten, sondern eng miteinander verwoben waren. Fasst man das Muster ‚Liebe' nicht streng als Liebesverhältnis enger (familiärer) Beziehungen, sondern als Zuwendung emotionaler Bedürfnisse nach Nähe und Geborgenheit, so spielen genau diese Aspekte eine Rolle im Beziehungsgefüge Erzieherin-Kind. Dies zeigte sich insbesondere in den Interaktionen zwischen Frau Emrich und Nicole, welche im Interview als ‚bedürftig' eingeschätzt wurde. Die Frage stellt sich, inwiefern diese Form der Anerkennung nicht verstärkt besonders Kindern problembehafteter Elternhäuser zugute kommt[176]. Möglicherweise kann hier die Erzieherin als ‚signifikante Andere' für die Entwicklung der Kinder eine wichtige Rolle spielen. So gaben schülerbiografische Untersuchungen ebenfalls Anlass zu der Annahme, dass in pädagogischen Beziehungen die emotionale Anerkennung einen relevanten Stellenwert einnimmt. Die Autoren benennen diese ‚professionelle Form emotionaler Anerkennung' mit „Kontinuität, Bindung und Zuwendung" (Helsper, Sandrig und Wiezorek, 2005: 188).

Als ‚Anerkennungsproblematik', wie dies von Helsper et.al. (2005) betitelt wurde, konnte auch in dieser Studie das Zusammenspiel von Anerkennung und subjektiver Werthaltungen herausgestellt werden. Insbesondere wurden Anerkennungsverhältnissen im Spiegel von Macht- und Autoritätsprozessen in den Mittelpunkt der Analysen gestellt (vgl. Kap. 7.1). So kann es auch für nachfolgende Forschungen hilfreich sein, dass nicht die Zuschreibung von kategorialen Eigenschaften (bspw. durch den Bildungshintergrund der Eltern) die zu untersuchenden Personen und damit die Ergebnisse vorbestimmen, sondern dass Differenzen als sozial konstruiert und im Hinblick auf relevante Aushandlungsprozesse um Zugehörigkeit als interaktionistische, relationale Größen angesehen werden (vgl. Winker/ Degele 2009).

Wie bereits im Kap. 6.1. angesprochen wurde, schienen im Material an einigen Stellen Orientierungen durch, die zu der Rolle der Erzieherin in der damaligen DDR zugeordnet werden kann. Aus diesem Grund stellt sich die Frage, ob wir es in diesem Sample mit spezifischen Einstellungen der Erzieherinnen zu tun

---

[176] Die Autorin versteht unter ‚problembehaftet' nicht das (oftmals vorschnelle) Zurückführen auf sozial benachteiligte Milieus, sondern vielmehr innerfamiliäre Probleme, die ebenso psychischer Natur sein können (Bsp.: Alkoholabhängigkeit, emotionale Vernachlässigung des Kindes) und einen direkten Einfluss auf die Befindlichkeiten des Kindes haben können. Die Formulierung von Frau Emrich in Bezug auf die Lebensumstände des Mädchens Nicole bringt diese Aspekte auf den Punkt: Indem das Mädchen als „in der Familie benachteiligt" und nicht die Familie an sich als benachteiligt betrachtet wird, werden Stereotype vermieden und der eigene Spielraum, diesen Bedingungen entgegenzuwirken, wird auf diesem Wege freigelegt.

haben, die mit ihrer DDR-Sozialisation zusammenhängen. Diese Frage kann aufgrund der spezifischen Fallauswahl natürlich an dieser Stelle nicht beantwortet werden. Selbst wenn Erzieherinnen aus den alten Bundesländern in die Studie einbezogen worden wären, so wären auch dann keine generalisierenden Aussagen möglich. Es können demnach nur Fragen aufgeworfen werden, die sich im Zusammenhang der Interpretationen ergaben. So zeigte sich in den Fallanalysen, dass einige Werthaltungen mit einer produktorientierten Auffassung einhergingen, die von den Erzieherinnen mit eigenen Erfahrungen im Werdegang in Verbindung gebracht wurden (vgl. Frau Radisch, Frau Schulze, Frau Claus). Diese produktorientierte Auffassung (Radisch, Schulze, Seibt und Emrich) von Bildung gleicht dem *Typus 1*, den Müller (2007) in einer fallbasierten Studie zu subjektiven Theorien von Erzieherinnen herausgestellt hat. Die Erzieherinnen initiieren dabei Themen, die bestenfalls zu einem Wissenszuwachs beim Kind führen.[177] Dies erinnert an pädagogische Prinzipien in der DDR, in denen reglementierte Tagesabläufe entscheidend waren und die Schulvorbereitung mit der Vermittlung konkreter Fertigkeiten und Fähigkeiten im Vordergrund stand. Möglicherweise sind diese einst fest verankerten Maßstäbe noch immer wirksam und wirken nach. So hat auch Nentwig-Gesemann (1999) anhand von Gruppendiskussionen mit Erzieherinnen-Teams ebenfalls deutliche Parallelen zwischen den Einstellungen von Erzieherinnen und der DDR-Erziehungsprogrammatik feststellen können. Dabei zeigte sich in ihrem Material ein „stark kontrollierend lenkender, auf Ursache-Wirkung bezogener Erziehungsstil, der einer aktiven Mitwirkung der Kinder an der Gestaltung pädagogischer Prozesse eindeutig entgegenstand" (ebd.: 187). Diese „führende Rolle" mit einer „zielgerichteten pädagogischen Einflussnahme" wurde bereits im damals gültigen Erziehungsprogramm klar formuliert (Erziehungsprogramm, 1986). Wie sich anhand der Orientierungen der Erzieherinnen in diesem Sample zeigte, ist darüber hinaus ebenfalls eine „altersnormierte, leistungsorientierte Einwirkungspädagogik" (ebd.: 190) noch immer vorhanden.[178] Nentwig-Gesemann (1999) arbeitete dar-

---

[177]   Die anderen beiden Typen „Bildung geht vom Kind aus" und „Bildung als allgemeine Lernfä-
        higkeit-Erwerben einer Bildungshaltung" (vgl. Müller, 2007) schienen zwar an einigen Stellen
        der Interviews durch, traten jedoch nicht in den Interaktionen hervor.
[178]   Beispielhaft für dieses ‚resistente Einstellungsmuster' kann Frau Schulze herangeführt werden,
        die den Großteil ihrer beruflichen Laufbahn in der DDR verbrachte und im Interview ganz deut-
        lich ihre Lernzielorientierung zur Sprache brachte (Z.857). Anhand der Wortwahl *„man kommt
        nicht so richtig voran"* wurde deutlich, dass sie einen gewissen Druck empfindet, Kindern etwas
        beizubringen, die nicht in ihrem Tempo mitarbeiten. Dass sie zielorientiert denkt, steckt aus ihrer
        Sicht ‚in ihr drin', was bedeutet, dass es ein Teil ihrer Persönlichkeit ist und nicht einfach abge-
        streift werden kann.

über hinaus eine Diskrepanz zwischen Anspruch und Wirklichkeit heraus, indem Erzieherinnen sich an geltende pädagogische Ansprüche anpassen, „ein Bild der pädagogischen Realität präsentieren", welches jedoch weit entfernt scheint von den eigentlichen Bedürfnissen und Vorstellungen. Wenn Ende der 1990-er Jahre von einem Leistungs- und Konformitätsdruck die Rede war, so könnte man sich die Frage stellen, inwiefern dies hier nicht wieder der Fall ist. Möglicherweise werden durch den erneuten Leistungsdruck, der durch die erhöhten Anforderungen und aktuelle Bildungspläne beeinflusst wird, alte pädagogische Orientierungen aktualisiert, die nun noch einmal in einen anderen Rahmen gesetzt werden müssen. Bei einigen Erzieherinnen scheint dies dazu zu führen, dass dieser Rahmen im Abgleich mit alten Orientierungen als positiver Vergleichshorizont dient (vgl. Frau Radisch, Frau Schulze, Frau Claus). Aufgrund der Interpretationsergebnisse lässt sich vermuten, dass in diesen Transformationsleistungen förderliche und hemmende Einflussfaktoren vorhanden sind. Im Hinblick auf den Leitungsstil geht ein autokratisch-patriarchalischer Leitungsstil (Vgl. Frau Arndt) eher mit resignativen und nach außen hin angepassten Einstellungsmustern einher.[179] Inwiefern ein verständnisvoller, offener Leitungsstil (vgl. Frau Winter) förderlich ist, lässt sich aufgrund der kurzen Leitungstätigkeit von Frau Winter in diesem Sample nicht sagen.

Ob die herausgestellten Einstellungs- und Handlungsmuster der Erzieherinnen tatsächlich auf die DDR-spezifische Sozialisation zurückgehen, eher altersabhängig sind[180] oder vielmehr das Herkunftsmilieu entscheidend ist, muss an dieser Stelle offen bleiben. Hier sind nachfolgende Studien vonnöten, die sich diesen Fragen gezielt stellen.

8.3 Professionstheoretischer Ausblick

Vor dem Hintergrund der zentralen Befunde der Studie sollen nun abschließend mögliche professionsbezogene Anknüpfungspunkte vorgestellt werden. Folgt man den Ausführungen von Kreckel (2004), dass soziale Ungleichheit eine vom

---

[179] Die Typik des hierarchischen Profils der Einrichtungen stellte sich auch im Sample von Nentwig-Gesemann (1999) als relevant heraus.

[180] Für diese These spricht die Studie von Blasius und Große (2010), die in einer vergleichenden Fragebogenuntersuchung von 120 ost- und westdeutschen Erzieherinnen mehr Gemeinsamkeiten als Unterschiede herausstellten, wobei die Unterschiede meist mit dem Alter in Verbindung gebracht wurden.

Menschen gemachte Tatsache ist, und dass es Ziel sein sollte, soziale Ungleichheit „unter dem Gesichtspunkt ihrer Reduzierbarkeit" zu analysieren (ebd. 2004),
so können durch die Ergebnisse folgende Anhaltspunkte für Rückschlüsse auf
die pädagogische Arbeit im Kindergarten ausformuliert werden:

- Aus der Vielfalt der inkludierenden und exkludierenden Handlungsmuster
  lässt sich schlussfolgern, dass die Herstellung von Chancengleichheit im
  Kindergarten keinesfalls als selbstverständlich angesehen werden kann und
  demnach ein großer Bedarf an einer Thematisierung dieser Zusammenhänge
  besteht. Wie in Kap. 6.1. deutlich wurde, geht ein höherer Grad des hierarchischen Gefälles mit ausschließenden Praktiken (Distanz, Differenz, Ausschluss) einher, während ein niedriges hierarchisches Gefälle eher im Zusammenhang mit inkludierenden Praktiken (Akzeptanz, Nähe und Anerkennung, Teilhabe) steht. Diese Zusammenhänge verdeutlichen die Relevanz,
  bestehende Ambivalenzen der professionellen Rolle der Erzieherin aufzudecken. So ist die Rolle als Erzieherin einerseits durch ein hierarchisches
  Gefälle gekennzeichnet, welches generational und institutionell determiniert
  ist. Andererseits sind Kinder darauf angewiesen, durch alltägliche Interaktionsprozesse Anerkennung und Zugehörigkeit zu erfahren, um sich zu
  selbstbewussten Persönlichkeiten zu entwickeln. Die Gefahr besteht jedoch
  darin, dass Anerkennung meist nicht auf die Person als solche, sondern spezifischen Verhaltensweisen zugeschrieben wird. Diese Ambivalenz in der
  Rolle anzuerkennen und einen Weg zu finden, beide Seiten in die professionelle Rolle zu integrieren, kann als eine wesentliche Grundvoraussetzung
  für die Herstellung von Chancengleichheit im Kindergarten angesehen werden. Auf diesem Weg ist es unabdingbar, die Selbstreflexion der pädagogischen Fachkräfte in Weiterbildungen anzuregen.

- Darüber hinaus scheint es Handlungsbedarf zu geben, was die jeweiligen
  Ausgangslagen (Geschlecht, familiärer und kultureller Hintergrund) bei
  Kindern betrifft. In dieser Untersuchung kamen viele Stereotype zum Vorschein, die Kinder im Hinblick auf bestimmte Eigenschaften als ‚besonders'
  oder ‚anders' einordneten. Dass Erzieherinnen und Leiterinnen – wie die
  meisten Menschen – gewisse stereotype Bilder im Kopf haben, soll an dieser Stelle nicht zur Diskussion oder gar an den Pranger gestellt werden.
  Vielmehr soll diese Arbeit dazu dienen, alltägliche Handlungsprozesse und
  Werthaltungen aufzuzeigen, die das Ideal der Chancengleichheit im Sinne
  von ‚Gleichbehandlung' als ungleichheitsrelevant entlarven. Dies kann als
  Anlass genommen werden, eigene Normalitäts- und Wertvorstellungen im
  Rahmen professionsbezogener Aus-, Fort- oder Weiterbildungen zu reflek-
  tieren. Dabei sollte auch Ziel sein, Erzieherinnen ein breites Hintergrund-

wissen zu vermitteln, was die Relevanz von herkunftsbedingten Ungleich-heiten, Gender und anderen Faktoren auf die Entwicklung von Kindern be-trifft. Das Wissen um diese Aspekte sollte natürlich im Umkehrschluss nicht dazu führen, Kinder von vornherein auf bestimmte Ausgangsbedin-gungen zu reduzieren, vielmehr kann dies als Hintergrundfolie verstanden werden, wenn man mit Kindern professionell arbeitet. Kindern Anerken-nung in Form von Wertschätzung zu vermitteln, sollte keine Frage der Pass-förmigkeit sein, indem Kinder anerkannt werden, die eigenen Werten ent-sprechen. Vielmehr sollte die professionelle Rolle der Erzieherin implizie-ren, eigene Werte und Normalitätsvorstellungen zu kennen und die Diffe-renz bei Kindern wahrzunehmen, ohne bestimmte Kinder auszuschließen oder als ,anders' zu tolerieren. Hierbei schließe ich mich der Forderung von Rosken (2009) an, dass mit gezielten Weiterbildungen mit einem Schwerpunkt auf der Selbstreflexion, diagnostischen und empathischen Fä-higkeiten und eigener biografischer Anteile möglicherweise eine wichtige Lücke geschlossen werden kann. Um Diversität von Kindern im professio-nellen Setting gerecht zu werden, gilt der Ansatz vorurteilsbewusster Erzie-hung (vgl. Anti-Bias-Approach, Derman-Sparks, 1989) als viel verspre-chend. Als Ziele gelten u.a. das Kennenlernen der Vielfalt an Familienkul-turen, die Verbesserung der Empathie in der Zusammenarbeit mit Kindern und Eltern und der kritische Umgang mit Diskriminierungen (vgl. Preising, Wagner, 2003). Supervision – sei es einzeln oder in der Gruppe – kann darüber hinaus einen wichtigen Stellenwert einnehmen, eigene Interakti-onsmuster zu erkennen, zu reflektieren und mit der professionellen Rolle abzugleichen.

▪ Die Verlagerung der eigenen Verantwortung nach außen, wenn soziale Ungleichheiten im Kindergarten zum Vorschein kommen, kann als ein Ausdruck von Hilflosigkeit und Überforderung, aber auch als Ignoranz und Desinteresse gedeutet werden (siehe Leiterin des Kindergartens *Linien-schiff*, Frau Arndt).

▪ Wenn im Nationalen Aktionsplan der Bundesregierung die Rede davon ist, dass im Kindergarten „Begabungen frühzeitig gefördert sowie Benachteili-gungen rechtzeitig erkannt und abgebaut werden" (BMFSFJ, 2008:9), dann sollte es nicht bei diesen allgemeinen und sehr positiven Zuschreibung der Chancen des Kindergartens stehen bleiben, sondern vielmehr klare Richtli-nien folgen, die Leiterinnen und Erzieherinnen auf ihren Alltag übertragen können. So kam im Material bspw. das Thema Körpergerüche bei Kindern aus sozial benachteiligten Familien im Interview mit Frau Arndt zur Spra-che, wobei deutlich wurde, dass der soziale Ausschluss, der durch gleichaltrige Kinder im Kindergarten vollzogen wurde, von der Leiterin toleriert und damit fortgeführt wurde. Auf diesem Wege besteht die Gefahr, dass der Kindergarten zu einer Verlängerung des Arms der sozialen Ungleichheiten wird, indem die Bedürftigkeit von Kindern schlichtweg ignoriert wird. Hier kann in Weiterbildungen der Raum geboten werden, potentielle Probleme im Umgang mit bestimmten Kindern offen zu thematisieren, zu diskutieren und schließlich Ansätze zur eigenen Einflussnahme vermittelt zu bekommen.

Letztendlich kann die von Bourdieu kritisierte Begabungsideologie für den Bereich der Hochschule (Bourdieu, Passeron, 1971) hypothetisch auch auf den Kindergarten übertragen werden, indem die Ideologie der Selbstentfaltung als solche frei gelegt wird. Wenn davon ausgegangen wird, dass sich alle Kinder gemäß ihrer Natur und ihren Interessen frei entfalten, wird der Blick auf reale Verhältnisse und Einflüsse ungleichheitsrelevanter Faktoren verschleiert. So kann der Fokus auf Interessen der Kinder und naturgegebene Neugier dazu führen, dass implizit bildungsnahe Interessen anerkannt werden. Zieht man jedoch Bourdieus Analysen hinzu, dass Verhaltens-, Geschmack- und Interessenlagen von Anfang an familiär vermittelt werden, dann wird tatsächlich ein Konflikt deutlich für den erzieherischen Umgang mit Kindern aus so genannten anregungsarmen Elternhäusern.[181] Für die Konzeption von Weiterbildungen in diesem Bereich empfiehlt sich demnach, nicht die Umsetzung konkreter Bildungsbereiche in den Vordergrund zu stellen, sondern zunächst die Selbstreflexion der eigenen Werthaltungen und Normalitätsentwürfe aufzugreifen und zur Diskussion zu stellen.

Schließlich soll die Arbeit als Anlass genommen werden, soziale Ungleichheiten nicht auf den Bereich der Schule und Hochschule zu reduzieren, sondern den Blick auf pädagogische Institutionen zu weiten, in denen ein – institutionell oder strukturell bedingtes – hierarchisches Gefälle kennzeichnend ist. Zu diesen können Kindertagesstätten zweifelsfrei gezählt werden. Wenn also Helsper et. al. davon spricht, dass das Kind „über die Schulpflicht [...] das erste Mal seine Eingebundenheit in einen von der partikularen Welt der Familie abgehobenen universellen gesellschaftlichen Kontext (erfährt), und zwar als Erwartungshaltung ihm gegenüber, täglich in die Schule zu gehen und zu lernen, sich dort also

---

[181] Bourdieu selbst kam zu dem Schluss, dass pädagogische Fachkräfte durch eine gezielte Förderung von sozial benachteiligten Kindern durchaus die Möglichkeit hätten, herkunftsbedingten Ungleichheiten entgegenzuwirken (2006). Im Interviewmaterial kamen mit Ausnahme von Frau Emrich solche kompensatorischen Förderungen jedoch nicht zur Sprache.

das Mindestmaß an kultureller Bildung anzueignen" (Helsper et. al., 2005, Hervorhebung i. O.), so kann infrage gestellt werden, ob nicht der Kindergarten bereits die erste Schwelle darstellt, in welchem Kinder mit anderen Werthaltungen, Regeln und Milieus in Kontakt treten. Auch im Kindergarten ist davon auszugehen, dass sich die Kinder weder den Ort noch bestimmte Erzieherinnen aussuchen – dies geschieht wohl eher durch deren Eltern, durch Zufall oder durch die Verteilung der freien Kindergartenplätze. Demzufolge können sich Kindergartenkinder der Beziehung zur Erzieherin nicht entziehen. Sie sind mindestens genauso stark auf Anerkennungsprozesse der Erzieherinnen und Leiterinnen angewiesen, wie dies in der Lehrer-Schüler-Beziehung der Fall ist.

Im Gegensatz zur Thematisierung sozialer Ungleichheiten in der Schule, in welcher die Formen und Auswirkungen institutioneller Benachteiligungen bisher gut untersucht wurden, steht dieses Thema im Kindergarten erst am Anfang.

9 Literatur

Alfermann, D. (1996): Geschlechterrollen und geschlechtstypisches Verhalten. Stuttgart: Kohlhammer.

Anger, C., Plünneke, A. & Seyda, S. (2006): Bildungsarmut und Humankapitalschwäche in Deutschland. Köln: Deutscher Institutsverlag.

Ahnert, L./Pinquart, M./Lamb, M. E. (2006): Security of Children's Relationships With Nonparental Care Providers: A Meta-Analysis. In: Child Development, Vol. 77, No. 3, pp. 664 – 679.

Ahnert, L. (2007): Von der Mutter-Kind- zur Erzieherin-Kind-Bindung? In: Becker-Stoll, F./ Textor, M. R. (Hrsg.): Die Erzieherin-Kind-Beziehung. Zentrum von Bildung und Erziehung. Berlin: Cornelsen Scriptor, S. 31 – 41.

Arbeitsgemeinschaft für Jugendhilfe (2003): Jugendhilfe und Bildung – Kooperation Schule und Jugendhilfe. Berlin.

Aulinger, J. (2009): Schulische Leistungen von Kindern mit Migrationshintergrund. Die Rolle des Besuchs vorschulischer Einrichtungen und der Familiensprache. Berlin:mbv.

Ballusek, Hilde von (2009): Jungen als Verlierer? Die Diskussion um die Benachteiligung von Jungen in der Schule. In: querelles 1/2009, http://www.querelles-net.de/index.php/qn/article/viewArticle/726/734 (letzter Zugriff: 23.11.2010)

Baumert, J. & Schümer, G. (2006): *Herkunftsbedingte Disparitäten im Bildungswesen*. Wiesbaden: Verlag für Sozialwissenschaften.

Baumert, J./ Maaz, K. (2010): Bildungsungleichheit und Bildungsarmut – Der Beitrag von Large-Scale-Assessments. In: Quenzel, G./Hurrelmann, K.: Bildungsverlierer. Neue Ungleichheiten. Wiesbaden: VS-Verlag.

Becker, Gary S.(1993): Human Capital. A Theoretical and Empirical Analysis with Special Reference to Education. 3. Auflage. Chicago: University of Chicago Press.

Bertelsmann-Stiftung (2008): Volkswirtschaftlicher Nutzen von frühkindlicher Bildung in Deutschland. Gütersloh.

bildung:*elementar* (2004): Bildungsprogramm für Kindertageseinrichtungen in Sachsen-Anhalt, Magdeburg: Ministerium für Gesundheit und Soziales.

Blasius, I./Große, C. (2010): Pädagogische Orientierungen von Erzieher/ innen in Ost- und Westdeutschland. Eine vergleichende Untersuchung in Sachsen und Bayern. In: KiTa aktuell/KiTa spezial: Bildungsforschung im Kindergarten. Die BiKS-Studie-frühkindliche Bildung im Fokus der Wissenschaft.

BMFSFJ (2008): Nationaler Aktionsplan. Für ein kindgerechtes Deutschland 2005-2010. Zwischenbilanz. Bundesministerium für Familie, Senioren, Frauen und Jugend, Berlin.

Bohnsack, R. (2001): Dokumentarische Methode. Theorie und Praxis wissenssoziologischer Interpretation. In: Theo Hug (Hrsg.): Wie kommt Wissenschaft zu Wissen? Bd. 3: Einführung in die Methodologie der Kultur- und Sozialwissenschaften. Baltmannsweiler. S. 326-345.

Bohnsack, R. (2003): Qualitative Methoden der Bildinterpretation. In: Zeitschrift für Erziehungswissenschaften, 6. Jg., H.1, S. 239-256.

Bohnsack, R. (2007): Rekonstruktive Sozialforschung. Einführung in qualitative Methoden. Opladen & Farmington Hills: Barbara Budrich.

Bohnsack, R. (2009): Qualitative Bild- und Videointerpretation. Opladen & Farmington Hills: Barbara Budrich.

Boudon, Raymond (1974): Education, Opportunity, and Social Inequality. New York: Wiley.

Bourdieu, P./Passeron, J.-C. (1973): Grundlagen einer Theorie der symbolischen Gewalt. – Frankfurt a. M.

Bourdieu, Pierre (1983): Ökonomisches Kapital, kulturelles Kapital, soziales Kapital. In: Kreckel, Reinhard (Hrsg.). Soziale Ungleichheiten, Soziale Welt Sonderband 2, Göttingen: Schwarz.

Bourdieu, P. (1985): Sozialer Raum und ‚Klassen'. Leçon sur la leçon. Zwei Vorlesungen, Frankfurt a.M.

Bourdieu, P. (1999): Die feinen Unterschiede. Kritik der gesellschaftlichen Urteilskraft, Frankfurt a.M.

Bourdieu, Pierre (2006): Wie die Kultur zum Bauern kommt. Über Bildung, Schule und Politik. Schriften zu Politik & Kultur 4. Hamburg: VSA-Verlag.

Breen, R./ Goldthorpe, J.H. (1997): Explaining Educational Differentials. Towards A Formal Rational Action Theory. In: Rationality and Society 9. 275-305.

Bremer, H./ Lange-Vester, A. (Hrsg.) (2006): Soziale Mileus und Wandel der Sozialstruktur. Die gesellschaftlichen Herausforderungen und die Strategien der sozialen Gruppen. Wiesbaden: VS-Verlag.

Buchmann, M. et.al. (2007): Kinder- und Jugendsurvey COCON. Schweizerischer Nationalfond, Datenauswertungen Zusatzantrag NFP52, Bern.

Busse, S. (2009): Bildungsorientierungen Jugendlicher in Familie und Schule. Eine qualitativ empirische Fallstudie zur Reproduktion sozialer Ungleichheit in einer ostdeutschen Sekundarschule. – Dissertation an der Philosophischen Fakultät III Erziehungswissenschaften der Martin-Luther-Universität Halle-Wittenberg.Halle.

Busse, S./Helsper, W. (2007): Familie und Schule. In: Ecarius (2007): 321-341.

Büchner, P./Koch, K. (2001): Von der Grundschule in die Sekundarstufe (Band 1: Der Übergang aus Kinder- und Elternsicht). Opladen: Leske + Budrich.

Corsten, M. (2010): Karl Mannheims Kultursoziologie. Frankfurt a.M.: Campus-Verlag.

Corsten, M./Krug, M./Moritz, C. (Hrsg.) (2010): Videographie praktizieren. Herangehensweisen, Möglichkeiten und Grenzen. Wiesbaden: VS Verlag für Sozialwissenschaften.

Daiber, B./ Weiland, I. (Hrsg.) (2008): Impulse der Elementardidaktik. Eine gemeinsame Ausbildung für Kindergarten und Grundschule. Hohengehren: Schneider Verlag.

Derman-Sparks, Louise/ A.B.C. Task Force: Anti-Bias-Curriculum: Tools for empowering young children. Washington D.C.: NAEYC 1989

Deutsches PISA- Konsortium (Hrsg.) (2001): PISA 2000. Basiskompetenzen von Schülern und Schülerinnen im internationalen Vergleich. Opladen: Leske+Budrich.

Ditton, H. (2005): Der Beitrag von Familie und Schule zur Reproduktion von Bildungsungleichheit. In: Holtappels, H.G./ Höhmann, K. (Hrsg.): Schulentwicklung und Schulwirksamkeit: Systemsteuerung, Bildungschancen und Entwicklung der Schule (S. 121-130). Weinheim: Juventa.

Diefenbach, Heike/Klein, Michael: „Bringing Boys Back in". Soziale Ungleichheit zwischen den Geschlechtern im Bildungssystem zuungunsten von Jungen am Beispiel der Senkundarschulabschlüsse. In: Zeitschrift für Pädagogik 48 (2002), S. 938–958

Diefenbach, Heike (2008): Jungen und schulische Bildung. In: Matzner/Tischner, a.a.O., S. 92–108

Dipplhofer-Stiem, B. (2002): Kindergarten und Vorschulkinder im Spiegel pädagogischer Wertvorstellungen von Erzieherinnen und Eltern. In: Zeitschrift für Erziehungswissenschaft 5 (4): 655-671.

Erikson, R./ Jonsson, J.O. (Hrsg.) (1996): Can Education Be Equalized? The Swedish Case in Comparative Perspective. Oxford: Westview.

Erziehungsprogramm [Programm für die Erziehungsarbeit in Kinderkrippen] (1986). Herausgegeben vom Ministerrat der Deutschen Demokratischen Republik. Ministerium für Gesundheitswesen. 2. Auflage. Berlin: Volk und Gesundheit.

Foucault, M. (2006): Von andere Räumen (1967), in: Dünne, J./Günzel, S. (eds.) Raumtheorie. Grundlagentexte aus Philosophie und Kulturwissenschaften, Frankfurt a.M., 317-329

Fthenakis, W. E. (2009). Neudefinition von Bildung und Sicherung von hoher Bildungsqualität: von Anfang an – ein Plädoyer für die Stärkung prozessualer Qualität. Berlin: Verlag das Netz.

Garz, D./ Kraimer, K. (1994): Die Welt als Text. Theorie, Kritik und Praxis der objektiven Hermeneutik. Frnkafurt a. M.

Glüer, M./Wolter, I./Hannover, B. (2008): Erzieherin-Kind-Bindung und vorschulischer Kompetenzerwerb (Poster auf dem 21. Kongress der Deutschen Gesellschaft für Erziehungswissenschaft). Dresden.

Göncü, A. & Weber, E. (2000). Preschoolers' Classroom Activities and Interactions with Peers and Teachers. Early Education and Development, 11/1, 93-107.

Götte, R. (2011): Vorlesen reicht nicht. Planlosigkeit bestimmt die Arbeit in vielen Kindergärten. Gerade für die Sprachförderung der Jüngsten fehlen gute Konzepte. In: Die Zeit, Nr. 33, S. 58.

Griebel, W. (2009). Übergang Kindergarten-Grundschule: Entwicklung für Kinder und Eltern. In F. Becker-Stoll & B. Nagel (Hrsg.): Bildung und Erziehung in Deutschland - Pädagogik für Kinder von 0 bis 10 Jahren. Berlin/Mannheim: Cornelson Scriptor, S. 120-129.

Heckman, J.J./Stixrud, J./Urzua, S. (2006): The effects of cognitive and noncognitive abilities on labor market outcomes and social behavior. *Journal of Labor Economics*, forthcoming.

Helbig, Marcel (2010): Sind Lehrerinnen für den geringen Schulerfolg von Jungen verantwortlich? In: Kölner Zeitschrift für Soziologie und Sozialpsychologie, Jg. 62, Heft 1, S. 93-111.

Helsper, W./ Lingkost, A. (2002): Schülerpartizipation in den Antinomien von Autonomie und Zwang sowie Organisation und Interaktion – exemplarische Rekonstruktion im Horizont einer Theorie schulischer Anerkennung. In: Hafeneger, B. et. al.: Pädagogik der Anerkennung. Grundlagen, Konzepte, Praxisfelder. Schwalbach/Ts., S. 132-156.

Helsper,W./ Sandring, S./ Wiezorek, C. (2005): Anerkennung in pädagogischen Beziehungen. In: Heitmeyer, W. & Imbusch, P. (Hrsg.): Integrationspotenziale einer modernen Gesellschaft. Wiesbaden: VS.

Helsper, W. (2009a): Autorität und Schule – zur Ambivalenz der Lehrerautorität. In: Schäfer, A. & Thompson, C.: Autorität. Paderborn: Ferdinand Schöningh.

Helsper, W. (2009b): Schulkultur und Milieu – Schulen als symbolische Ordnungen pädagogischen Sinns. In: Melzer, W./Tippelt, R. (Hrsg.): Kulturen der Bildung. – Opladen, S. 155-176.

Helsper, W./ Kramer, R.-T./ Hummrich, M./ Busse, S. (2009): Jugend zwischen Familie und Schule: Eine Studie zu pädagogischen Generationsbeziehungen. Wiesbaden: VS-Verlag für Sozialwissenschaften.

Hietzge, Maud (2009). Von der Bildinterpretation zur Videografie – nur ein Schritt?. Review Essay: Ralf Bohnsack (2009). Qualitative Bild- und Videointerpretation [43 Absätze]. *Forum Qualitative Sozialforschung / Forum: Qualitative Social Research, 11*(1), Art. 11, http://nbnresolving. de/urn:nbn:de:0114-fqs1001111.

Hock, B./ Holz, G./ Wüstendörfer, W. (2000): *Folgen familiärer Armut im frühen Kindesalter – Eine Annäherung anhand von Fallbeispielen.* Dritter Zwischenbericht zu einer Studie im Auftrag des Bundesverbandes der Arbeiterwohlfahrt. Frankfurt a. M.: ISS.

Hock, B., Holz, G., Simmedinger, R, & Wüstendörfer, W. (2000): Gute Kindheit-schlechte Kindheit? Armut und Zukunftschancen von Kindern und Jugendlichen in Deutschland. Abschlussbericht zur Studie im Auftrag des Bundesverbandes der Arbeiterwohlfahrt. Frankfurt/Main: ISS-Eigenverlag.

Honneth, A. (1984): Die zerrissene Welt der symbolischen Formen. Zum kultursoziologischen Werk Pierre Bourdieus. In: Kölner Zeitschrift für Soziologie und Sozialpsychologie, Jg. 36, H. 1, S. 147-164

Honneth, A. (1994): Kampf um Anerkennung. Zur moralischen Grammatik sozialer Konflikte. – Frankfurt a. M.

Honneth, A. (1999): Die zerrissene Welt der symbolischen Formen. Zum kultursoziologischen Werk Pierre Bourdieus. In: Honneth, A.: Die zerrissene Welt des Sozialen. Sozialphilosophische Aufsätze. – 2.Aufl., erw. Neuausg. – Frankfurt a. M., S. 177-202

Hummrich, Merle (2010): Exklusive Zugehörigkeit. Eine raumanalytische Betrachtung von Inklusion und Exklusion in der Schule. In: Sozialer Sinn, Heft 1/2010, S.3-33 (peer-reviewt).

Iben, G. (2001): Familien in Armut. In: Bier-Fleiter, C. (Hrsg.): *Familie und öffentliche Erziehung. Aufgaben, Abhängigkeiten und gegenseitige Ansprüche.* Opladen: Leske & Budrich.

Klambeck, Amelie (2007): Das hysterische Theater unter der Lupe. Klinische Zeichen psychogener Gangstörungen. Wege der dokumentarischen Rekonstruktion von Körperbewegungen auf der Grundlage von Videografien. Göttingen: V & R Unipress.

König, Anke (2007). Dialogisch-entwickelnde Interaktionsprozesse als Ausgangspunkt für die Bildungsarbeit im Kindergarten. In: bildungsforschung, Jahrgang 4, Ausgabe 1, URL: http://www.bildungsforschung.org/Archiv/2007-01/Interaktion. (Letzter Aufruf: 12.02.2008)

Krais, B./ Gebauer, G. (2002): Habitus. Bielefeld: transcript.

Kramer, R.-T./Busse, S. (1999): „das ist mir eigentlich ziemlich egal … ich geh trotzdem jeden tag wieder in diese schule hier" – Eine exemplarische Rekonstruktion zum Verhältnis von Schulkultur und Schülerbiographie. In: Combe, A./Helper, W./Stelmaszyk, B. (Hrsg.): Forum Qualitative Schulforschung 1. Schulentwicklung – Partizipation – Biographie. – Weinheim, S. 363-396

Kramer, R.-T./Helsper, W. (2010): Kulturelle Passung und Bildungsungleichheit – Potenziale einer an Bourdieuorientierten Analyse der Bildungsungleichheit. In: Krüger, H.-H./Rabe-Kleberg, U./Kramer, R.-T./Budde, J. (Hrsg.): Bildungsungleichheit revisited. Bildung und soziale Ungleichheit vom Kindergarten bis zur Hochschule. – Studien zur Schul- und Bildungsforschung. Bd. 30 – Wiesbaden, S. 103-125

Kreckel, Reinhard (2004): Politische Soziologie der sozialen Ungleichheit. 3. erw. Auflage. Frankfurt/Main, New York: Campus Verlag.

Lareau, A. (2003): Unequal childhoods. Class, race, and family life. Berkeley.

Launer, I. (1979): Persönlichkeitsentwicklung im Vorschulalter bei Spiel und Arbeit. Berlin: Volk und Wissen.

Lehmann, R.H. & Peek, R. (1997): *Aspekte der Lernausgangslage von Schülerinnen und Schülern der fünften Klassen an Hamburger Schulen.* Bericht über die Untersuchung im September 1996. Berlin: Humboldt Universität.

Maccoby, E. E. (2000b): Psychologie der Geschlechter. Sexuelle Identität in den verschiedenen Lebensphasen. – Stuttgart: Klett-Cotta.

Mecheril, Paul, Plößer, Melanie (2009): Differenz: In: Adresen, Sabine, Calase, Rita, Gabriel, Thomas et. al. (Hrsg.): Handwörterbuch Erziehungswissenschaft. Weinheim, Basel.

Mehlmann, Sabine (2009): Von Alphamädchen und Schulversagern – geschlechterpolitische Implikationen der Debatte über die ‚Feminisierung der Bildung'. Vortrag im Frauenkulturzentrum Gießen im Rahmen der Veranstaltungsreihe der Frauenbeauftragten der JLU am 25.Juni 2009. http://fss.plone.uni-giesen.de/fss/fbz/genderstudies/forschung/projekte/abgeschl/schulversagen/Materialien/mehlmann.pdf/file/Vortrag Mehlmann06-09_001.pdf (letzter Zugriff: 24.11.2010).

Merkens, Hans/ Wessel, Anne (2002): Zur Genese von Bildungsentscheidungen. Eine empirische Studie in Berlin und Brandenburg. Jugendforschung aktuell, Band 7. Hohengehren: Schneider.

Mienert, Malte & Vorholz, Heidi (2007). Umsetzung der neuen Bildungsstandards in Kindertagesstätten - Chancen und Schwierigkeiten für Erzieherinnen. In: bildungsforschung, Jahrgang 4, Ausgabe 1, URL: http://www.bildungsforschung.org/Archiv/2007-01/standards/ [zuletzt aufgerufen am 12.02.2008]

Müller, Karin (2007). Subjektive Theorien von Erzieher und Erzieherinnen zu Bildung im Kindergarten. In: bildungsforschung, Jahrgang 4, Ausgabe 1, URL: http://www.bildungsforschung.org/Archiv/2007-01/theorien/ (letzter Zugriff: 12.02.2008)

Nentwig-Gesemann, Iris (1999): Krippenerziehung in der DDR. Alltagspraxis und Orientierungen von Erzieherinnen im Wandel. Opladen: Leske + Budrich.

NICHD Early Child Care Research Network: The interaction of child care and family risk in relation to child development at 24 and 36 months. Applied Developmental Science 2002, 6, S. 144-156

NICHD Early Child Care Research Network: Predicting individual differences in attention, memory, and planning in first graders from experiences at home, child care, and school. Developmental Psychology 2005a, 41, S. 99-114

Nohl, A.-M. (2009): Interview und dokumentarische Methode. Anleitungen für die Forschungspraxis. Wiesbaden: VS-Verlag.

Oevermann, U./ Allert, T./ Konau, E./ Krambeck, J. (1979): Die Methodologie einer „objektiven Hermeneutik" und ihre allgemeine forschungslogische Bedeutung in den Sozialwissenschaften. In: Soeffner, H.-G. (Hrsg.): Interpretative Verfahren in den Sozial- und Textwissenschaften. Stuttgart, S. 352-433.

Ostner, I. (2007): „Whose Children? Families and Children in ‚Activating' Welfare States", in Helmut Wintersberger, Leena Alanen, Thomas Olk und Jens Qvortrup (Hg.), Childhood, Generational Order and the Welfare State: Exploring Children's Social and Economic Welfare. (Volume 1 of COST A19: Children's Welfare). Odense: University of Southern Denmark Press, 45-57.

Paris, R. (2009): Die Autoritätsbalance des Lehrers. In: Schäfer, A. & Thompson, C.: Autorität. Paderborn: Ferdinand Schöningh.

Pauen, S./Elsner, B. (2008). Neurologische Grundlagen der Entwicklung. In R. Oerter & L. Montada (Hrsg.), *Entwicklungspsychologie* (6. Aufl., S. 67-84). Weinheim: Beltz PVU.

Peucker, C./ Gragert, N./ Pluto, L./ Seckinger, M. (2010): Kindertagesbetreuung unter der Lupe. Befunde zu Ansprüchen an eine Förderung von Kindern. DJI-Fachforum, Bildung und Erziehung, Band 9. München: Verlag Deutsches Jugendinstitut.

Pfeiffer, F. (2010): Entwicklung und Ungleichheit von Fähigkeiten: Anmerkungen aus ökonomischer Sicht. In: Krüger, H.-H./Rabe-Kleberg, U./Kramer, R.-T./Budde, J. (Hrsg.): Bildungsungleichheit revisited. Bildung und soziale Ungleichheit vom Kindergarten bis zur Hochschule. – Studien zur Schul- und Bildungsforschung. Bd. 30 – Wiesbaden, S.25-44.

Preissing, C./ Wagner, P. (Hg.) (2003): Kleine Kinder, keine Vorurteile? Interkulturelle und vor-urteilsbewusste Arbeit in Kindertageseinrichtungen. Freiburg: Herder.

Rabe-Kleberg, U. (2005): Feminisierung der Erziehung von Kindern. Chancen oder Gefahren für die Bildungsprozesse von Mädchen und Jungen. In: Sachverständigenkommission 12. Kinder- und Jugendbericht (Hrsg.). Entwicklungspotenziale institutioneller Angebote im Elementarbereich. Materialien zum 12. Kinder- und Jugendbericht. – Bd. 2 – München: Verlag Deutsches Jugendinstitut, S. 135 – 171.

Rabe-Kleberg, U. (2010): Bildungsarmut von Anfand an? Über den Beitrag des Kindergartens im Prozess der Reproduktion sozialer Ungleichheit. In: Krüger, H.-H./Rabe-Kleberg, U./Kramer, R.-T./Budde, J. (Hrsg.): Bildungsungleichheit revisited. Bildung und soziale Ungleichheit vom Kindergarten bis zur Hochschule. – Studien zur Schul- und Bildungsforschung. Bd. 30 – Wiesbaden, S. 57-67.

Ramey, C. et. al. (2000): Persistent Effects of Early Childhood Education on High-Risk Children and Their Mothers. Applied Developmental Science 4, 2-14.

Rauschenbach, Thomas/Borrmann, Stefan (2010): Wenn die Privatsache Kinderbetreuung öffentlich wird. Zur neuen Selbstverständlichkeit institutioneller Kinderbetreuung. In: Cloos, Peter/Karner, Britta (Hrsg.): Erziehung und Bildung von Kindern als gemeinsames Projekt. Zum Verhältnis familialer Erziehung und öffentlicher Kinderbetreuung. Hohengehren: Schneider Verlag.

Reich, K. (2005). Systemisch-konstruktivistische Pädagogik (5. Aufl.). Weinheim: Beltz.

Reynolds, A. J., & Temple, J. A. (1998). Extended early childhood intervention and school achievement: Age 13 findings from the Chicago Longitudinal Study. *Child Development, 69*, 231-246.

Richter, A. (2006): Was brauchen arme Kinder? Resilienzförderung und Armutsprävention. KiTa spezial, Sonderausgabe zu KiTa aktuell, Nr. 4/06. Kronach: Link, DKV.

Rohrmann, T. (2005): Geschlechtertrennung in der Kindheit: Empirische Forschung und pädagogische Praxis im Dialog. In: Braunschweiger Zentrum für Gender Studies/ Institut für Pädagogische Psychologie der Technischen Universität Braunschweig (Hrsg.). URL:http://www.gleichstellungsbuero.tubs.de/gz/downloads/rohrmann_abschlussbe richt_2006.pdf – Download vom 10.09.2008.

Rohrmann, T. (2006): Männer in Kindertageseinrichtungen und Grundschulen: Bestandsaufnahme und Perspektiven. In: Krabel, J./Stuve, O. (Hrsg.): Männer in „Frauen-Berufen" der Pflege und Erziehung. – Opladen: Barbara Budrich, S. 111 – 134.

Roßbach, H.-G. (2005): Effekte qualitativ guter Betreuung, Bildung und Erziehung im frühen Kindesalter auf Kinder und ihre Familien. In: *Bildung, Betreuung und Erziehung von Kindern unter sechs Jahren*. Sachverständigenkommission Zwölfter Kinder- und Jugendbericht (Hrsg.) Bd.: 1, München: Verlag Deutsches Jugendinstitut.

Roux, S. (2002). Wie sehen Kinder ihren Kindergarten? Theoretische und empirische Befunde zur Qualität von Kindertagesstätten. Weinheim: Juventa.

Sylva, K., Melhuish, E., Sammons, P., Siraj-Blatchford, I. und Taggart, B. (2003): *The Effective Provision of Pre-School Education (EPPE) Project*. Findings from Pre-School to end of key stage 1. London: Institute of Education. University London.

Schenk-Danzinger, L./ Rieder, K. (2008): Entwicklungspsychologie. Völlig neu bearbeitet von Karl Rieder, 2. Auflage 2006, Nachdruck 2008 (2,01), G&G Verlag, Wien 2008.

Schumacher, E. 2002: Die Soziale Ungleichheit der Lehrer/innen. In: J. Mägdefrau/E. Schumacher (Hrsg.): Pädagogik und soziale Ungleichheit. Bad Heilbrunn, S. 253–270.

Schütze, F. (1981): Prozeßstrukturen des Lebensablaufs. In: Mattees, J. u. a. (Hrsg.): Biographie in Handlungswissenschaftlicher Perspektive. Kolloquium am Sozialwissenschaftlichen Forschungszentrum der Universität Erlangen/ Nürnberg.

Schütze, F. (1983): Biographieforschung und narratives Interview. In: N. Prax. 13 (1983), S.283 ff.

Simmel, G. (1999): Soziologie. Untersuchungen über die Formen der Vergesellschaftung. Gesamtausgabe Band 11, Frankfurt a.M.

Spitz, R. A. (1976): Vom Säugling zum Kleinkind. Stuttgart.

Stanat, P. (2006): Schulleistungen von Jugendlichen mit Migrationshintergrund. In: Baumert, J. & Schümer, G. (2006): *Herkunftsbedingte Disparitäten im Bildungswesen*. Wiesbaden: Verlag für Sozialwissenschaften.

Tietze, W. et al. (1998). Wie gut sind unsere Kindergärten? Eine Untersuchung zur pädagogischen Qualität in deutschen Kindergärten. Neuwied: Luchterhand.

Ulich, Klaus (1989). Erziehungsziele und Erziehungsschwierigkeiten aus der Sicht von Erzieherinnen. Eine qualitative Studie. In: Psychologie in Erziehung und Unterricht 36 Jg., 1, 56-60.

Quenzel, G./Hurrelmann, K. (Hrsg.) (2010): Bildungsverlierer. Neue Ungleichheiten. Wiesbaden: VS-Verlag.

Youniss, J. (1994): Soziale Konstruktion und psychische Entwicklung. Hrsg. von Lothar Krappmann und Hans Oswald. Frankfurt am Main: Suhrkamp Taschenbuch

Vester, M./von Oertzen, P./Geiling, H./Hermann, T./Müller, D. (2001): Soziale Milieus im gesellschaftlichen Strukturwandel. Zwischen Integration und Ausgrenzung. Frankfurt a. M.

Völkel, P. (2002): Geteilte Bedeutung – Soziale Konstruktion. In: Laewen, H. J./Andres, B. (Hrsg.) (2002): Bildung und Erziehung in der frühen Kindheit. Bausteine zum Bildungsauftrag von Kindertageseinrichtungen. Weinheim, Berlin, Basel: Beltz Verlag, S.159-207

Von Maurice, J./Artelt, C./Blossfeld, H.-P./Faust, G./Roßbach, H.-G./Weinert, S. (2007): Bildungsprozesse, Kompetenzentwicklung und Formation von Selektionsentscheidungen im Vor- und Grundschulalter: Überblick über die Erhebungen in den Längsschnitten BiKS-3-8 und BiKS-8-12 in den ersten beiden Projektjahren. PsyDok [Online], 2007/1008. Verfügbar unter: URL: http://psydok.sulb.uni-saarland.de/volltexte/2007/1008/.

Von Oertzen, P. (2006): Klasse und Milieu. In: Bremer, H./ Lange-Vester, A. (Hrsg.): Soziale Mileus und Wandel der Sozialstruktur. Die gesellschaftlichen Herausforderungen und die Strategien der sozialen Gruppen. Wiesbaden: VS-Verlag.

Wagner- Willi, Monika (2005): Kinder-Rituale zwischen Vorder- und Hinterbühne. Der Übergang von der Pause zum Unterricht. Wiesbaden: VS-Verlag.

Weber, M. (2008): Wirtschaft und Gesellschaft. Frankfurt/M.

Weinert, S., Doil, H. & Frevert, S. (2008). Kompetenzmessungen im Vorschulalter: eine Analyse vorliegender Verfahren. In H.-G. Rossbach & S. Weinert (Hrsg.), *Kindliche Kompetenzen im Elementarbereich: Förderbarkeit, Bedeutung, Messung* (S. 89-209). Berlin: Bundesministerium für Bildung und Forschung.

Weinert, S. (2011): Die Anfänge der Sprache: Sprachentwicklung im Kleinkindalter. In H. Keller (Hrsg.), *Handbuch der Kleinkindforschung* Bern: Huber, S.610 – 642.

Winker, G./Degele, N. (2009) Intersektionalität. Zur Analyse gesellschaftlicher Ungleichheiten. Bielefeld: Transcript

Wohlrab-Sahr, M. (2003): Objektive Hermeneutik. In: Bohnsack/Marotzki/ Meuser (Hrsg.): Hauptbegriffe qualitativer Sozialforschung. Opladen.

Youniss, J. (1994). Soziale Konstruktion und psychische Entwicklung. Frankfurt: Suhrkamp.